Harald Hahn

Einsteins Irrtum

Die Entdeckung der Chimärkörperphysik

ISBN 3-9523013-0-2

Inhaltsverzeichnis

1 Nobody ... 4
2 Die Erscheinung ... 15
3 Theoretische Überlegungen zu ausserirdischem Leben ... 37
3 a) Die biologische Schutzhülle ... 38
3 b) Wie sind die Ausserirdischen? ... 43
4 Theoretische Überlegungen zur negativen Gravitationskraft ... 47
5 Welcher Mensch hielt erstmals negative Materie in der Hand? ... 52
5 a) Alpha ... 52
5 b) Mose ... 64
6 Weshalb wachsen Bäume nach oben? ... 73
7 Die Supernova ... 78
8 Der Erdgleiter ... 83
9 Einstein'sche Energie ... 87
10 Die negative Energie der Sonne ... 92
11 Das Experiment ... 96
12 Die mysteriösen Todesfälle ... 110
13 Der Urknall ... 121
14 Das Experiment, 2. Teil ... 134
15 Sodom und Gomorrha ... 143
16 Die Induktion eines Blitzes ... 151
17 Wie misst man die negative Energie der Sonne? ... 155
18 Das Experiment, 3. Teil ... 161
19 Mister Pi ... 168
19 a) Chimärkörper ... 168
19 b) Die neue Erde ... 173
19 c) Nobodium ... 173
19 d) Der Mond ... 183
19 e) Das Weltall ... 186
19 f) Die Pyramide ... 187
19 g) Der Urknall ... 194
20 Das Experiment, 4. Teil ... 196
21 Barbara ... 200

1 Nobody

Wir nennen ihn Nobody, weil er sich selber Nobody nannte, wenn er mit sich sprach. Von Kind an beschäftigten ihn bestimmte Rätsel der Physik, die ihm niemand erklären konnte.

Einmal, als er in Gedanken versunken vor sich hin sinnierte, hörte man ihn sagen: «Sie schauen, aber sie sehen nicht, und sie experimentieren, aber sie erkennen nicht», und er dachte dabei wohl an die Physiker.

In seiner Jugend, als er etwa 11 Jahre alt war, hatte er ein Schlüsselerlebnis, das ihn fürs Leben prägen sollte. Es war die Erscheinung einer Frau, die er, obwohl sie nie ihren Namen erwähnte, Barbara nannte; diese Frau erzählte ihm sonderbare Dinge.

Einmal sagte er vor sich hin: «Ich weiss jetzt, weshalb es auf dieser Erde so wenige Menschen gibt, die eine Erscheinung hatten, denn wem erschienen wird, der ist anschliessend für das ganze Leben verändert. Es ist, als ob man seiner selbst beraubt würde. Alles wird sekundär, und alles wird winzig und klein.»

Höchstens wenn er liebte, war es eine kurze Zeitspanne, in der er sein Erlebnis für Augenblicke vergessen konnte. Aber kein noch so grosses Glücksgefühl und auch kein körperlicher oder seelischer Schmerz hätte in seinem Innersten die Erinnerung an Barbara auslöschen können. Und wenn ihn etwas erschauern liess, war es ein unabsichtlicher Gedanke an Barbara. Alle seine Gefühle, jede seiner Empfindungen waren im Grunde genommen an Barbara gekoppelt.

Wenn früher jemand eine Erscheinung hatte, gründete er eine neue Religionsgemeinschaft, ging ins Kloster, wurde suizidal oder, wie Nobody, zu einem weltfremden Einzelgänger, Grübler und Eigenbrötler.

Dabei wirkte er unter Leuten gesellig. Clownhaft unterhielt er seine Umgebung, es folgte Witz auf Witz, denn nur so konnte er einem tiefer gehenden Gespräch ausweichen. Er war ein gern gesehener Mensch. «Da kommt er», hiess es, «jetzt läuft wieder etwas, jetzt geht die Post ab, jetzt gibt es Action und Fun.» Er galt als extravertierter Glückspilz; als einer, der immer auf Trab ist, und wenn man ihn antraf, konnte man für eine Zeitlang nicht glauben, dass es Not und Leid auf dieser Erde gibt; und niemand vermutete, dass in ihm ein weltfremder Eigenbrötler steckte.

Um ihn jedoch wirklich verstehen zu können, müssen wir weit zurück in seine Jugend gehen, in die Zeit also, als Nobody noch keine Erscheinung gehabt hatte.

Er war damals etwa fünf Jahre alt, und es beeindruckte ihn, wie jeden Jungen in diesem Alter, das Starke, das Überlegene, das Dominierende; Personen wie der Polizist, Tiere wie das Pferd, der Hund oder der Löwe, die starke Maschine.

Eines Tages sah er, wie eine Henne mit ihren Küken geradenwegs auf einen Schäferhund zuging. Der Hund leckte sich hungrig seine Oberlippen und legte sich neben seiner Hütte auf die Lauer. Nun bemerkte die Henne den Hund, rannte sofort auf ihn zu, plusterte sich auf, so dass sie doppelt so gross erschien, ging sofort todesmutig in Angriff über, hackte, pickte, bald war sie einen halben Meter über dem Hund und kämpfte von oben, bald war sie wieder unten und kämpfte von unten. Dabei veranstaltete sie ein Geschrei, ein Gezeter, ein Gegacker und tobte und fauchte. Mit eingezogenem Schwanz trat der Hund den Rückzug an, doch er wurde verfolgt und gejagt. Er zog sich in seine Hütte zurück und begnügte sich nur noch damit, die Öffnung zu verteidigen. Endlich liess die Henne von ihm ab. In den folgenden Tagen musste sie nur noch die Federn stellen – und der Schäferhund verzog sich in seine Hütte und blieb darin, bis ihm die Henne erlaubte herauszukommen.

Nobody erkannte, dass die Hühner in Wahrheit die stärksten Tiere sind, doch sie zeigen es nicht. «Das ist raffiniert», dachte er, «das Huhn zeigt nur Stärke, wenn Stärke gefordert ist. Die Hühner sind somit die intelligentesten Tiere, aber man merkt es nicht. Sie haben ein Geheimnis.» Somit machte sich Nobody im Alter von fünf Jahren auf, um von den Hühnern zu lernen und um das Hühnergeheimnis zu lüften. Von da an verrichtete Nobody alle Arbeiten, die mit den Hühnern zu tun hatten, um möglichst oft in ihrer Nähe zu sein.

Unter diesen Gegebenheiten arbeitete Nobody während zweier Jahre täglich im Hühnerhof. Am Morgen liess er die Hühner ins Gehege, fütterte sie und liess sie danach auf die Wiesen. Am Abend holte er die Eier ein und sobald es dunkel wurde, verschloss er den Hühnerstall sorgfältig. Jede Woche mistete er ihren Stall bis in die hinterste Ecke aus. Man konnte sich auf ihn verlassen wie auf eine erwachsene Person. Er war gewissenhaft.

Es dauerte zwei Jahre, bis er sich dessen bewusst wurde und sich eingestand, dass er von den Hühnern noch nichts Neues gelernt hatte. War ein Huhn eine Henne, war es das stärkste Tier auf dem Hof. Aber danach wurde dasselbe Huhn wieder zu einem gewöhnlichen, langweiligen Huhn und benahm sich wieder als solches. Eigenartig!

Dann fiel ihm auf, dass ihm noch nie ein Ei zerbrochen war. Nein, tatsächlich, seit Nobody denken kann, seit er sich erinnern kann, ist ihm noch nie ein Ei zu Boden gefallen. Wenn er die Eier holte – es waren jeweils zwischen zehn und zwanzig Eier täglich –, trug er sie mit blossen Händen oder er hielt sie im Pullover wie in einem Korb. Aber nie fiel ihm ein Ei aus den Händen. Dies bewog ihn zum Gedanken, einfach einmal ein Ei fallen zu lassen. «Eigentlich habe ich gewissermassen ein Anrecht darauf, dass auch mir einmal ein Ei zerbricht», ermutigte er sich. Und wahrscheinlich war Nobody der erste Mensch, der plante, willentlich ein Ei zu Boden fallen zu lassen.

Am folgenden Tag, als er die Eier zum Wohnhaus trug und sich vergewisserte, dass ihn niemand beobachtete, liess er zum ersten Mal ein Ei mit Absicht fallen. Zu seinem grossen Erstaunen zerbrach es nicht. Er nahm es wieder auf und brachte alle Eier in die Küche. Am nächsten Tag liess er wieder ein Ei fallen, doch auch dieses zerbrach nicht.

Nach diesem Tag liess er jeden Tag ein Ei fallen, doch nie zerbrach eines. Nun begann er, nach jedem Meter ein Ei fallen zu lassen, bis alle am Boden lagen. Dann ging er zurück, nahm alle wieder auf und brachte sie in die Küche. «Weshalb zerbricht mir nie ein Ei?», fragte er sich ungläubig. «Ist es Magie oder Physik?»

Neugierig versuchte er es mit Werfen. Er trat auf die Wiese und warf ein Ei so hoch und so weit, wie er konnte. Es flog vielleicht fünf Meter hoch und zwanzig Meter weit. Doch, oh Wunder, auch dieses Ei zerbrach nicht. Er holte es, und dann versuchte er es mit allen anderen Eiern. Er warf nacheinander alle Eier so weit und so hoch, wie er nur konnte. Und tatsächlich, wieder zerbrach kein Ei. Nobody hatte ein neues Phänomen entdeckt, das noch keiner kannte: Eier kann man werfen – und sie zerbrechen nicht! Er wollte es seiner Mutter erzählen, doch diese war empört. Unter Androhung grösster Strafe verbot sie ihm jegliche Experimente mit Nahrungsmitteln. Nobody hatte aber eine Entdeckung gemacht und wollte sich mitteilen. Er ging zur Nachbarin und erklärte ihr: «Schau, ich zeige dir etwas mit einem Ei; gibst du mir eines?» Etwas skeptisch ging sie zur Vorratskammer und gab ihm ein Ei. Ohne zu zögern warf Nobody es in die Luft und es fiel zu Boden, aber zerbrach nicht. Besorgt rannte die Nachbarin zum Ei und rief: «Zum Glück ist das Ei ganz geblieben!», hob es auf, und Nobody erntete böse und vorwurfsvolle Blicke. Ihre Frage war nicht: «Warum ist es ganz geblieben?» Sie sagte nur: «Zum Glück ist es nicht zerbrochen.» Nobody merkte, dass er der einzige Mensch blieb, der wusste, dass man Eier auf einer Wiese werfen kann, ohne dass sie zerbrechen. Einzig, wenn sie auf Stein oder Beton fallen, zerbrechen sie.

Zwei Jahre später fiel ihm ein Huhn auf, das offensichtlich mental gestört war. Wenn man auf dieses Huhn zuging, kauerte es nieder, und man konnte es aufnehmen. Auch mieden die anderen Hühner dieses Huhn. Es war in der Hackordnung das hinterste. Nur schon wenn Nobody das Huhn bei seinem Namen rief: «Agaatha!», kauerte es unterwürfig nieder und war unfähig, einen Schritt zu tun. Wahrscheinlich hatte es einen Chromosomendefekt oder es hatte bei der Geburt einen Sauerstoffmangel erlitten – falls dies bei Hühnern überhaupt möglich ist. Als das Huhn ins Alter kam und mit Eierlegen beginnen wollte, wurde es von den anderen Hühnern im Hühnerstall daran gehindert. Auch der Hahn beachtete es nicht. Durch diese Ausgrenzung wurde verhindert, dass sich dieses Huhn jemals fortpflanzen konnte.

Nun beobachtete Nobody die Hühner bereits seit vier Jahren, sah aber erst jetzt etwas Neues: Agaatha.

Gestresst rannte dieses Huhn umher und wusste nicht, wo es bloss seine Eier legen sollte? Nobody selbst wäre nie auf die Idee gekommen, aber Agaatha: Es legte seine Eier in die Hundehütte. Sobald Agaatha in die Hundehütte ging, kauerte sich der Hund ganz «zufällig» vor der Hütte hin und tat, als ob er schlafen wollte. Doch natürlich war er jeweils zu aufgeregt, denn die Lust auf ein leckeres Ei war gross. Seine Absicht war klar, er leckte sich speicheltriefend die Oberlippen. Nobody erkannte allein schon an der Haltung des Hundes, ob Agaatha in der Hütte war oder nicht. Hatte sie das Ei gelegt, begann sie zu gackern. «Ga, ga, ga, ga, gaack!» Ein paar Mal tief «ga» und einmal hoch «gaack» und alle wussten, das Ei war gelegt.

Nach dieser Beobachtung erkannte Nobody plötzlich, in welchem Punkt die Hühner gescheiter sind als die Menschen. Diese Einsicht, zu der er jetzt gelangte, war eine der wichtigsten Erkenntnisse, die er in seinem Leben machte. So hatte Nobody vom dümmsten Huhn am meisten gelernt. Das Huhn legte ein Ei, rief: «Ga, ga, ga, ga, gaack!», und der Hund wusste es, das Huhn wusste es, und er wusste es. «Die Hühner sind dem Menschen in diesem Punkt eindeutig überlegen», dachte er, «denn sie gackern erst, wenn das Ei gelegt ist.» Aus dieser Erkenntnis kreierte Nobody seinen ersten Lehrsatz: «Gackere erst, wenn das Ei gelegt ist!», oder: «Sprich erst, wenn Du etwas weisst!», oder: «Schweigen ist Gold!» So wurde Nobody zum Schweiger. Und weil er ein Schweiger wurde, konnte sich Wissen ansammeln.

Als sich Nobody selber betrachtete, sah er, dass er bis anhin ein Schwätzer gewesen war. Er war der einzige Mensch, der wusste, dass man ein Ei werfen kann, ohne dass es zerbricht, doch während der ganzen Zeit wollte er sich mit diesem Wissen brüsten. Er verwendete seine Energie damit, sein kleines Wissen den Mitmenschen mitzuteilen und aufzudrängen. Aber nun wollte er das Phänomen untersuchen, die Physik des Eies in seinen Tiefen erforschen, und daher erlosch das Bedürfnis zum Sprechen. Zudem kreierte er weitere Lehrsätze. «Die Erwachsenen wissen nicht alles!», oder: «Nobody is perfect!» Und schmunzelnd wurde er sich des Doppelsinnes dieser Aussage gewahr. Alles wurde ab jetzt in Frage gestellt und von ihm selber überprüft. Einzig die physikalischen Gesetze, die erachtete er als gegeben. Das Springen über eine Felswand ist gefährlich, das ist Physik, dies ist gegeben und muss nicht selber überprüft werden. Alles andere jedoch muss überprüft werden.

Nobody begann mit seinem ersten Experiment. Er warf erneut ein Ei in die Luft. Nachdem das Ei auf dem Boden aufschlug, sprang es wie ein Ball wieder in die Luft. Warf er aber einen Stein, verband sich der Stein mit der Erde und sprang nicht mehr in die Luft.

«Wie kann ein Ei, das wie ein Stein eine feste Schale hat, plötzlich in die Luft springen, einem Ball gleich? Das Ei und der Stein haben nicht die gleiche Physik. Das Ei ist der einzige Körper auf der Welt, der sich so verhält», konstatierte er. Er vermutete, dass die ungewohnte Physik des Eies mit dem beweglichen Dotter zu tun haben muss. Um dies zu beweisen, nahm er ein gekochtes Ei und warf es ebenfalls in die Luft. «Genau!» Das gekochte Ei verhielt sich wie ein Stein, es fiel plump zu Boden und sprang nicht in die Luft zurück; aber dafür zerbrach es dabei.

Das rohe Ei besteht aus einem Doppelkörper: aus einer festen, unbeweglichen Schale und aus einem beweglichen Dotter. Diese Doppelartigkeit bewirkt wohl, dass das rohe Ei – obwohl es vom Gewicht und Aussehen her genau einem gekochten Ei entspricht – eine andere Physik hat. Er nannte diese neue Physik eines solchen Doppelkörpers ab jetzt Chimärkörperphysik. Und je mehr er sich mit Eiern beschäftigte, desto mehr öffnete sich ihm die Tür zur Chimärkörperphysik.

Nobody war sich bewusst, dass er eine neue Erkenntnis gemacht hatte, doch fragte er sich, was ihm dies bringe. Er warf täglich seine Eier und sammelte sie danach wieder ein. Aber erst nach vielen Monaten passierte etwas. Nachdem er ein Ei geworfen hatte, fiel es auf ein anderes Ei, das bereits am Boden lag. Dabei explodierten beide Eier auf eine eigenartige Weise. Nicht dass es gefährlich gewesen wäre, aber sie entwickelten eine sonderbare, eigene Dynamik.

Wenn ein rohes Ei auf einen harten Boden fällt, kommt der Inhalt zungenförmig heraus und liegt dann am Boden. Man erkennt am Boden die zerbrochene Eierschale, man sieht das Eigelb, das mehr oder weniger ganz ist und man sieht eine Lache aus Eiweiss. Wenn aber zwei rohe Eier aufeinander prallen, explodieren die Eier sternförmig in alle Richtungen. Er versuchte danach, zwei Eier so zu werfen, dass sie in der Luft zusammenstiessen, indem er z.B. zwei Eier nacheinander senkrecht nach oben warf. Nur selten gelang es ihm, dass zwei Eier im freien Flug aufeinander prallten, aber wenn es ihm gelang, stockte ihm jedes Mal der Atem. Unglaubliche Naturkräfte entstanden, Bewegungen, die man niemals hätte voraussagen können: Die Schale, der Dotter sowie das Eiweiss wurden in der Luft richtiggehend zerfetzt. Sternförmig platzten kleinste Fragmente in alle Richtungen. Was war das nur für eine Physik? Die Antwort war klar: Es war die Chimärkörperphysik. «Was habe ich bloss für eine Physik entdeckt?» fragte er sich. «Jeder, der meiner Entdeckung gegenüber skeptisch ist», sagte er zu sich, «sollte einmal ein rohes und ein gekochtes Ei in die Hand nehmen, auf einen Rasenplatz gehen und beide Eier werfen, so weit er kann, dann möge er schauen und staunen.» Man darf jedoch das rohe Ei nicht mehrmals werfen, da es mit der Zeit Ermüdungsbrüche bekommt und dann trotzdem bricht.

Es dämmerte ihm, dass er eine neue Physik entdeckt hatte, doch fragte er sich wiederum, wozu diese ihm nützlich wäre. «Eier haben eine eigene Physik», sagte er zu sich, «und nur Eier haben diese Physik.» Ein rohes Ei ist ein Körper, der ein eigenes physikalisches Verhalten aufweist, und nur Eier verhalten sich so. Eigentümlicherweise war er der einzige Mensch, der dies bemerkt hatte. Kein anderer Mensch hatte sich je zuvor mit der Physik des Eies befasst. Damals war Nobody noch davon überzeugt, dass er irgendwann einen Physikprofessor antreffen würde, der ihm alles erklären könnte.

Das bewegliche Zentrum im Ei beeinflusst das ganze Ei, so dass das Ei eine andere Physik bekommt. Aber er fragte sich wieder: «Was kann ich mit dieser Erkenntnis machen?» Klar, wenn man zwei Eier nimmt und weiss, dass nur eines gekocht ist, kann man diese neue Erkenntnis anwenden. Man muss nur beide Eier auf einem Rasen in die Luft werfen und das rohe kann man nachher wieder in den Kühlschrank stellen, und das gekochte ist zerbrochen und kann gegessen werden. Aber auch an einem Tisch sitzend kann man ein rohes von einem gekochten Ei unterscheiden. Das gekochte, liegende Ei kann man in eine Rotationsbewegung versetzen und es dreht sich danach wie ein Stein. Das rohe Ei hingegen widersetzt sich der Rotation. Die Rotationsenergie wird vom Eidotter abgefangen und das Ei dreht sich nicht. Aber wozu war ihm diese Erkenntnis nur nützlich?

Nun las Nobody von den Planeten, dass sie aus unerklärlichen Gründen beinahe eine Kreisbahn um die Sonne vollziehen. Eigentlich wäre zu erwarten, dass ihre Bahnen genau gleich wie Kometen riesige Ellipsen beschrieben. Da Nobody in der Zwischenzeit jede Bewegung vom Ei voraussagen konnte, war ihm sofort klar, dass Planeten genau gleich wie Eier einen beweglichen Kern haben müssen. Für ihn war ab diesem Moment klar, dass auch die Erde im Zentrum einen beweglichen Kern haben muss. «Sie weist eine Art Dotter auf», sagte er zu sich. Er vermutete damals, dass zwischen dem Nord- und Südpol eine Art Dotterschnur gespannt sei, die im Zentrum den beweglichen Kern festhalte. Wenn man in der Schwerelosigkeit, z.B. im Weltall, ein Ei mit einer Feder oder einem Gummiband an einem Punkt fixierte und es in eine elliptische Bahn brächte, könnte man den Unterschied zwischen einem rohen und einem gekochten Ei bald sehen. Das gekochte Ei würde die elliptische Bahn beibehalten. Das rohe Ei aber würde mit jedem Umgang etwas mehr die Kreisform annehmen. Diese physikalische Erkenntnis könnte in der Raumfahrt genutzt werden, denn häufig will man einen Satelliten in einer möglichst runden Flugbahn um einen Planeten bringen. Diese gewünschten Flugbahnen werden mit komplizierten Bremsmanövern erzielt. Eigentlich müsste man im Zentrum eines Satelliten nur einen beweglichen Kern anbringen, und schon würde der Satellit die kreisförmige Bahn um den Planeten selber suchen. Der bewegliche Kern müsste etwa 10% des Gewichtes ausmachen und mit Federn in der Mitte des Satelliten aufgehängt sein.

Plötzlich sah Nobody etwas, das ihn sowohl erstaunte als auch erschreckte. Er hatte wieder ein Ei geworfen. Doch diesmal kollidierte das Ei in der Luft mit einem kleinen Zweig eines Baumes, worauf das Ei in der Luft sternförmig explodierte und der Zweig eigenartig vibrierte. Wenn das stimmte, was er gesehen hatte, verhielt sich ein Baum physikalisch genau gleich wie ein Ei – und auch Bäume wären demnach Chimärkörper mit einem beweglichen Zentrum. Aber dies konnte nicht stimmen, weil er in einem Ast noch nie einen beweglichen Kern gesehen hatte. Er nahm einen Zweig, schüttelte ihn, schnitt ihn mehrfach entzwei, aber es fand sich kein beweglicher Kern.

Nun begann er, die Bäume zu beobachten. Tatsächlich, sie haben ebenfalls eine eigene Physik, die man mit der normalen Physik nicht erklären kann. Dies sieht man beim Fällen. Wenn die Krone auf der Erde aufschlägt, beginnen die Äste geheimnisvoll zu vibrieren. Es finden Bewegungen statt, die man nicht vorausberechnen kann und die zum Teil völlig chaotisch sind. Fällt man einen dürren Baum, dann fällt er hin, wie wenn man einen Besen fallen lässt. Fällt man jedoch einen grünen Baum, so kann selbst der Stamm unberechenbare, plötzliche Bewegungen machen. Es war nicht mehr daran zu zweifeln, der Baum und das Ei haben etwas Gemeinsames. Sie haben eine eigene Physik. Es ist eine eigenartige Physik, die Nobody entdeckt hatte. Warf er ein gekochtes Ei durch die Luft und liess es mit einem Zweig kollidieren, gab der Zweig nach, so wie eine Türe, die sich öffnete. Das Ei blieb in der Luft ganz und zerbrach erst beim Aufschlag auf dem Boden. Warf er nun ein rohes Ei, gab der Zweig nicht nach, das Ei explodierte und der Zweig vibrierte eigentümlich.

Wenig später machte er wieder eine neue Entdeckung. Wenn er ein Ei im Regen warf, wenn also der Boden nass und weich war, zerbrach das rohe Ei und das gekochte Ei blieb eher ganz – also gerade umgekehrt. Dieses Phänomen konnte er nicht erklären, und es sollte mehr als 30 Jahre dauern, bis er es verstehen konnte.

Nobody hatte schon drei Chimärkörper entdeckt, das Ei, die Erde und die Bäume. Doch er sollte noch einen vierten Chimärkörper entdecken. Es regnete gerade, Nobody war im Schopf und schaute aus dem Fenster, dem Regen zu. Da fiel ihm auf, wie die Blätter des Birnbaumes unter ihm eigenartig vibrierten, wenn sie von einem Regentropfen getroffen wurden. Nun fing er mit der Hand die Regentropfen auf und liess das Regenwasser auf die Blätter des Birnbaumes tropfen. Doch diesmal begannen die Zweige des Birnbaumes zu wippen. Es war genau gleich wie mit den Eiern. Beim Regentropfen vibrierte ein Blatt oder ein kleiner Zweig; genau gleich wie wenn ein Ast von einem rohen Ei getroffen worden wäre. Fiel jedoch ein Wassertropfen auf das Blatt, wich es zurück wie eine Türe, die jemand aufstiess, oder wie wenn ein gekochtes Ei auf einem Ast aufgeschlagen hätte. Nobody merkte, dass auch die Regentropfen Chimärkörper waren. Dies beobachtete er auch an Hagelkörnern: Wenn sie auf dem Boden aufschlugen, dann sprangen sie wieder in die Luft wie seine rohen Eier. Wenn er ein Hagelkorn nahm und es in der Scheune auf den Steinboden fallen liess, sprang das Korn wieder in die Luft und erinnerte an einen Gummiball, doch niemals sah er, dass ein Eisstück oder Eiswürfel wieder vom Steinboden aufgesprungen wäre. Einmal sah er im Fernseher den Niedergang einer Lawine. Dabei sah er an der Front der Lawine dieselben eigentümlichen chaotischen Bewegungen, so wie sie beim Fällen der Bäume auftreten.

Nach dieser Entdeckung untersuchte Nobody die Regentropfen. Immer wenn es regnete, stand er im Regen und betrachtete das Spektakel.

Er sah, dass die Wassertropfen, die vom Dach des Schopfes abtropften, viel schneller zu Boden fielen als Regentropfen. Die Wassertropfen fielen senkrecht nach unten, und die Regentropfen wurden vom Wind seitwärts getragen. Er wusste, dass auf der Erde auf alle Gegenstände die Gravitationskraft der Erde wirkt. Diese beträgt definitionsgemäss 1 G, was zur Folge hat, dass alle Gegenstände im freien Falle genau gleich schnell zu Boden fallen. Er liess aus dem Fenster vom Schopf verschiedene Gegenstände miteinander fallen. Kleine und grosse Steine, Scherben, Plastikstücke, Metallstücke und auch Wassertropfen. Wenn er sie losliess, erreichten sie miteinander den Boden, weil auf alle Gegenstände 1 G wirkte. Einzig, wenn ein Gegenstand sehr leicht war, z.B. eine Hühnerfeder, konnte sich der Luftwiderstand auswirken, und die Feder fiel langsamer zu Boden. Auch Laub fiel langsamer auf den Boden, weil solche Dinge in der Luft wie Flugzeuge fliegen. Aber sonst wirkte auf alle Gegenstände 1 G, ausser auf Regentropfen. Hier wirkte ein kleineres G. Es bestand ein qualitativer Unterschied zwischen Regentropfen und Wassertropfen. Nobody stellte sich unter das Dach und liess sich die Tropfen auf den Kopf fallen. Er konnte klar zwischen Regentropfen und Wassertropfen unterscheiden. Die Wassertropfen, die vom Dach herrührten, waren schneller und schlugen viel intensiver auf dem Kopf auf. Und wenn er mit dem Schirm unter dem Dach stand, konnte er die Wassertropfen ebenfalls klar und deutlich von Regentropfen unterscheiden. Er hörte den intensiveren Knall auf den Schirm. Auch wenn Wassertropfen in eine Pfütze oder auf Kies fielen, hörte und sah er klar den Unterschied zu den Regentropfen. Es konnte keine Sinnestäuschung sein. Es bestand ein klarer, eindeutiger Unterschied zwischen Wassertropfen und Regentropfen. Er konnte den Unterschied sehen, er konnte ihn hören, und er konnte ihn fühlen. Das Einzige, was ihn verwunderte, war, dass kein anderer Mensch diesen augenfälligen Unterschied sah. Und noch etwas fiel ihm auf. Den Flug eines Wassertropfens konnte er ohne weiteres verfolgen. Bei den Regentropfen jedoch war dies schwieriger. Wenn er mit der Hand Regentropfen abfing, waren sie schlagartig Wassertropfen. Dies liess ihn vermuten, dass sich der bewegliche Kern im Regentropfen beim Aufprall auflöste. Aber den beweglichen Kern im Regentropfen konnte er nicht sehen. Es war genau gleich wie bei den Bäumen. Er konnte nachweisen, dass es sich um Chimärkörper handelte, er konnte nachweisen, dass Bäume und Regentropfen einen beweglichen Kern haben, aber bei beiden konnte er diesen beweglichen Kern nicht sehen. Er postulierte deshalb einen unsichtbaren beweglichen Kern. Wenn er nun Regentropfen abgefangen hatte, konnte er das Wasser in die Luft werfen, und die Wassertropfen waren wesentlich deutlicher zu sehen als die Regentropfen, und er konnte den Flug der Wassertropfen mit Leichtigkeit verfolgen. Dies veranlasste ihn zur Annahme, dass Regentropfen pulsieren oder keine geradlinige, sondern eine Zitterbahn fliegen.

Danach vermutete er, dass alle Chimärkörper mit weniger als 1 G von der Erde angzogen werden. Dies galt eindeutig auch für Bäume. Wenn eine Tanne gefällt wurde, sah er, wie sie taumelte und sich nur langsam entschloss, zu Boden zu stürzen. Sie stürzte wie in Zeitlupe. Wenn man hingegen einen dürren Baum fällte, war sein Sturz so, wie wenn man einen Besen fallen liess. Nobody nahm nun Äste und liess sie fallen. Wenn er einen dürren und einen grünen Ast gleichzeitig losliess, war der dürre stets früher am Boden. Der Sturz der Bäume beim Fällen überzeugte ihn vollends. Nun liess Nobody aus dem Fenster ein rohes und ein gekochtes Ei fallen mit der Überzeugung, dass das gekochte Ei früher am Boden sei. Doch diesmal täuschte er sich. Beide Eier waren gleichzeitig am Boden. Das war die reiche Fülle der Chimärkörperphysik, die es ihm in den frühesten Jugendjahren angetan hatte.

Als Nobody später die Matura bestanden hatte, ging es darum, ein Studium in Angriff zu nehmen. Dazu gab es Informationstage an den Hochschulen in Zürich. Auch Nobody ging hin, er wollte Physik studieren. So setzte er sich in den Hörsaal der Physiker. Es gab viele banale Fragen: Wie lange geht das Physikstudium, was sind die Aussichten eines Physikers, wie lange dauert die Dissertation, usw.? Dann meldete Nobody sich zu Wort und fragte, ob er eine physikalische Frage stellen dürfe. Der Professor war etwas überrascht, doch nahm er dann eine freundliche Haltung ein, die besagte, dass er sehr gerne bereit war, eine physikalische Frage zu beantworten. Also stellte ihm Nobody die einfachste Frage, die es in der Chimärkörperphysik gibt: «Gesetzt den Fall, ein geschlossenes System steht auf einer Waage, und das geschlossene System sei ein Würfel mit Kantenlänge von 10 m. In diesem Würfel befindet sich eine Taube. Nun beginnt die Taube plötzlich zu fliegen. Wie verhält sich nun die Waage: Wird der Würfel leichter oder bleibt das Gewicht gleich?» Der Physikprofessor überlegte kurz und sagte: «Das Gewicht bleibt gleich.» Doch Nobody entgegnete: «Wie kann das Gewicht gleich bleiben, wenn die Taube nicht mehr auf der Waage steht?» Der Professor antwortete diesmal ausweichend, es sei wirklich eine interessante Frage ... und man müsste dies einmal testen. Aber es sei so, dass das Gewicht wahrscheinlich abnehme, da die Taube sich in der Luft befinde.

Nun ist es wieder an Nobody, und er entgegnet: «Wie kann ein geschlossenes System plötzlich sein Gewicht verändern, wenn von aussen keine Kraft einwirkt?» Der Professor berät sich nun mit seinen Assistenten und gibt dann eine neue Antwort: «Das Gewicht bleibt gleich, weil die Taube sich auf der Luft im Würfel abstützt, und dadurch wirkt das Gewicht der Taube nach wie vor auf die Waage.» Doch Nobody entgegnet: «Dies widerspricht dem Isometriegesetz der Gase. Das Isometriegesetz besagt, dass sich der Druck eines Gases stets auf alle Seiten genau gleich auswirkt. Es ist somit unvorstellbar, dass in einem geschlossenen System der Gasdruck konstant nach unten höher wäre.»

Daraufhin schlägt ein Assistent vor, dass das Gewicht des Würfels im Durchschnitt konstant bleibe. Beim Flügelschlag der Taube sei das Gewicht etwas erhöht und zwischenzeitlich gesenkt. «Aber wie kann ein geschlossenes System plötzlich wippen, ohne dass eine Kraft von aussen einwirkt?», dachte sich Nobody. Diese eine Frage hatte ihm etwas in aller Deutlichkeit gezeigt: Alle diese Physiker wussten und verstanden nichts von Chimärkörperphysik. Mit einem so einfachen Beispiel aus der Chimärkörperphysik konnte er alle anwesenden Physiker verunsichern. Es ist wohl auch klar, dass Nobody deswegen nicht den Weg eines Physikers einschlug. Man kann doch einem Schüler nicht zumuten, dass er sich Lehrer auswählt, die weniger wissen als er selber.

Die erwähnte Tatsache ist jedoch nicht der einzige Grund, weshalb er das Physikstudium ablehnte. Die Chimärkörperphysik war ihm zu einer Heiligen Physik geworden, denn er hatte im Alter von etwa 11 Jahren eine Erscheinung, die ihm mitteilte, dass man mit der Chimärkörperphysik ein Ufo bauen und den ganzen Weltraum verstehen könne. Und aus diesem Grunde wollte er sich nicht von der Chimärkörperphysik ablenken lassen. Ja, Nobody hatte in seiner Jugend eine Erscheinung, so wie es in Lourdes oder in Fatima Erscheinungen gab. Das, was die Frau ihm sagte, ist auch heute noch für ihn kaum zu glauben; aber weil es ihn nicht mehr los und nicht mehr in Ruhe lässt und weil man dieses Buch nicht verstehen könnte, wenn man nicht von dieser Erscheinung wüsste, sieht sich Nobody zum ersten Mal gezwungen, über seine Erscheinung zu berichten.

Nobody ist ein sehr skeptischer Mensch und würde niemandem, der ihm von Erscheinungen erzählte, glauben. Es ist schon sonderbar, dass Nobody der Physiker; gerade er, der mathematische Logik liebt; er, der Skeptiker; er, der alles rational erklären will: dass gerade dieser Nobody eine Erscheinung hatte.

Eine Erscheinung kann niemand beweisen. Es ist immer so, dass einer sagt, er hätte eine Erscheinung gehabt, und der Aussenstehende kann es glauben oder nicht. Es ist auch bekannt, dass häufig Kinder Erscheinungen haben. Dies könnte einerseits darauf hinweisen, dass die kindliche Phantasie durchdrehen kann oder andererseits, dass ein Phantasiegebilde als real erlebt wird.

Nobody kann nicht bezeugen, dass er wirklich eine Erscheinung hatte, er kann nur bezeugen, dass er in seinem Gedächtnis die Erinnerung an eine Erscheinung behalten hat. Diese Erinnerung prägte ihn in seinem ganzen Wesen und veränderte ihn in einer Weise, die es ihm nicht mehr erlaubte, sein Leben normal weiter zu führen. Er fühlt sich seither wie ein Zombie, der die Ideen und Gedankenwelt eines anderen auch noch in sich trägt.

2 Die Erscheinung

Es war im Jahre 1965, Nobody war ungefähr elf Jahre alt, als er, stark religiös angehaucht und stets die Einsamkeit suchend, für sich den Rosenkranz betete. Da geschah es, dass er häufig Stimmen aus der Geisterwelt hörte. Es waren jeweils Leute, die gestorben waren und sich Vorwürfe machten über ihr schlechtes Leben, aber auch Leute, die eine positive Bilanz ihres Lebens ziehen konnten. Diese Stimmen, die er hörte, waren ziemlich uninteressant, vermutlich etwa so wie Sünden, die sich ein Beichtvater anhören muss. Eines Tages jedoch hörte er ein lautes Weinen und Wehklagen in den Baumwipfeln des nahen Waldes. Er kümmerte sich nicht darum, vermutete er doch, dass er mit der Zeit schon informiert werden würde, wer da einen so starken Schmerz zu beklagen hätte. Dieses Wehklagen hörte er an drei aufeinander folgenden Tagen, und dann sagte ihm eine Frauenstimme: «Wir haben bei uns eine ganz eigenartige Frau. Sie stammt nicht von hier, und es gibt einige unter uns, die sagen, die Frau sei ursprünglich aus einem Ufo ausgestiegen.» Nobody antwortete: «Bringt sie doch her zu mir, ich will mit ihr reden.»

Am folgenden Tag ging Nobody wieder in den Obstgarten wie am Vortag, und als er die weinende Stimme erneut hörte, rief er ihr und bat alle, die ihn hörten, die weinende Frau zu ihm zu bringen. Dies wiederholte er während einigen Tagen, bis er sie sehen konnte: ein Häufchen Elend, das da weinte. Nobody begrüsste sie, erkannte, dass sie ihn verstand und versuchte, sie zu trösten. Er brauchte mehrere Tage, bis er langsam ihr Vertrauen gewann. «Warum weinst du denn so?», wollte er von ihr wissen. Sie weine, weil sie jetzt hier bei uns Menschen sei und weil sie sich enorm vor der Sonne fürchte. Auch bestätigte sie ihm, dass sie mit einem Ufo gekommen sei. Nobody konnte das, was er hörte, kaum glauben, und in einem Punkt war er sich sofort sicher: Niemals würde er mit jemandem über diese Erscheinung sprechen können. Denn: Wer glaubt schon an Ufos und wer an Erscheinungen? Man stelle sich vor, wenn der Bischof gekommen wäre und Nobody hätte gesagt, ihm erscheine nicht die Mutter Gottes, sondern eine Ausserirdische. Das hatte er sich fest vorgenommen, niemals mit einem Menschen über diese Erscheinung zu sprechen. «Wenn das wirklich eine Ausserirdische ist», sagte er zu sich, «dann will ich herausbekommen, von wo sie gekommen ist und wie man ein Ufo baut.»

Am Ende jedes Gespräches machte er mit ihr wieder einen Zeitpunkt für den folgenden Tag ab, wo er dann mit seiner Ausserirdischen in ungezwungener Manier und ohne Furcht sprechen konnte. Die Gespräche fanden nicht stehend in einer Grotte statt, sondern in einer grossen Obstplantage. Nobody wanderte herum, und die Erscheinung wanderte mit ihm. Manchmal war sie rechts, manchmal links und häufig über ihm. Am nächsten Tag nahm er seinen Schäferhund mit, denn er dachte sich, eine Ausserirdische habe sicherlich Angst vor Hunden. Doch er hatte den Eindruck, dass sie sich sofort verstanden. Sie habe früher auch einen Hund gehabt, erklärte sie ihm, und Nobody hatte den Eindruck, der Hund sehe sie auch, denn er wedelte, in die Richtung schauend, wo sie stand. Nobody hatte verstanden. Die Erscheinung hatte ihm mitgeteilt, dass sie jetzt quasi auf die Erde verbannt sei und dass sie jetzt neu als Mensch auf die Welt komme, wo sie sich jedoch vor der Intensität der Sonne fürchte. «Aber», sagte Nobody, «wenn Du als Mensch auf die Welt kommst, bekommst Du einen menschlichen Körper, und dieser menschliche Körper ist resistent gegen Sonnenlicht. Schau mich doch an, die Sonne scheint, und es macht mir nichts aus. Du wirst auch einen solchen Körper bekommen, und die Sonne wird Dir nichts anhaben können.»

Nach und nach konnte Nobody sie trösten und beruhigen, so dass sie Vertrauen fasste. «Wieso bist Du überhaupt hier?», fragte Nobody. Nur zögerlich konnte er aus ihr herausbringen, dass sie mit dem Ufo hier auf unserer Erde gelandet sei, dass sie zu dritt oder zu viert im Wald unterwegs gewesen seien und ihnen plötzlich ein Jäger in einer Waldlichtung entgegengekommen sei. Der Jäger habe den Arm freundschaftlich zu einem Gruss erhoben, aber plötzlich, ohne Vorwarnung, hatte er ein Gewehr zur Hand und aus nächster Distanz sofort geschossen. «Was ist dann mit dem Jäger geschehen?» fragte Nobody, doch diese Frage beantwortete sie nie. Entweder wusste sie es nicht, wollte sich nicht erinnern oder wollte es nicht sagen. «Aber», sagte dann Nobody, «wenn ich das richtig verstehe, bist Du auf der Erde gestorben und daher bist du nun bei uns und kannst nicht mehr zurück auf deinen Planeten.» «Ja», bestätigte sie ihm. «Aber», fragte Nobody, «das Ufo war ja noch da, weshalb bist du dann nicht ins Ufo gegangen – so wie du jetzt mit mir herum wanderst – du hättest doch als Seele mit dem Ufo heim fliegen können. Warum hast du das nicht gemacht?» «Du verstehst nichts», sagte sie nun, «die Seele kann nur in einem Körper weite Distanzen zurücklegen. Wenn du dich in meinem Zustand, den ich jetzt habe, in ein Flugzeug oder einen Zug setzt, fährt der Zug ohne dich ab, du bist am Schluss immer noch dort, wo du ursprünglich warst.»

Nobody verstand die Welt nicht mehr. Eigentlich hätte er immer gern eine Marien-Erscheinung gehabt, denn eine solche Erscheinung war in seinen kindlichen Augen wohl das höchste Ziel, das man erreichen konnte. Nun hatte er seine Erscheinung, aber es war nicht die Maria, es war eine Ausserirdische. «Träume oder spinne ich?», fragte er sich. Wahrscheinlich nicht – sie hatte einen seltsamen Anblick, und in allem, worin sie sich wiederholte, widersprach sie sich nie. Sie war mit einem Ufo gekommen, sie fürchtete sich vor unserer Sonne, sie wurde hier bei uns auf der Erde von einem Jäger aus nächster Nähe erschossen, es gab für sie ein Weiterleben, sie würde in ihrem nächsten Leben als ganz normaler Mensch bei uns zur Welt kommen. «Bizarr, bizarr!» murmelte Nobody.

Nach einer Weile sagte er sich: «Sie muss von einer fremden Welt kommen, das sieht man ja. Vielleicht beantwortet sie mir zwei Fragen, die mich brennend interessieren: Erstens, von welchem Sonnensystem und von welchem Planeten kommt sie und zweitens, wie baut man ein Ufo?»

Zum abgemachten Zeitpunkt und Ort, in der Obstbaumplantage, erschien sie wieder. «Hör», sagte Nobody, «ihr müsst doch auch eine Sonne haben, sonst wäre es ja dunkel bei euch und ihr würdet einander gar nicht sehen?» Sie überlegte kurz und sagte dann: «Doch, wir haben auch eine Sonne. Unsere Sonne ist viel schöner als eure, doch unsere Sonne ist weniger hell, nicht so aggressiv, und sie sendet viel weniger gefährliche Strahlung aus als eure Sonne. Unsere Sonne ist im Zentrum dunkel und weist um diesen dunklen Kern eine helle, leuchtende Korona auf. Somit wirkt unsere Sonne wie ein grosses, leuchtendes Auge, das in der Mitte am Himmel steht». «So etwas gibt es nicht», denkt sich Nobody, «eine solche Sonne gibt es nirgends.» «Sag mir, geht deine Sonne auch am Morgen auf und am Abend unter?» fragte Nobody. «Nein», erwiderte sie, «wenn wir zum Himmel aufschauen, ist unsere wunderschöne Sonne immer da, immer in der Mitte vom Himmel.» «So ein Blödsinn», dachte Nobody, aber er tat, als ob er alles glaubte, denn er wollte das Gespräch mit ihr nicht unterbrechen. «Ihr habt also eine wunderschöne Sonne, die aussieht wie ein riesengrosses Auge, das dauernd am Himmel steht. Die Korona des Auges leuchtet und das Licht auf eurer Erde ist etwas heller als bei uns, eine sehr helle Vollmondnacht?» «Ja, genau so musst du dir das vorstellen», antwortete sie ihm geduldig. «Dann lebt ihr also auf einer viel schöneren Erde als wir», sagte Nobody etwas skeptisch. «Ja», sagte sie, «wir haben eine viel schönere Sonne, aber auch ihr habt eine schöne Erde, ihr habt Vögel, Blumen und Schnee.» Auf dem Heimweg dachte er an diesen Satz. Es war eine klischeehafte Aussage. Wenn jemand zu Nobody sagte: «Ihr habt es schön, ihr habt Kühe, ihr habt Pferde und ihr lebt in der freien Natur», dann müsste Nobody nicht nachfragen, sondern er wüsste, dass der Sprecher keine Kühe und Pferde hätte und nicht in der Natur, sondern in der Stadt wohnte. Wenn nun aber dieses weibliche Wesen sagte: «Ihr habt eine schöne Welt, mit Blumen, Vögeln und Schnee», dann wusste Nobody, dass in der Welt des fremden Wesens keine Blumen vorkamen, keine Vögel in der Luft flogen und dass nie Schnee fiel.

Dann begann er mit seiner Erscheinung über Erscheinungen zu sprechen. Sie sagte ihm, dass jemand nach seinem Tod nur ungefähr 30 bis 40 Tage lang erscheinen könne. In dieser Zeit könne der Verstorbene noch einmal sein ganzes Leben überdenken, und nach seinem Tod sehe er, wie seine

Verwandtschaft reagiere, ob es Streit gebe, er sehe seine Bezugspersonen, wie sie über ihn denken und sprechen, seitdem er sie verlassen habe. Er sehe auch, ob sich jemand an seinem Tode freue, ob echte Trauer herrsche und wie sein Erbe aufgeteilt werde. Danach gelange der Verstorbene in eine andere Sphäre, die ihm die Erscheinung nicht genauer beschreiben konnte. Nach diesem Stadium komme man in einem neuen Körper wieder zur Welt. Zudem könne man nur jemandem erscheinen, zu dem man einen besonderen Zugang habe. «Es braucht eine Seelenverwandtschaft», meinte sie. «Ich sehe z.B. die Welt», sagte die Erscheinung, «ich sehe die Menschen, die Tiere, aber ich kann nur mit Dir sprechen und nur Dir erscheinen. Ich habe schon viele Leute angesprochen, doch niemand reagiert, niemand kann mich hören, nur Du siehst und hörst mich und nur mit Dir kann ich sprechen».

Nobody begann von Erscheinungen zu erzählen: «In Fatima und in Lourdes ist die Heilige Maria erschienen.» Doch, tatsächlich, er musste ihr erklären, wer die Maria war. «Wie bitte?» fragte die Erscheinung beinahe ungläubig, «die Mutter von Jesus ist nach mehr als tausend Jahren erschienen?» «Ja!» sagte Nobody. «Aber glaubst Du das wirklich?» fragte sie. Eigentlich hatte Nobody das bis anhin so geglaubt. Weiter fuhr sie fort: «Die Erscheinungen von Jesus, so wie Du sie mir erzählt hast, stimmen eindeutig. Es handelt sich dabei jeweils um eine echte Erscheinung, aber ich sage Dir, es ist nicht möglich, dass jemand nach mehr als tausend Jahren noch erscheinen kann. Glaub doch nicht so einen Unsinn! Wenn jemand gestorben ist und ein guter Mensch war, kann er anderen Menschen erscheinen und sie zum Guten anhalten. Ich kenne die Erscheinungen von Lourdes und Fatima nicht, aber ich kann Dir mit Sicherheit sagen, dass bei diesen Erscheinungen, die zweifellos stattfanden, die erschienene Person niemals von sich sagte, sie sei die Maria, die vor mehr als tausend Jahren gelebt hat. Denn in diesem Zustand, in dem ich bin, lügt man nicht. Man hätte keinen Profit, wenn man lügen würde. Ich kann Dir deshalb garantieren, obwohl ich bis jetzt noch nie etwas davon gehört habe, dass die erschienene Person damals nicht sagte, sie sei die Maria, sondern dies wurde nachträglich in die Erscheinung hineinprojiziert. Auch könnte jemand, der sich für etwas entschuldigen möchte, nochmals erscheinen, oder einfach jemand, der ein Anliegen hat.» «Also du willst», entgegnete nun Nobody etwas ungehalten, «mit dem Ufo auf die Erde gekommen sein und von der menschlichen Seele mehr verstehen als ich. Und überhaupt halte ich mich an Jesus, er ist Gottes Sohn, er ist auf die Welt gekommen und hat durch seinen Tod am Kreuz die Menschheit erlöst. Du solltest auch zu Jesus beten», schlug Nobody seiner Erscheinung vor, «denn Jesus gab den Menschen ein neues Gesetz. Jesus sagte den Menschen, dass sie sich lieben sollen. Er sagte: ‹Du sollst deinen Nächsten lieben wie dich selbst.›» «Nein», entgegnete darauf die Erscheinung, «das hat Mose gesagt, Jesus hat diese Aussage von Mose nur zitiert und besonders gewichtet.»

Das hatte ihm gerade noch gefehlt, dass er mit seiner Erscheinung in einen Glaubensdisput geriet!

Am folgenden Tag hatte er Religionsunterricht beim Priester. Das war eine gute Gelegenheit, dem Priester diese Frage vorzubringen, denn bis jetzt ging er davon aus, dass das Gesetz der Nächstenliebe von Jesus stammte.

Nobody sah nun zum ersten Mal die Möglichkeit, seine Erscheinung der Unwahrheit zu überführen. Aber er musste vorsichtig sein, denn er war innerlich so aufgewühlt. Das Wort Erscheinung durfte niemals fallen, auch nicht unabsichtlich. So gab er seiner Erscheinung einen Namen und sprach von der Barbara, wenn er von ihr sprach, obwohl im Gespräch mit seiner Erscheinung nie Namen benutzt wurden. Und so meldete er sich im Religionsunterricht und erklärte sein Anliegen: «..., doch die Tante Barbara habe erklärt, dass Mose als Erster das Gesetz der Nächstenliebe aufgestellt habe.» Der Priester konnte die Aussage von Tante Barbara nur bestätigen. «Ja, das stimmt schon», sagte er, «im 3. Buch Mose, Levitikus 19,18[1], steht geschrieben: Du sollst deinen Nächsten lieben wie dich selbst. Ich bin der Herr.» «Aber wieso tut dann die ganze Christenheit so, wie wenn diese Worte von Jesus wären?» fragte Nobody. «Weil Jesus seine ganze Lehre auf diesem Gesetz der Liebe abgestützt hat», erklärte ihm der Priester. Über Seelenwanderung wagte Nobody nichts zu fragen, das hätte wohl den Rahmen gesprengt.

Beim nächsten Kontakt begann Nobody mit der Chimärkörperphysik. Er sagte: «Bäume, Regentropfen, Eier und die Erde sind Doppelkörper, oder ich sage ihnen auch Chimärkörper. Und diese Chimärkörper haben eine eigene Physik. Ein Wassertropfen z.B. gehört nicht zu den Chimärkörpern und ist somit auch nicht ein Doppelkörper», sagte Nobody. «Wie wirkt sich denn z.B. diese andere Physik aus?» fragte die Erscheinung. «Wenn zwei Chimärkörper aufeinanderprallen, dann vibrieren sie eigenartig oder sie platzen in Tausende von Bruchstücken. Wenn z.B. die Erde von einem Meteoriten oder Kometen getroffen würde, geschähe nichts. Würde sie hingegen von einem anderen Chimärkörper, z.B. vom Mars, getroffen, dann lösten sich der Mars und die Erde in kleinste Fragmente auf.» «Das stimmt», sagte sie, «aber ich bin erstaunt, dass du das weisst. Wir haben noch nie einen Menschen auf dieser Erde angetroffen, der etwas von Chimärkörperphysik verstand. Wieso verstehst du diese Physik?», wollte sie wissen. Sie bestätigte ihm, dass die Erde, die Bäume und Regentropfen Chimärkörper seien, aber Eier, sagte sie, seien keine Chimärkörper.

1 Sämtliche Bibelstellen werden nach der «Einheitsübersetzung der Heiligen Schrift», ISBN 3-460-33007-4, Stuttgart 1980, zitiert.

Dies wiederum verunsicherte ihn, weil er ja die ganze Chimärkörperphysik wegen den Eiern entdeckt hatte. Doch dann sagte er, wie um sich zu beruhigen: «Die kennen die Eier gar nicht, weil sie gar keine Vögel haben.»

Mit den Worten: «Das intelligenteste Wesen, das es je gegeben hat, ist Albert Einstein», setzte Nobody seine Verteidigung fort. Das hatte Nobody von seinen älteren Brüdern gehört, aber sie lächelte nur. Mit Einstein konnte man sie nicht beeindrucken.

«Also», sagte Nobody, «du bist mit dem Ufo auf die Erde gekommen, wurdest von einem Jäger getötet und kannst jetzt nicht mehr zurück in dein Land. Du bist neu hier auf unserer Erde und würdest bald als Mensch auf die Welt kommen. Ist das richtig so?» «Ja», bestätigte sie. «Nun könntest du doch», schlug Nobody vor, «wenn du dann als Mensch auf der Welt bist, selber ein Ufo bauen und in dein Land zurückfliegen.» «Das geht nicht», erwiderte sie. «Es ist beinahe unmöglich, sich an ein früheres Leben zu erinnern. Zudem wäre die Erinnerung nur fragmentarisch, und man könnte sich niemals an Details eines hochtechnischen Flugkörpers erinnern.» «Nun», sagte Nobody, «ich schlage vor, dass du mir genau erklärst, woher du kommst und wie man ein Ufo baut. Sobald ich erwachsen bin, werde ich mit dem Bau eines Ufos beginnen. Wenn Du dann auch auf der Welt bist, suchen wir einander und, nachdem wir uns gefunden haben, können wir gemeinsam mit meinem Ufo zu dir in deine Welt fliegen. Du willst doch deine wunderschöne Sonne wieder sehen, oder?» Auf diesen Vorschlag wollte sie nicht eingehen.

Nobody begann nun wieder mit Einstein. «Du hast gelächelt, als ich sagte, Einstein sei das intelligenteste Wesen, das es je gab. Weshalb hast du gelächelt, stimmt dies etwa nicht?» «Nein», sagte sie, «dies stimmt sicher nicht; Einstein hat sich sowohl in seiner Energieformel als auch bei der Relativitätstheorie geirrt.» «Das tönt phantastisch, das kann ich kaum glauben», erwiderte Nobody, «das musst du mir erklären.» Und sie wollte etwas erklären, aber Nobody wusste nicht einmal, was Einstein gesagt hatte, er kannte weder die Energieformel noch die Relativitätstheorie, wie nur hätte er der Kontradiktion gegen Einstein folgen können? Das Gespräch über Einstein musste abgebrochen werden, weil Nobody die Worte nicht fassen konnte. «Aber deine Chimärkörperphysik stimmt», sagte sie, «und ich bin immer noch erstaunt, dass du Zugang zu dieser Physik hast.»

Nun bat die Erscheinung darum, dass Nobody ihr aus der Bibel erzähle. Er begann mit Adam und Eva, Sodom und Gomorrha, dem Turmbau von Babel, Noach, Abraham, Isaak, Jakob und kam dann zur Geschichte von Josef. Weiter erzählte er von Mose. Doch erst bei der Flucht durch das Meer reagierte Barbara. Nobody demonstrierte, wie das Wasser sich teilte und rechts und links meterhoch, wie eine Wand, dastand. Diese Demonstration vom Wasser, wie es dastand wie eine Wand, beeindruckte Barbara sehr. Nobody verstand nicht, weshalb seine Ausführungen plötzlich auf so grosses Interesse stiessen. Dabei hatte er den Eindruck, dass sie seine Geschichte schon kannte und dass es nur darum ging, zu schauen, wie er sie erzählte. «Ist so etwas wieder einmal passiert auf Erden?» fragte sie. Nobody glaubte, er müsse alle Phänomene, die mit Wasser zu tun haben, aufzählen. Er sagte: «Ja, dies ist häufig passiert. Zum ersten Mal trat dies bei Noach auf, wo es zu regnen begann und ...»

Er wurde unterbrochen: «Nein – gab es noch weitere Ereignisse auf der Erde, wo sich das Wasser teilte?» wollte sie wissen.

«Nein, dies gab es nur zweimal. Beim ersten Mal teilte sich das Meer, und es gab rechts und links eine Wasserwand (Ex 14,22). Beim zweiten Mal setzte das Volk über einen Fluss, den Jordan, dies war aber zu einer Zeit, als Mose und sein Bruder Aaron schon gestorben waren. Dabei bildete das Wasser, das von oben kam, eine Wasserwand, und das Wasser, das unten war, floss ab (Jos 3,16). Danach hat sich auf der Erde Wasser nie mehr geteilt», schloss er. Für Nobody war es rätselhaft, wieso dieser Teil der Bibel für Barbara offensichtlich so wichtig war. Dann fragte sie: «Wie war das nochmals mit dem Dornenbusch?» Es war das erste Mal, dass Nobody eine rezitierte Bibelstelle wiederholen musste. «Diese Stelle muss also auch wichtig sein», dachte er sich. Nobody stellte sich ein grosses Feuer vor und erzählte die Geschichte nochmals, diesmal so, als ob er selber daneben stehen würde. Er stand da und demonstrierte mit den Armen, wie die Flammen zum Himmel schlugen: «Es knallte und zischte, es loderte und rauchte, die Flammen zuckten wie Zungen. Mitten im Feuer stand ein Dornenbusch, dieser brannte, aber verbrannte nicht.» Er erzählte vom Manna, von der Wolke über Mose und erwähnte das goldene Kalb und die Wachteln, welche tot vom Himmel fielen.

Mose hatte von Gott zwei Tafeln erhalten, die er dem Volk hätte vorlegen sollen. Als er aber das goldene Kalb sah, das vom Volk gemacht worden war, wurde er so wütend, dass er die Tafeln auf dem Felsen zerschlug. Mose ging später wieder auf den Berg, und Gott hatte ihm zwei neue Tafeln gemacht. «Gott hatte die beiden Tafeln mit seinen eigenen Fingern geschrieben», erklärte Nobody. «Was stand auf diesen Tafeln?» fragte Barbara neugierig. «Die zehn Gebote: Du sollst nicht stehlen, du sollst nicht töten, usw.» «An welcher Stelle steht, du sollst nicht töten?» wollte sie wissen. Nobody überlegte. Er wusste es nicht. «Aber das erste Gebot», sagte er, «heisst, du sollst Gott hoch halten, das zweite Gebot heisst, du sollst die kirchliche Institution hoch achten, und das dritte Gebot lautet, du sollst deine Eltern hoch achten. Das sechste Gebot heisst, du sollst nicht unkeusch reden, fühlen, denken und handeln. Und das siebte Gebot heisst, du sollst nicht stehlen.» «Wo befinden sich diese Tafeln jetzt?» Nobody hatte schon längst bemerkt, dass sie etwas über diese Tafeln wusste, aber er verwarf den Gedanken. «Das ist es ja gerade», sagte er, «der einzige handfeste Gegenstand, den Gott den Menschen je gegeben hat, sind diese Tafeln, und nun haben die Menschen diese Tafeln einfach verloren.» Dann fragte sie weiter: «Mose wurde also wütend, als sein Volk ein goldnes Kalb machte. Wie ist es, wenn du zuhause ein goldenes Kalb machtest, was würden deine Eltern dazu sagen?» «Wir haben kein Gold zuhause.» «Aber wenn du aus einem anderen Gegenstand ein Kalb machtest, was würde deine Mutter dazu sagen?» Nobody überlegte, erinnerte sich an die Krippe unter dem Weihnachtsbaum und antwortete: «Ich denke, wenn ich zuhause ein schönes Kalb aus Holz schnitzen würde, wäre meine Mutter stolz auf mich.»

«Wieso wurde Mose dann so wütend?» erkundigte sie sich. Nobody musste eingestehen, dass er sich dies auch nicht erklären könne. «Wenn es verboten war, goldene Kälber zu machen, hätte dies Gott fairerweise vorher sagen müssen, so wie er Adam und Eva verbot, von dem einen Apfelbaum zu essen», gestand Nobody ein. Nun sagte Barbara, dass man dort, von wo sie komme, auch eine Bibel hätte, und sie bat ihn, am folgenden Tag seine Bibel mitzunehmen, damit man die Texte gegenseitig vergleichen könne.

Nobody war sehr erstaunt, dass sie so viel aus der Bibel wusste. Und nun wollte sie auch noch ihre Bibel mit der seinen vergleichen. Instinktiv sagte er zu sich: «Ich nehme sie nicht mit», doch wusste er nicht, was er damit bezwecken wollte. Ihm fiel auch auf, dass sie sich nur für Bibelstellen von Mose interessierte. Mehrmals wollte er ihr von Jesus berichten, doch sie sagte regelmässig: «Wenn er das gemacht oder jenes gesagt hat, war er bestimmt ein guter Mensch.» Nobody wollte ihr beibringen, dass Jesus nicht ein Mensch, sondern Gottes Sohn sei, doch ging sie darauf nicht ein. Am folgenden Tag ging Nobody wieder zur abgemachten Zeit zur Obstbaumanlage. Sie erwartete ihn schon. Sie hatte gleich bemerkt, dass er die Bibel nicht dabei hatte, doch Nobody sagte, dass er die einzelnen Bibelabschnitte alle kenne und somit das eigentliche Buch nicht benötige. Sie öffnete ihre Bibel und zeigte ihm Bibelstellen, die alle von Mose handelten. Viele Stellen konnte er klar einer Stelle aus seiner Bibel zuordnen. Doch es gab eindeutig Bibelstellen, die er noch nie gesehen hatte. Als Mose am Dornenbusch war, hantierte er z.B. mit goldenen Glocken und mit goldenen Granatäpfeln, stand da geschrieben, und erst danach brannte der Dornenbusch, «aber er verbrannte nicht.»

Und eine weitere Bibelstelle, von der er noch nie gehört hatte: Mose belehrte seinen Bruder Aaron und die Spezialisten über Gott. Gott ist oben im Himmel, und alles will zu Gott. Nun schlug er vor, Gott eine Aufwartung zu machen. Er meinte damit, dass er direkt vor Gott treten und zu seinen Füssen Opfer und Geschenke darbringen wollte. Damit waren alle einverstanden. Also hob man mit dem Zelt von der Erde ab. Das Zelt hatte stabilisierende Elemente eingebaut.

Diese Textstelle faszinierte ihn ungemein, aber er glaubte, es nicht zugeben zu dürfen, denn er wollte nicht preisgeben, dass er diesen Text zum ersten Mal in seinem Leben sah.

«Unglaublich!» Die hatten aus einem Zelt, das etwa wie ein Zirkuszelt aussah, einen Flugkörper gebaut. Mose war zuoberst und schaute unentwegt geradeaus. Das Motto hiess: «Immer weiter bis zu Gott.» Aaron trat vor Mose und sagte: «Der Flug tut nicht allen gut, dem einen ist übel geworden und er schäumt aus dem Mund.» Doch Mose schaute nur geradeaus und gab keine Antwort. Dann kam Aaron wieder und sagte: «Wir müssen umkehren, einer ist bewusstlos geworden und aus dem Zelt gefallen, ein anderer ist bewusstlos geworden, und wir mussten ihn anbinden. Wieder ein anderer sagte, dieser Flug führe zum Tod, und ist aus dem Zelt gesprungen, und derjenige, der aus dem Mund schäumte, verstarb kurze Zeit danach. Mose, wir müssen umkehren!» Doch Mose schaute wie hypnotisiert geradeaus. Weil Aaron gesehen hatte, was mit den anderen passiert war und weil er selber eine Schwäche bei sich bemerkte, band er sich auch an. Auch er wurde danach bewusstlos. Mose wurde nur durch eine unglaubliche Kälte wachgerüttelt, die er plötzlich verspürte. Nur wegen des äusserst unwirtlichen Klimas erteilte er den Befehl zur Umkehr.

Zu spät bemerkte er, dass etliche Leute von der Mannschaft fehlten und dass alle Anwesenden bewusstlos waren. Er beschrieb, wie er gefüllte Säcke leeren musste, um umzukehren und dass jede Arbeit, und war sie noch so geringfügig, zu einer Schwerstarbeit geworden war.

Bei dieser Aktion sind also mehrere Menschen gestorben. Dabei wurde festgehalten, dass man diesen Versuch nie mehr machen sollte.

Diese Stelle könnte sogar als Verbot aufgefasst werden, je die Atmosphäre zu verlassen. Obwohl Nobody keine solche oder ähnliche Bibelstelle kannte, antwortete er instinktiv, dass er diese Stelle aus der Bibel kenne. Denn das, was er gelesen hatte, konnte er augenblicklich interpretieren. Mose stieg wie in einem Ballon immer höher und kam in Höhen, in der die Luft dünn war, und die beschriebenen Symptome entsprachen einem Sauerstoffmangel. «Kannst Du mir diesen Text mitgeben?» fragte er.

«Nein», antwortete sie, «dies ist nicht möglich. Denn wenn du den Text siehst, dann siehst du nur meine Gedanken, die ich dir visualisieren kann, und wenn du mich siehst, siehst du nur das, was ich dir visualisiere. Aber ich versichere dir, dass ich mit keinem anderen Menschen sprechen kann und bei keinem anderen einen Gegenstand visualisieren kann ausser bei dir. Du wirst am Schluss, wenn ich einmal nicht mehr da bin, grossen Zweifel an meiner Existenz bekommen, denn ich existiere nur in deinem Geist. Ich kann mich nicht bücken und dir einen Stein geben. Aber trotzdem kann ich mich bükken und versuchen einen Stein aufzunehmen, aber er bleibt liegen und bewegt sich nicht. Wenn ich dir ein von mir gezeichnetes Amulett geben könnte, hättest du etwas in der Hand und immer, in Zeiten des Zweifels, könntest du das Amulett anschauen. Aber ich kann dir nichts in die Hand geben.»

Nobody war gerade auf dem Heimweg nach dem Treffen mit Barbara. Während drei Tagen hatte sie ihm Einblick in ihre Bibel gegeben. Plötzlich blieb er stehen, denn es traf ihn wie ein Faustschlag: «Wenn diese fremden Wesen dieselbe Bibel und ihren Ursprung auch von Mose haben, sind das ja auch Menschen!», sagte er zu sich.

Am andern Tag verging die Zeit nur langsam bis zum Abend, wo er sich, wie abgemacht, mit ihr in der Obstbaumplantage treffen wollte. Kaum dass sie einander begegneten, stellte er ihr die brennende Frage: «Wenn ihr in eurer Bibel auch die Geschichte von Mose habt und auch von Mose abstammt, dann seid ihr auch Menschen, oder?» «Ja», entgegnete sie ruhig, «damals hatte sich eine Gruppe von Menschen abgespalten. Sie leben seither in einer anderen Welt. Das, was du sagst, stimmt, wir sind auch Menschen, und es gibt eine zweite Menschheit, und das Grab von Mose befindet sich bei uns.»

«Was? Was sagst du da? Bitte sag es noch einmal!», sagte er ungläubig. «Ich wiederhole», sagte sie daraufhin: «Wir sind auch Menschen wie ihr. Es gibt eine zweite Menschheit und wir stammen aus einer Gruppe Menschen, die sich zur Zeit Moses abgespalten hat. Es gibt eine zweite Menschheit, es gibt eine zweite Erde und das Grab von Mose ist bei uns.»

Nobody war zu erschlagen und konnte nicht mehr weiter sprechen. Das war zuviel! Er sagte noch: «Morgen um die gleiche Zeit!» – dann rannte er nach Hause.

Das war das dritte Mal, dass sie ihm etwas sagte, das überprüfbar war. Beim ersten Mal sagte sie, dass noch nie eine Erscheinung von sich gesagt habe, dass sie die Mutter Gottes, also die Maria, sei. Dies konnte und wollte Nobody nicht überprüfen, das glaubte er ihr einfach. Das zweite Überprüfbare war ihre Behauptung, nicht Jesus, sondern Mose habe gesagt, «Du sollst deinen Nächsten lieben wie dich selbst», und Jesus habe Mose nur zitiert. Nachdem er dies überprüft hatte, musste er zugeben, dass sie im Recht war (Lev 19,18).

Aber jetzt behauptete sie auch noch, dass sich das Grab Moses bei ihnen befände, das war einfach unfassbar!

Kaum zu Hause angelangt, wollte er die Frage klären, wo sich denn nun wirklich Moses Grab befinde.

Die Frage brannte ihm auf der Zunge: «Wo ist das Grab Moses?» Unmöglich, den Priester konnte er an diesem Abend nicht mehr aufsuchen, dazu war es schon zu spät. Aber in der Nachbarschaft gab es noch ein paar gescheite Leute, die das wissen mussten. Einer sagte: «In Hebron!», nahm dann aber das Lexikon hervor und rief: «Nein, dies ist das Grab Abrahams!» Also schlug er vor, unter Mose nachzuschlagen: «Prophet und Gesetzgeber der Israeliten, der den Pentateuch, die fünf Bücher Mose geschrieben hat», zitierte er. «Das ist alles, über sein Grab steht nichts». «Aber», erwiderte Nobody, «es muss doch auf dieser Erde irgendwo einen Menschen geben, der weiss, wo sich Moses Grab befindet!»

Am Abend holte er dann seine Bibel hervor. Wie oft hatte er schon in ihr gelesen! Trotzdem, er konnte sich nicht erinnern, wo und wie Mose gestorben war. Nach langem Suchen fand er im 5. Buch Mose folgende Stelle:

«Der Tod Mose: (...) Danach starb Mose, der Knecht des Herrn, dort in Moab, wie es der Herr bestimmt hatte. Man begrub ihn im Tal, in Moab, gegenüber Bet-Pegor. Bis heute kennt niemand sein Grab.» (Dtn 34,5).

Er ging danach zum Fenster und schaute sich den Sternenhimmel an. Unweigerlich huschten die Worte über seine Lippen: «Bis heute kennt niemand sein Grab». Und weiter sagte er vor sich hin: «Barbara, Barbara, ich beginne langsam zu glauben. Wo kommst du her, woher nur?» Die Antwort schien ihm einfach: «Von dort, wo das Grab Moses ist. Aber bis heute kennt niemand sein Grab!»

Am nächsten Tag ging Nobody wieder zum Obstgarten. «Erzähle weiter», bat er die Frau, und in seiner Stimme war nichts Überhebliches mehr zu hören. Sie sagte dann: «Es war für uns ein unglaublicher Schock, als wir euch Menschen auf der Erde entdeckten, als wir bemerkten, dass wir nicht allein sind. Der Kontakt mit euch war für uns eine grosse Katastrophe. Wir bekamen furchtbare Seuchen, bei uns sind mehr als 20% der Menschen innert kurzer Zeit gestorben. Wir hatten damals ein Oberhaupt, das die geistige und politische Führung bei uns innehatte. Es war ein heiliger Mensch, ein Mensch so wertvoll, wie es keinen bei euch auf der Erde geben kann. Leider ist auch er an den Folgen dieser Seuchen gestorben. Als wir euch Erdenbewohner entdeckten, standen wir tagelang, wochenlang, ja monatelang unter einem mentalen Schock. Meine Vorfahren konnten sich vorher unmöglich vorstellen, dass es irgendwo noch weiteres Leben gäbe», sagte sie. «Wir Menschen – die zweite Menschheit quasi – wir wissen», sagte sie, «dass es unabdingbar sein wird, dass wir irgendwann von euch Menschen der Erde entdeckt werden. Vor diesem Ereignis fürchten sich viele. Wir hoffen alle, dass dieser Schritt einmal friedlich erfolgen wird und dass wir uns nicht als erstes in einem Krieg begegnen werden.» «Ich bin überzeugt», sagte nun Nobody, «dass unsere Erde von Anfang an Frieden anbieten wird.» «Was glaubst du», fragte sie nun, «wird man uns Sodom und Gomorrha verzeihen?» «Für diese Katastrophe wart ihr verantwortlich?» «Ja», sagte sie, «wir haben zwar diesen Text in unserer Bibel nicht, aber als wir ihn in eurer Bibel lasen, wussten wir, dass wir das gewesen waren. Vermutlich handelte es sich dabei um den Abbruch der Kontakte zwischen den beiden Menschheiten.» «Sicherlich hat man euch das verziehen», sagte Nobody. «Dies ist schon so lange her, ich kann mir keinen Menschen vorstellen, der noch wegen Sodom und Gomorrha Vorwürfe erheben würde», sagte Nobody.

Dann fuhr er weiter: «Du sagtest, dass sich die beiden Menschheiten so oder so einmal treffen würden und dass ihr davor Angst habt. Wäre es dann nicht gut, wenn du und ich, wir beide zusammen, diese Begegnung organisieren würden? Wer ausser dir ist denn geeigneter, um zwischen den zwei Menschheiten zu vermitteln? Du musst mir sagen, woher ihr seid, wo euer Planet ist und wie man ein Ufo baut, denn dann geht das Wissen nicht verloren, und wir können beide die Zusammenführung der Menschheiten übernehmen. Nur so können wir den friedlichen Kontakt derselben organisieren», sagte Nobody. «Unsere Erde ist viel näher bei dir als du dir das vorstellen kannst», sagte sie dann. «Also, ich entnehme deiner Aussage, dass ihr in unserer Milchstrasse seid», fragte Nobody. «Wir sind so nahe, wie du dir das niemals vorstellen könntest», sagte sie darauf. «Seid ihr näher als der Abstand von der Sonne zum Pluto?» fragte Nobody. «Du kannst dir mit keiner Hirnzelle vorstellen, wie nahe wir sind», sagte sie darauf. «Seid ihr näher als der Abstand von der Erde zum Mond?» fragte er dann. «Wir sind noch viel näher», sagte sie. «Jetzt lügt sie», dachte Nobody, «denn zwischen der Erde und dem Mond gibt es gar kein Gestirn mehr. Es ist also nicht möglich, dass sie näher sind», dachte er. Aber er wagte nicht, ihr zu widersprechen, denn er wollte ihren Redefluss nicht unterbrechen. «Wie sieht es mit dem Abstand von New York bis zu mir aus?» «Wir sind noch näher», sagte sie. «Und der Abstand von Luzern zu mir?» «Ja, das ist etwa unser Abstand; in einer Entfernung von der Grössenordnung Luzern bis zu dir habe ich meine Jugend verbracht», bestätigte sie. Jetzt wusste er definitiv, dass etwas nicht stimmen konnte. Bei einer so geringen Entfernung wäre sie in der Schweiz aufgewachsen, und die Schweiz ist so dicht bevölkert, dass man sich niemals Tausende von Jahren verstecken könnte. Und zudem bräuchte man für eine so kurze Strecke kein Ufo. Wenn er nach Luzern gehen würde, nähme er den Zug, aber sicher nicht ein Ufo. Er wagte es aber noch immer nicht, diesen Einwand vorzubringen, denn vielleicht hatte sie das alles symbolisch gemeint. «Oder vielleicht ist jemand irrsinnig! Ich, sie oder wir beide», sagte er zu sich.

Dann erzählte sie weiter: «Es ist für uns sehr schwierig, mit euch Menschen von der Erde in Kontakt zu treten. Erstens können wir bei Tageslicht nicht kommen, da uns das Licht blendet, und in der Nacht können wir nicht kommen, weil ihr Erdenmenschen uns nicht seht. Also bleibt nur die Abenddämmerung. Und zweitens haben wir ein ganz anderes Aussehen. Wenn wir auf einen Menschen zugehen, ergreift dieser schreiend die Flucht oder, wie in meinem Fall, er erschiesst mich. Der Dialog ist somit ziemlich erschwert. Nur unsere Babies sehen genau gleich aus. Wenn man ein Baby von euch und ein Baby von uns in ein Bett legen würde, könnte eine Drittperson nicht sagen, welches Baby von uns und welches von euch ist. Zudem schreien die Babies, eure und unsere, genau gleich. Vom Ton her könnte man also die beiden Babies auch nicht unterscheiden. Später findet sich in der Sprache wieder ein Unterschied. Unsere Sprache ist viel leiser. Ihr habt sowieso eine laute Welt. So laut könnten wir nicht leben. Auch das Sexualverhalten ist unterschiedlich. Beim sexuellen Kontakt bei euch auf der Erde stehen sich die Partner mehrheitlich frontal gegenüber. Bei uns ist es eher so, dass die Partner hintereinander stehen.» «Ihr habt also Sex wie die Tiere», entfuhr es Nobody. Daraufhin war sie ziemlich beleidigt. Nobody hatte sich nichts dabei überlegt. Er wollte sich auch entschuldigen, doch sie wollte an diesem Tag nicht mehr weiter sprechen.

Am folgenden Tag war sie wieder da, und sie lächelte, sie hatte ihm wohl den Ausrutscher verziehen. «Es gibt also zwei Menschheiten», sagte Nobody. «Die Kontaktaufnahme zwischen diesen zwei Menschheiten ist offensichtlich schwierig. Sind nicht wir zwei die geeignetsten Menschen, um diesen Kontakt zu koordinieren?», fragte er. «Ich mag dich, und ich kann dir versichern, ich werde dein Volk immer mögen. Du weisst, wo dein Volk ist und wie man zu deinem Volk gelangt, und zugleich wirst du bei uns auf der Erde ein Erdenmensch werden, und danach wirst du dich nicht mehr an das Vorleben erinnern können. Wenn du mir alles erzählen würdest, könnte ich das Wissen behalten, und wenn du dann wieder auf die Erde kommst, suchen wir uns und ich erzähle dir das Wissen, respektive ich wiedererzähle dir dein Wissen.» «Das ist viel zu schwierig», sagte sie, «es gibt Schwierigkeiten bei dir, und es gibt welche bei mir. Zuerst zu den Schwierigkeiten bei dir! Ich werde dir alles erzählen, aber du wirst in einen unheimlichen Zweifel geraten. Du wirst am Schluss nicht mehr glauben, dass du das alles wirklich erlebt hast, weil ich dir keinen Beweis und keinen fassbaren Talisman geben kann. Ferner wirst du das alles, was ich dir sagen werde, nicht fassen können.» Nobody entgegnete sofort: «Du musst es versuchen, denn ich glaube dir, und zudem verstehe ich die ganze Chimärkörperphysik. Du hast selber gesagt, dass es dich erstaunt, dass ich diese Physik verstehe.» «Sorry», sagte sie nun, «du verstehst die Chimärkörperphysik nicht, du verstehst nur den Anfang der Chimärkörperphysik, und mich hat erstaunt, dass ich auf dieser Erde überhaupt jemanden gefunden habe, der so viel von der Chimärkörperphysik versteht wie du; aber das, was du verstehst, ist nur der Anfang! Nun aber gesetzt den Fall, dass du das Wissen, welches ich dir mitgäbe, behalten könntest, dann könntest du es nicht umsetzen, weil dir die finanziellen Ressourcen fehlten. Niemand würde dir für den Bau eines Ufos Geld geben.» «Ich glaube dir, dass es schwierig ist», sagte Nobody nun, «aber wir müssen es versuchen. Du musst mir alles erklären; und dann, wenn du kommst, präsentiere ich dir ein Ufo.»

Nobody begann von neuem: «Du hast gesagt, es gebe die Wiedergeburt und du würdest als Mensch hier bei uns auf die Welt kommen. Die Menschen erkennen danach in den Herzen der anderen alte Bekannte, und so entstehen Freundschaften. Du aber kommst als Fremde in diese Welt; du bist nachher Schweizerin, wirst dich jedoch wie eine Ausländerin fühlen. Doch zu mir hast du eine Seelenverwandtschaft; das hast du gesagt. Es müsste also in deinem Interesse liegen, dass du mich wieder treffen könntest. Und es müsste auch in deinem Interesse liegen, dass wir die beiden Menschheiten unbeschadet zusammenführen könnten. Dazu musst du mich informieren; du musst mir erklären, wie man ein Ufo baut und du musst mir sagen, von wo du gekommen bist. – Nein», sagte Nobody weiter, «wir machen es noch anders. Ich werde auf dich warten, und wenn ich dich gefunden habe, heirate ich dich.» «Das geht nicht», sagte sie, «das ist viel zu schwierig. Die Schwierigkeit liegt eher bei mir als bei dir. Du könntest alles Wissen aus deinem Gedächtnis entnehmen, aber ich müsste quasi eine Rückführung ins vorgängige Leben durchmachen, und das ist mit viel Schmerz verbunden. Du müsstest einen Beruf wählen, bei dem du mit vielen Menschen in Kontakt kämest, und ich müsste dasselbe tun, damit wir uns überhaupt einmal treffen würden. Nur schon dass eine dieser Bedingungen zutreffen wird, ist unwahrscheinlich, aber da ist eine Kaskade von Eventualitäten, die alle zutreffen müssten, damit alles funktionierte, so wie du es sagst.» «Aber wir müssen es einfach versuchen», drängte Nobody. Und weiter: «Ich werde einen Beruf wählen, bei dem ich mit vielen Menschen in Kontakt komme. Ich bin sicher, dass es geht, aber ich bitte dich, bitte, wir müssen es versuchen!»

Nobody liess nicht locker. «Du kommst in einer Welt zur Welt, in der du keine Freunde hast. Du müsstest doch daran interessiert sein, wenigstens mich wieder zu sehen. Wir könnten danach, wenn wir uns getroffen haben, heiraten oder sonstwie gute Freunde sein. Du hast in dieser Welt einen Freund – und das bin ich. Und du musst, nein, wir müssen versuchen, uns zu finden.» Darauf erwiderte sie: «Aber bei uns haben die Frauen kaum Brüste. Unser Oberkörper ist so gebaut wie bei einem Mann, und wir haben nur während der Stillzeit Brüste.» «Aber», beschwichtigte Nobody sie, «wenn du hier auf die Welt kommst, dann bekommst du auch einen Körper von hier. Und zudem – das hast du mir gesagt – kann man vor der Geburt auswählen, in welche Familie man geboren werden will. Man kann wählen, ob man in eine reiche oder in eine arme Familie, in eine gebildete oder eine ungebildete Familie kommen möchte. Viele wollen in eine ärmliche, ungebildete Familie geboren werden. Denn in einer solchen Familie kann man am besten seine eigenen Stärken zeigen und entwickeln. Du hast mir gesagt, dass es so ist. Somit wirst du wohl bei deinem Aussehen auch mitentscheiden können. Dein Argument akzeptiere ich also nicht. Und denk doch an die Menschheit, von der du abstammst! Es ist in unserem Interesse, dass sich die beiden Menschheiten ohne

Krieg begegnen. Du musst mir also sagen, von wo du herkommst und wie man ein Ufo baut.» Darauf entgegnete sie: «Ich kann dich nur noch eine Woche lang sehen, danach muss ich weg. Ich werde dir alles sagen. Ich werde dir sagen, woher wir kommen und wie man ein Ufo baut. Ich werde dich in dieser kurzen Zeit, die noch verbleibt, zu einem Physiker ausbilden, denn ich habe grosses Vertrauen zu dir. Wenn du verstehen kannst, was ich dir sagen werde, kannst du danach ein Ufo bauen. Ich werde morgen beginnen.»

«Endlich», dachte sich Nobody, als er am nächsten Tag zur Obstplantage ging. Sie war da. «Ich werde dir heute sagen, von wo wir kommen», sagte sie. «Die Erde ist rund, und sie ist rund, weil sie aufgebaut ist wie eine Seifenblase. Sie hat also eine ganz dünne Hülle. Auf der Aussenseite dieser Hülle lebt ihr, die Menschen der Erde. Auf der Innenseite dieser Hülle leben wir. Wir leben also in der Erde.» Nobody konnte sich nicht mehr beherrschen. «Du lügst!», schrie er. «Du lügst! Du lügst! In der Erde ist die Lavaschicht, und niemals könnte jemand in der Erde leben. Du lügst!» schrie er erneut so laut, wie er nur konnte. «Du lügst!» Wenn ihn jemand gesehen hätte, wie er auf freiem Feld schrie, hätte man ihn wahrscheinlich eingeliefert. «Ich habe mich jetzt lange mit dir abgegeben», schrie Nobody sie an, «ich hätte für dich auch viel getan, ich hätte sogar mein Leben für dich hingegeben, aber jetzt das! Du lügst,» schrie er wieder. «Ich werde nie mehr mit dir sprechen, du Lügnerin, du!» Doch sie begann zu weinen und sagte leise: «Nein, ich lüge nicht.» Nobody drehte sich um und ging weg. Nach einigen Metern sagte er zurück: «Ich war ehrlich mit dir, aber ich habe es nicht verdient, dass man mich so anlügt. Ich komme morgen zur selben Zeit wieder und ich will, nein ich bitte dich, dass du mir endlich die Wahrheit sagst!»

Am nächsten Tag ging Nobody wieder zur abgemachten Zeit in den Obstgarten. Er sah sie von weitem. Sie kauerte da und wagte kaum aufzusehen. «Also», sagte Nobody, «du bist mit einem Ufo auf diese Welt gekommen und ein Jäger hat dich erschossen, stimmt das?» «Ja», sagte sie. «Und es gibt eine zweite Menschheit, und du stammst von ihr ab, trifft auch das zu?» «Ja», sagte sie. «Das Grab von Mose ist bei euch, und alle Wunder, die zur Zeit von Mose geschahen, hat nicht Gott gemacht, sondern alles ist Physik, stimmt das?» «Ja», sagte sie. «Mose sagte demnach, wir sind das auserwählte Volk, weil Gott ihm diese besondere Physik gab – stimmt das?» «Ja.» «Dann hat sich ein Teil dieses Volkes abgespalten, und deshalb gibt es eine zweite Menschheit, trifft auch das zu?» «Ja», sagte sie leise und begann erneut zu weinen. «Ich will nicht, dass du weinst», sagte Nobody bestimmt, «ich will, dass du mir endlich die Wahrheit sagst.» Sie begann zu sprechen und senkte dabei den Kopf, denn sie wusste, dass Nobody ihr nicht glauben würde: «Die Erde ist aufgebaut wie eine Seifenblase oder wie ein Ballon. Die Materie, die du auf der Erde siehst, entspricht einer hauchdünnen Schicht –

genau gleich wie bei einer Seifenblase – und auf der Aussenseite dieser Schicht lebt ihr, die so genannten Erdenbewohner, und auf der Innenseite dieser Schicht leben wir.» «Du lügst erneut», begann Nobody wieder. «Du lügst!» «Ich zeige es Dir», sagte sie, «ich werde es dir zeigen! Du kannst es nicht glauben, aber ich werde es dir zeigen», erklärte sie. Nobody ging entnervt nach Hause. Er war nicht in der Stimmung, um etwas sehen zu wollen. Auch wusste er damals noch nicht, dass die Erde eine besondere physikalische Eigenschaft hat, die sonst keine andere Kugel aufweist. Das Phänomen ist folgendes: Eine Erdbebenwelle pflanzt sich nie durch die Erde, sondern immer auf der Erdoberfläche fort. Als Vergleich: Wenn man einen wassergefüllten Ballon nimmt und ihn an sein Ohr hält, kann man auf die gegenüberliegende Aussenseite pochen und die Schallwellen werden durch den Ballon fortgepflanzt und man kann sie hören.

Aber die Erde verhält sich anders. Wenn die Erde bebt oder selbst wenn eine Atombombe gezündet wird, pflanzt sich die Erschütterungswelle über die Erde hinweg fort, aber niemals durch die Erde. Die Erde ist die einzige Kugel auf der Erde, die sich so verhält. All dies wusste Nobody damals nicht. Auch nicht, dass aufgrund der Geschwindigkeit, mit der sich Erdbebenwellen auf der Erde fortpflanzen, errechnet werden kann, dass die äusserste Schicht der Erde eine Dicke von ca. 55 bis 60 km aufweisen muss und dass diese 55 bis 60 km dicke Schicht nicht mit den tieferen Schichten der Erde verbunden ist.

Am folgenden Tag ging Nobody wieder hin, aber er war enttäuscht. Denn er fühlte sich verschaukelt. «Also heute zeigst du mir deine Welt, aus der du kommst», sagte er, aber er hatte dabei keine Hoffnung, etwas Neues zu erfahren, und er erwartete nichts. «Gut, ich zeige es dir», sagte sie. «Was siehst du jetzt?»

«Ich sehe ein Ufo», sagte er. «Ich gehe auf das Ufo zu, und ich setze mich hinein.» Es hatte vier Sitze darin, die im Kreis angeordnet waren, so dass jeder nach innen schaute und jeder jeden sehen konnte. Der Start war phänomenal. Während des Startes drehten sich die Stühle, so dass man mit dem Rücken voran flog, und man sah während des Startes unweigerlich die Erde. Von der Erde entfernte man sich etwa so, wie wenn man durch ein Zoomobjektiv in der grösstmöglichen Vergrösserung etwas anschaut und dann plötzlich auf die kleinste Stufe stellt. Die Beschleunigung war so gross, dass Nobody erwartete, in die Gurten zu fallen. «Vom Gefühl her müssten mich die Gurten zerschneiden», dachte er, aber es drückte ihn in die entgegengesetzte Richtung, wie beim Start eines Flugzeuges in den Sitz hinein. Man hatte das Gefühl, dass man – wäre man nicht angegurtet – das eigene Ufo überholen würde. Obwohl Nobody vorher noch nie in einem Flugzeug gesessen und das Meer noch nie gesehen hatte, konnte er sich sofort orientieren. Er sah, wie sie sich dem Meer näherten. Er fühlte sich seiner Erscheinung ganz nahe, und er hörte sie sagen: «Das ist das Meer.» Dann näherte sich das Ufo langsam der Meeresoberfläche, und das Wasser wich auseinander. Plötzlich stand es meterhoch da, wie eine Wand, rund um das Ufo. Sie tauchten ab, und das Wasser schloss sich über dem Ufo. Sie erklärte: «Jetzt sind wir im Meer.» Später sagte sie: «Jetzt sind wir in der Gesteinsschicht», dann: «Jetzt befinden wir uns in der Lavaschicht, nun wieder in der Steinschicht, und jetzt sind wir wieder im Meer.» Vom Gefühl her hatte er den Eindruck, dass sie nur kurz im Meer eingetaucht waren, doch als er an die Meeresoberfläche kam, sah er augenblicklich, dass er in einer anderen Welt war. Wenn man auf der Erde lebt, merkt man subjektiv nicht, dass die Erde rund ist. Man hat das Gefühl, die Erde sei eine Ebene. Wenn man auf der Innenseite dieses Erdmantels steht, hat man subjektiv auch das Gefühl, man befinde sich auf einer Ebene. Aber wenn man dann zum Himmel aufschaut, sieht man keine Sterne, es hat nur einen einzigen Himmelskörper, der vielleicht einen Viertel des ganzen Himmels einnimmt. Dieser Himmelskörper sieht aus wie ein Riesenauge. Im Zentrum ist er dunkel, rundherum leuchtet eine Korona. Und die Welt ist hell, etwas heller als eine helle Vollmondnacht. Wenn man diese Sonne anschaut, kann man nur staunen, man kann den Blick fast nicht mehr davon lassen. Nobody bemerkte: «Das muss der Kern der Erde sein, der in der Mitte schwebt und der leuchtet.» «Ja», sagte sie bestätigend. Dann wanderte er mit ihr über eine Wiese, genau gleich wie er mit ihr im Obstgarten herum gewandert war, und sie kamen an einen Bach. Sie leuchtete mit einer Lampe in den Bach, so dass Nobody wunderschöne Fische sehen konnte, Fische wie er sie vorher noch nie gesehen hatte. Dann sagte sie: «Hier habe ich vorher gewohnt, und hier habe ich meine Jugend verbracht.»

Wie in Zeitlupe, so schien es Nobody, änderte sich die Umgebung wieder, und dann befand er sich wieder auf der Wiese in seinem Obstgarten. Nobody konnte sich nicht fassen, er drehte sich ab und ging nach Hause. Den ersten Satz, den er über seine Lippen brachte, war: «Ich habe es mit meinen eigenen Augen gesehen und gleichzeitig weiss ich, dass ich es nicht mit meinen eigenen Augen gesehen habe.»

Am folgenden Tag ging er wieder zum Obstgarten, und obwohl sie keinen Zeitpunkt abgemacht hatten, war sie wieder da. «Ihr habt also Flüsse, Täler, Berge, und ihr habt eine Atmosphäre mit Sauerstoff», sagte Nobody. «Richtig», sagte sie. «Aber der Sauerstoff entsteht doch wegen der Pflanzen, und ihr habt nur eine schwache Sonne; habt ihr denn genügend Sauerstoff?» Darauf erwiderte sie: «Bei euch auf der Erde entsteht nur etwa 5% des Sauerstoffes wegen der Pflanzen, der Rest entsteht anders, aber das haben eure Physiker und Chemiker noch nicht gemerkt.» «Aha», murmelte Nobody etwas verlegen. «Ist es eine Art Hobby von euch, Ausflüge auf die Erde zu machen?»

«Nein», sagte sie und fuhr etwas zusammenhangslos mit anderen Informationen weiter, «auch wir haben Erdbeben, und auch wir haben Seismologen. Wir glaubten in einer Kugel zu leben und wussten aufgrund der Erdbeben, dass die Hülle dieser Kugel etwa 55 bis 60 km dick ist. Die Erdbeben entsprangen immer einige km unterhalb der Erdoberfläche. Doch plötzlich merkten wir, dass jemand an unsere Erde pochte. Es waren eure Atombomben, die von aussen und nicht aus der Lavaschicht kamen. Wir glaubten, dass jemand einen Angriff auf unsere Erde plante und wollten eigentlich einen Gegenangriff starten, dadurch haben wir euch entdeckt.» «Du sagtest also, wenn ich das richtig interpretiere, dass es vor der Atombombe auf der Erde keine Ufos gab und dass diese erst danach kamen?» «Ja.»

Auf dem Heimweg sagte er zu sich: «Endlich habe ich wieder etwas, das überprüfbar ist.» Doch diesmal würde es ihn überraschen, wenn das, was sie ihm gesagt hatte, nicht stimmen würde. Hiroshima war im Jahre 1945. Zu Hause nahm er den Brockhaus zur Hand und suchte unter Ufo; die Erklärung war folgende: «Abkürzung für unidentified flying object, oft als scheiben- oder zigarrenförmig, hell leuchtend und bewegt beschrieben. Über deren Beobachtung, besonders über Nordamerika, wurde seit 1947 berichtet, jedoch bisher nicht nachgewiesen.»

Am nächsten Tag ging er wieder zu ihr. «Ich kann das alles zwar nicht glauben», sagte er, «aber, nehmen wir an, ich glaubte es, damit wir fortfahren können.» Dann zeigte sie ihm wieder ein Schriftstück aus ihrer Bibel und sagte: «Auch diese Bibelstelle habt ihr nicht in eurer Bibel», und ganz nebenbei fragte sie ihn: «Glaubst du eigentlich, du könntest irgend einen Gedanken haben, den ich nicht sehe?» Leicht verlegen nahm Nobody die Textseite und las: «An der tiefsten Stelle einer Felsspalte stellte Mose sein Offenbarungszelt auf.» Die Textstelle, welche seinen Durchtritt durch die Erdmasse beschrieb, war geschrieben wie ein Logbuch. Was er während des Durchtrittes gesehen hatte, nahm mehrere Seiten ein. Es war wahrscheinlich der Originaltext, wie er geschrieben wurde. Es war die Rede von dämonenhaften Formen, schrecklichen Gesichtern, wüsten, schlimmen Gestalten, Schlunden und Drachen und vielem mehr. Nobody überflog die Seiten gierig. Mose schrieb: «Bis jetzt hatte ich den Eindruck, dass ich immer schneller werde, doch jetzt dünkt es mich, ich werde immer langsamer. Ja mit Sicherheit, ich werde langsamer.» Mose wurde immer langsamer, und plötzlich stand er still. In der Lavaschicht stand er still. Er erwartete, dass etwas passieren würde, doch es passierte nichts. Er ging plötzlich rückwärts, ja es beschleunigte ihn regelrecht rückwärts. Doch nach einiger Zeit stand er wieder still, um sich gleich darauf wieder vorwärts zu bewegen. Er merkte, dass er pendelte. Jetzt wollte er wieder zurück an die Erdoberfläche. Dazu musste er etwas machen, was eindeutig einer Schubumkehr entsprach.

Offenbar konnte er das ganze Zelt stabilisieren, wie sonst konnte er wissen, was vorne und was hinten war? Er wartete ab, bis er an der Stelle stillstand, die am weitesten von der Erdoberfläche entfernt war. Mose wollte mit dem Pendelschwung und mit der Schubumkehr so rasch wie möglich wieder an die Erdoberfläche zurück. Doch nach der Schubumkehr blieb er weiterhin stehen und begann sich nur langsam zu bewegen, jedoch in die falsche Richtung. Verzweifelt sagte Mose: «Ich kann nie mehr zur Erdoberfläche zurück, ich bin verloren. Zum Glück habe ich Aaron und alle andren zurückgelassen.» Er wird wieder schneller, jedoch weiterhin in die falsche Richtung. Plötzlich steht er in einer anderen Welt. Mose weiss es sofort, es ist eine andere Welt; der Unterschied ist umwerfend. Mose schrieb: «Der Rücken der Erde ist kühler als die Frontseite.» Er beschrieb, wie er zu einem Fluss ging und Fische darin sah und Wasser aus dem Fluss trank. «Es dünkt mich, als ob es hier mehr von allem gäbe! Ja, in drei Tagen werde ich es genau wissen, ob es von der anderen Materie hier mehr gibt.» Anschliessend beschrieb er einen riesigen Himmelskörper. Er staunte und realisierte, wie müde er war.

Als erstes legte er sich in der neuen Welt hin und schlief. Als er erwachte, erschien ihm alles immer noch gleich. Minuziös beschrieb er die neue Welt. Er flog in der neuen Welt herum. Es wurde nie Nacht und nie Tag, es war immer genau gleich. Er sah keine Lebewesen. Er zweifelte daran, ob er überhaupt Fische gesehen hatte. Er ging also nochmals zu einem Fluss und leuchtete mit einer Fackel in den Fluss. Dabei stellte er zwischen sich und der Fakkel ein Tuch auf, damit es ihn nicht blendete. «Ja», schrieb er bestätigend, «es hat hier Fische. Es sind nicht dieselben Fische wie in unserem Land, aber es sind eindeutig Fische.»

Er beschrieb, dass in der neuen Welt mehr Vulkane vorkämen, und viele Worte brauchte er, um über das grosse Gestirn zu berichten. «Alles ist auf dieses ausgerichtet.» Er vermutete, dass es sich um Gott handelte, der mit einem grossen Auge seine Welt betrachtete. Im Zentrum vom Auge war ein sichtbarer Kern. Er schaute stundenlang, es kam ihm vor, als ob sich in diesem Kern etwas bewegte. Sein Ziel war es, sich zum Auge vor zu bewegen. Er hob ab, doch er merkte schnell, dass die Luft dünner und kälter wurde und er sein Ziel nicht erreichen könnte. Mose kehrte deshalb um. Er blieb etwa fünf Wochen in der fremden Welt.

Dann plante er die Rückkehr. Die Rückfahrt stellte kein Problem mehr dar. Er liess sich treiben, bis die Maschine stillstand, dann machte er die Schubumkehr, und es ging sofort zügig weiter. Er kam wieder auf die Erde zurück, und obwohl es Nacht war, wurde ihm sofort klar, dass er sich wieder auf der Erde befand. Er schlief wieder ein. Der Erddurchtritt hatte ihm also keine Mühe bereitet, einzig: Beide Male wurde er müde. «Siehst du», sagte Barbara nun, «wir haben den Text vom Durchtritt von der Aussenseite zur Innenseite immer vor uns gehabt, aber wir haben nicht gemerkt, dass Mose von der Aussenseite gekommen ist und dass da noch Menschen leben.»

Nach einer kurzen Pause fuhr sie weiter: «Wir konnten damals, zur Zeit Moses, auf die Innenseite der Erde gehen, aber niemals hätten wir auf einen anderen Planeten gehen können, denn dazu hätten wir Spezialanzüge gebraucht, und diese Materialien hatten wir damals noch nicht. Zudem hätte noch ein weiteres Hindernis bestanden: Wenn man durch den Weltraum fliegt und sich danach einem Planeten nähert, schwillt einem das Hirn an; d.h. es entsteht ein Hirnödem. Wenn ihr Aussenmenschen also dereinst zum Mond fliegen werdet, ist dieser Effekt beim Hinflug gering, wird dann aber grösser, wenn ein Mensch vom Mond zurück zur Erde kommt. Die Astronauten werden dann starke Kopfschmerzen bekommen. Wenn ihr jedoch einmal zum Mars fliegen werdet, wird das Hirnödem so stark sein, dass die Astronauten vermutlich daran sterben werden. Ich habe dir dies schon einmal erklärt im Zusammenhang mit der Relativitätstheorie, aber du konntest es nicht fassen. Es ist nicht auszudenken, was passieren würde, wenn ein Mensch unvorbereitet das Sonnensystem verlassen würde, um sich danach einem Planeten eines anderen Sonnensystems zu nähern.»

«Du musst wissen», erklärte sie, «dass alles, was ich dir sage oder zeige, von mir aus geschieht, denn ich habe grosses Vertrauen zu dir. Du musst dieses Wissen wie ein Stabläufer tragen und wenn ich komme, übernehme ich den Stab, und dann versuchen wir gemeinsam, die beiden Menschheiten friedlich zusammenzuführen.» «Und was mache ich», fragte Nobody, «wenn ich mit dem Stab ankomme und niemand übernimmt ihn, wenn ich ins Leere renne?» «Dies könnte sehr gut passieren», bestätigte sie, «denn in dieser ganzen Kaskade bin ich das schwächste Glied. Ich kann mir alle deine Kennzeichen merken, aber es ist unwahrscheinlich, dass ich mich an mein Vorleben erinnern werde. Also wirst du mich erkennen müssen aufgrund der abgemachten Kennzeichen. Es kann aber sein, dass ich in einer Beziehung oder irgendwie im Leben verstrickt bin, oder ich glaube dir nicht, oder ich will nichts mehr davon wissen, weil eine Rückführung wahnsinnig schmerzt. In diesem Falle musst du weiterlaufen, dann musst du meine Strecke auch noch übernehmen.»

«Du hattest mir noch versprochen zu erklären, wie man ein Ufo baut», drängte Nobody sie. «Ja», sagte sie, «aber ich kann dich nur noch zweimal treffen. Wir beginnen morgen damit.» Am folgenden Tag begann Barbara sofort: «Als erstes brauchst du die unsichtbare Materie», erklärte sie, aber Nobody konnte es nicht begreifen. Es war genau gleich wie damals, als sie ihm die Irrungen von Einstein erklären wollte, Nobody verstand es einfach nicht. «Ah», sagte er, «du meinst die Luft, die ist unsichtbar.» «Nein, ich meine nicht die Luft», entgegnete sie. «Du hast doch selber gesagt, dass die Regentropfen und die Bäume Chimärkörper sind.» «Ja, schon», sagte Nobody. «Du sagtest also, im Baum und im Regentropfen sei etwas, das frei beweglich ist, aber dieses Etwas kannst du nicht sehen.» «Ja», murmelte er, «und du hattest mir das auch bestätigt.»

«Also existiert etwas, das nicht sichtbar ist, kapierst du?» «Nun», entgegnete Nobody, «ich habe verstanden, ich muss dieses Etwas aus den Regentropfen herausholen, und schon habe ich unsichtbare Materie.» «Nein, so geht es auch nicht», sagte sie wieder kopfschüttelnd. «Es ist unmöglich, dir das zu erklären, und es ist unmöglich, dass du das je begreifen wirst.» «Also sag mir doch einfach, wie ich zu dieser unsichtbaren Materie komme!» Und sie erklärte ihm geduldig noch etwas, aber Nobody konnte ihr auch diesmal nicht folgen.

Während des nächsten Tages beschäftigte sich Nobody intensiv mit dieser unsichtbaren Materie. Die einzige unsichtbare Materie, die er kannte, war Glas. Eine Fensterscheibe ist durchsichtig und daher nicht sichtbar. Und als er zur letzten Begegnung mit Barbara ging, hatte er sich eine schöne Geschichte ausgedacht: «Man nimmt eine Glaskugel und hat dann die unsichtbare Materie. Dann nimmt man eine Art Zauberstab, und die Kugel beginnt zu schweben.» «Eine Glaskugel ist eine sichtbare Materie», erwiderte sie ungeduldig. «Du kannst sie auf einen Tisch stellen, und du siehst die Kugel. Wenn du sichtbare Materie nimmst», sagte sie, «und du hältst sie in der Hand und lässt sie fallen, fällt sie zu Boden. Wenn du unsichtbare Materie hast und du lässt sie fallen, geht sie nach oben weg und fällt nicht zu Boden. Wir haben bei der sichtbaren Materie Erdanziehung und bei der unsichtbaren Materie Erdabstossung, verstehst du den Unterschied?» Dann wollte sie ihm wieder erklären, wie man zur unsichtbaren Materie käme, aber einmal mehr begriff er den Inhalt ihrer Worte nicht. «Nun, ich sehe, dass ich es dir nicht beibringen kann, aber ich sage dir, mit der Chimärkörperphysik liegst du richtig. Diese musst du weiterentwickeln, und dann verstehst du die Technologie eines Ufos. Aber ich glaube nicht, dass du das schaffst. Ich glaube auch nicht, dass wir uns je wieder sehen werden, denn da sind einfach zu viele Hürden.»

Sie verabschiedeten sich, und jeder wünschte dem anderen alles Glück dieser Erde. Nobody war wieder allein.

Er beschäftigte sich danach noch intensiver mit der Chimärkörperphysik, doch er machte keine Neuentdeckungen mehr, und immer wieder stellte er sich die Frage: «Wie baut man ein Ufo?» Das Physikstudium lehnte er ab, weil er sich von dieser anderen Physik nicht ablenken lassen wollte, denn er wusste: Die Lösung liegt in der Chimärkörperphysik.

Doch mit den Jahren wurde er abgelenkt durch Alltagssorgen; und obwohl er täglich an Barbara und die Chimärkörperphysik dachte, verloren diese Gedanken an Intensität. Bis ins Jahr 1993, als ein Film über einen angeblichen Absturz eines Ufos ausgestrahlt wurde. Dabei wurde offenbar eine Leiche seziert, und die Fotos dieser Leiche waren damals in jeder Zeitschrift abgebildet und hingen an jedem Kiosk. Beim Anblick dieser Fotos wurde Nobody wie von einem Blitz getroffen. Beinahe hätte er geschrien: «Das ist sie!», oder: «So ähnlich hat sie ausgesehen!» Die unverhoffte Wiederbegegnung mit seiner Vergangenheit, seiner Erscheinung, löste in ihm Blutdruckkrisen und Herzrhythmusstörungen aus. Er musste sich in ärztliche Behandlung begeben. Zwei Ärzte versuchten vergeblich, bei ihm eine Besserung zu erzielen, daher wurde er einem Kardiologen zugewiesen, welcher ihm drei verschiedene Blutdruckmedikamente verordnete. Aber nichts wollte helfen. Er kam sich vor wie Jona, der in Ninive etwas sagen sollte und es nicht sagen wollte. Da kam ein grosser Fisch und verschlang Jona, und nach drei Tagen spie er ihn in Ninive wieder an Land. Dann wusste er, dass die Zeit zum Reden gekommen war.

Nobody wurde mit Herzjagen, Rhythmusstörungen und Blutdruckkrisen so stark gebeutelt, dass er zur Feder griff und mit dem ersten Kapitel «Theoretische Überlegungen zu ausserirdischem Leben» zu schreiben begann, und sein Herz bekam augenblicklich Ruhe, benötigte keine Medikamente mehr.

Jona musste der Stadt Ninive den Untergang prophezeien, und er fürchtete sich davor, dass er sich irren könnte, dass die Stadt nicht untergehen und er zum Gespött würde.

Nobody fürchtete sich nicht vor dem Gespött, denn nur Gott, der seine Herzensnot sah, würde er als Spötter akzeptieren. Er fürchtete sich auch nicht davor, dass er sich irren könnte. Er fürchtete sich eher davor, dass er sich nicht irrte.

Nobody hat grosse Ehrfurcht vor allen gläubigen Menschen, egal welcher Religion sie angehören.

In diesem Buch jedoch werden die Dinge, die laut Bibel von Gott vollbracht wurden, rein physikalisch betrachtet und dargestellt.

Aber ist es nicht so, dass Gott seine Absichten durchsetzen könnte, indem er einem Volk vorzeitig eine neue Entdeckung zukommen liesse? So gesehen ist es dann Physik und zugleich Gottes Werk. Zudem darf man die Wahrheit immer sagen. Wenn das wahr ist, was in diesem Buch geschrieben steht, dann darf man es mit aller Deutlichkeit sagen. Wenn es nicht wahr ist, hat Nobody dafür keine Erklärung, dann ist es vielleicht eine Verirrung der Gedanken. Doch die Gedanken und auch dieses Buch sind nicht von Nobody, sondern es ist das Buch von Barbara. Denn eigentlich war es Barbara, die dieses Buch initiiert hat, Barbara, die auszog in eine unwirtliche Welt, dort von einem Jäger erschossen wurde und nun versucht, für ihr Volk um Verständnis zu werben. Aber gab es sie, die Barbara?

3 Theoretische Überlegungen zu ausserirdischem Leben

Der Mensch als denkendes Wesen vergleicht sich wohl oder übel mit den Lebewesen und der Natur in seiner Umgebung, und er stellt sich daher zwangsläufig die Frage nach der Existenz von ausserirdischem Leben. Geht man diese Frage mathematisch an, ist die Antwort klar: Falls jede millionste Milchstrasse ein ähnlich günstiges Sonnen- und Planetensystem aufweist wie die unsere und falls sich auf jedem millionsten, günstigen Planetensystem Leben entwickelt hat und falls sich auf jedem millionsten Planeten mit Leben eine höhere Lebensform entwickelt hat, dann gibt es mehr als eine Million von Planeten mit intelligenten Lebewesen. Man könnte die Wahrscheinlichkeit, dass sich irgendwo im Weltall Leben entwickelte, als noch geringer annehmen. Man könnte annehmen, dass nur jede milliardste Milchstrasse ein ähnlich günstiges Sonnen- und Planetensystem aufweist. Doch da die Anzahl der Himmelskörper bis heute immer noch als unendlich erscheint, ist mathematisch gesehen die Existenz von ausserirdischem Leben bewiesen.

Falls irgendwo ausserirdisch ein Lebewesen existiert, wird dieses zweifellos Energie zum Leben benötigen; d.h. es wird Sauerstoff einatmen und Kohlenstoff verbrennen oder umgekehrt Methan einatmen und Sauerstoff verbrennen. Wir haben ja die falsche Vorstellung, dass Methan, Benzin oder Zucker brennbar sei. In Wirklichkeit ist es so, dass diese Substanzen zusammen mit Sauerstoff brennen. Würde unsere Atmosphäre z.B. aus Methan bestehen, benötigten wir Sauerstoffflaschen für den Kochherd und glaubten, Sauerstoff brenne. Man darf davon ausgehen, dass keine Atmosphäre Sauerstoff und Methan gleichzeitig enthält. Denn käme dies vor, würden die beiden Gase durch eine elektrische Entladung oder einen Blitz zusammen reagieren und das Gas, das vorher in geringerer Menge vorhanden war, wäre danach nicht mehr vorhanden.

Man kann sich deshalb Leben in einer Methanatmosphäre vorstellen; Leben, das quasi zum Frühstück Ozonbrötchen isst. Der Aufbau des Körpers würde dann vorwiegend aus Sauerstoff, Schwefel und Stickstoffverbindungen bestehen. Doch hat Kohlenstoff als einziges Atom die Fähigkeit, sich unter sich selbst vielseitig zu vernetzen. Das vierwertige Kohlenstoffatom ist der ideale Baustein für einen komplizierten Organismus, da dieses Atom eine unbegrenzte Anzahl verschiedenster Moleküle zulässt. Man wird deshalb davon ausgehen können, dass höheres Leben – egal wo – weitgehend aus Kohlenstoffatomen aufgebaut ist und dass diese Organismen wahrscheinlich Sauerstoff einatmen.

Ob ausserirdisches Leben ebenfalls einen genetischen Code auf der Basis von Nukleinsäuren hat, muss bezweifelt werden. Die Entstehung der DNS und RNS war bei der Entstehung von Leben ein dermassen revolutionärer Schritt, dass sich kaum eine andere genetische Speicherung daneben entwickeln konnte. Möglicherweise ist das Nukleinsäure-System nicht die beste Variante aller Möglichkeiten. Auch wäre denkbar, dass ausserirdisches Leben ebenfalls DNS zur genetischen Speicherung benützte, hingegen einen ganz anderen genetischen Code hat. Auf der Welt haben alle Lebewesen, von den Pflanzen, Schimmelpilzen, Bakterien, Tieren bis hin zu den Menschen, denselben genetischen Code. Dies bedeutet, dass alle Lebewesen, denen man z.B. das Gen für menschliches Insulin eingibt, auch menschliches Insulin bilden. Bei einem Wesen aus einer anderen Welt würde dasselbe Gen vermutlich zu einem ganz anderen Protein führen. In den Zellen von höheren Lebewesen gibt es Fragmente, Mitochondrien genannt, die genau dies demonstrieren. Sie haben eine eigene genetische Steuerung, die auf dem Nukleinsäure-System beruht, aber einen anderen genetischen Code – d.h. eine andere Übersetzung von der DNS-Sprache in die Proteine – aufweist.

3 a) Die biologische Schutzhülle

Geht man davon aus, dass weitere intelligente Wesen existieren, so fragt man sich, weshalb diese dann nicht zu uns auf die Erde kommen, uns begrüssen und sich vorstellen. Die Antwort ist klar: Sie können dies nicht wegen unseres mikrobiellen Schutzschildes. Ein Lebewesen von einem anderen Planeten wäre unweigerlich unseren Mikroorganismen gnadenlos ausgesetzt.

Man muss sich vor Augen halten, wie komplex die Natur in diesem Punkt ist. Nur schon Pflanzen oder Krankheitserreger, die innerhalb unserer Erde von einem Kontinent zum anderen gelangen, können verheerende Folgen auslösen.

Die Menschen glauben, Krankheitserreger seien quasi «böse» und hätten nur im Sinn, den Menschen anzugreifen und ihm Schaden zuzufügen. In Wirklichkeit ist es so, dass die Menschen mit den Mikroorganismen in einer Harmonie zusammenleben.

Ich möchte ein Beispiel stellvertretend für alle anderen Krankheitserreger erwähnen: In den 1950er Jahren hat Australien, um dem Kaninchenproblem Herr zu werden, das südamerikanische Myxomatosevirus ausgesetzt. Durch diese Viruserkrankung starben etwa 99,9% der Kaninchen. Doch heute hat Australien wieder ein Kaninchenproblem, und nur noch ein geringer Teil der Kaninchen stirbt an Myxomatose. Wenn man nun das australische Kaninchen erneut mit dem südamerikanischen Myxomatosevirus in Verbindung bringt, sterben immer noch etwa zwei Drittel der Kaninchen. Bringt man aber europäische Kaninchen mit dem südamerikanischen Myxomatosevirus in Verbindung, sterben weiterhin 99,9% der Kaninchen.

Bringt man nun australische Myxomatoseviren mit europäischen Kaninchen in Kontakt, sterben nur etwa 70% der europäischen Kaninchen: Das Virus hat mutiert, um seine Virulenz (d.h. seine Gefährlichkeit) zu reduzieren. Es ist auch klar weshalb: Ein aggressives Virus wird innert Kürze mit seinem Wirt zu Grunde gehen. Nur das «rücksichtsvolle» Virus kann sich ideal vermehren. Das Virus hat ein Interesse daran, zusammen mit seinem Opfer zu überleben. Das Interesse des Virus kann niemals die radikale Auslöschung seines Opfers sein.

Über Jahrtausende betrachtet sind Infektionskrankheiten vorübergehende Episoden für den Menschen. Infektionskrankheiten entstehen irgendwann, indem ein Virus, das früher nur Tiere befallen konnte, leicht mutiert und plötzlich für den Menschen gefährlich werden kann. Danach suchen der Wirt (in diesem Fall der Mensch) und der Mikroorganismus zusammen einen Modus vivendi. Es ist wahrscheinlich, dass die Mikroorganismen, die auf der Haut oder in der Mundhöhle leben, früher einmal schwere Infektionskrankheiten für die Menschen bedeuteten und dass über die Jahre hinweg eine gemeinsame Harmonie gefunden worden ist, so dass nun jeder in Ruhe leben kann. Nur eine Krankheit, die auf einem anderen Wirt überleben kann und den Menschen nur sporadisch befällt, kann für den Menschen jahrtausendelang gefährlich sein. Dies trifft z.B. auf die Pest zu. Die Pestbakterien leben in Nagetieren (vor allem in Ratten) und können in seltenen Fällen durch Flöhe auf den Menschen übertragen werden. Alle anderen Infektionskrankheiten verlieren innert wenigen Jahrhunderten ihre Gefährlichkeit weitgehend. Dies bedeutet, dass eine Infektionskrankheit für eine grosse Menschenpopulation (z.B. für einen ganzen Kontinent) über viele Jahre betrachtet nicht gefährlich ist. Dies ist natürlich für das einzelne Individuum, das gerade eine Infektionskrankheit hat, kein Trost. Problematisch wird es erst, wenn eine Menschengruppe mit Mikroorganismen in Kontakt kommt, mit denen sie vorher nie Kontakt hatte. So sind die Ureinwohner von den verschiedenen Kontinenten, die Indianer, Inkas und Aborigines, weitgehend durch eingeschleppte Infektionskrankheiten wie Tuberkulose, Syphilis, Masern und Tripper verschwunden.

Als weiteres Beispiel sei die Reblaus erwähnt. Dieser Wurzelschädling der Reben wurde ungefähr im Jahre 1865 von Amerika nach Europa eingeschleppt. Die europäischen Reben waren diesem Schädling schutzlos ausgesetzt. Ganze Rebberge verschwanden, und es war absehbar, dass sämtliche Trauben, die über Tausende von Jahren durch Züchtungen veredelt worden waren, verschwinden würden. Die einzige Rettung bestand darin, dass man eine amerikanische Wildrebe fand, die resistent gegen die Reblaus war. Man konnte nun diese amerikanische Wildrebe in Europa anpflanzen und dieser die europäische Rebe aufpfropfen. Und nur wenige Menschen werden sich beim Trinken des edlen Weines gewahr, dass sämtliche Reben beinahe weltweit auf Wurzeln einer amerikanischen Wildrebe aufgepfropft sind.

Man kann sich vorstellen, dass umgekehrt die Mikro- und Makroorganismen eines Kontinentes die Urbevölkerung vor eindringenden Pionieren schützen. Dies geschah so in Afrika durch die Tsetsefliege. Nachdem die Europäer die Seefahrt und die Navigation beherrschten, trat eine Aufbruchstimmung auf, nicht zuletzt darum, weil ein Bevölkerungsdruck dazu drängte. Im neuen Land dann kamen die Überlegenheit im Ackerbau mit Pferd und Pflug und die Unabhängigkeit von der Jagd wegen der Viehzucht zum Tragen. Doch gerade diese beiden hier wichtigen Tiere, das Pferd und die Kuh, starben in Afrika innert Kürze an Infektionen, die durch die Tsetsefliege übertragen wurden. Man konnte die afrikanischen Länder zwar erobern, doch man konnte sich dort nicht niederlassen. (Und es bleibt ein Geheimnis der Natur, weshalb es in Rhodesien und Südafrika keine Tsetsefliegen gibt und diese Länder also von den Europäern besiedelt werden konnten.) So wie die Tsetsefliege die Afrikaner vor den weissen Pionieren schützte und sie ihre Eigenart und Kultur weitgehend behalten konnten, so schützt uns unsere Biosphäre vor ausserirdischen Lebewesen. Es wird nie möglich sein, dass ein Ausserirdischer unsere Welt ohne Helm und Schutzanzug betreten kann.

Nehmen wir an, die Welt der Ausserirdischen stehe vor dem Untergang, und sie bräuchten eine neue Heimat. Sie könnten somit versuchen, alles Leben auf der Erde auszulöschen und danach neu zu bepflanzen. Aber wie? Mit Radioaktivität? Unmöglich! Man könnte versuchen, die Erde zu erhitzen, indem man sie vorübergehend etwas näher an die Sonne schieben würde. Dieser Idee könnten die Menschen begegnen, indem sie Kühlsysteme errichteten und die dafür benötigte Energie direkt von der verstärkten Sonneneinstrahlung beziehen würden.

Man müsste jedoch zugestehen, dass Lebensformen, die solche Mengen von Energien zur Verfügung hätten, auch einen toten Planeten nehmen und diesen im richtigen Abstand zur Sonne positionieren könnten. Sie bräuchten also nicht zuerst das Leben auf einem Planeten abzutöten.

Eine weitere Möglichkeit für die Ausserirdischen wäre, dass sie ihre eigenen Mikro- und Makroorganismen auf der Erde aussetzten und den weiteren Verlauf abwarteten. Dies würde zu einem unheimlichen und unerbittlichen Krieg, vor allem unter den Mikroorganismen, führen, und die Erde könnte sich davon erst nach etwa tausend Jahren wieder erholen. Dabei würden vielleicht 90% der irdischen und 90% der ausserirdischen Arten aussterben. Doch die Ausserirdischen könnten dadurch immer noch nicht auf der Erde landen, weil immer noch 10% der aggressivsten Mikroorganismen der Erde vorhanden wären. Jedoch könnte umgekehrt der Mensch, falls er ein solches Szenario überlebte, danach ungehindert bei den Ausserirdischen eintreten.

Ausserirdische Lebensformen könnten ein paar Menschen entführen, ihnen Gewebe entnehmen, den genetischen Code für das Immunsystem entschlüsseln und den eigenen Lebensformen direkt in die Keimbahn mitgeben.

Dies tönt phantastisch, ist jedoch völlig unmöglich. Man müsste gleichzeitig das zelluläre (weisse Blutzellen) und das humorale (Antikörper) Immunsystem kopieren. Doch es gibt im Körper noch viele weitere zusätzliche Abwehrmechanismen. Als Beispiel sei das Interferon-System erwähnt. Wenn man von diesem archaischen und unspezifischen Abwehrsystem spricht, muss man einen Abstecher in die Zellbiologie machen. Die Zelle ist die kleinste Einheit im Körper und ist mit einer kleinen Fabrik zu vergleichen. Sie besteht aus einem Kern und einem Zellkörper. Der Kern entspricht dem Kommandoraum und der Zellkörper der Fabrikhalle. Wir nehmen nun an, dass der Chef der Fabrik alle Befehle mündlich erteilt. Somit kann das gesprochene Wort als Informationsträger betrachtet werden, und die Schallwellen sind die Träger des gesprochenen Wortes. Dadurch passiert etwas Verblüffendes. Das gesprochene Wort verhallt im Raum und verschwindet vollständig. Dies erscheint auf den ersten Blick trivial, doch dieser Umstand ist enorm wichtig, damit der Chef neue Befehle geben kann. Dieser einfachen Begebenheit verdanken wir, dass wir überhaupt miteinander reden können. Würde der Schall nicht verhallen, verharrten also alle gesprochenen Worte im Raum, könnte nach wenigen Sätzen niemand mehr etwas verstehen und eine Kommunikation wäre unmöglich. Genau dieses Problem hat die Zelle. Jede Zelle wird vom Zellkern her gesteuert. Die Träger der Information sind die mRNS (m steht für messenger). Diese mRNS sind kleine Kopien des genetischen Codes. Die Befehle in der Zelle kommen somit vom Kern durch diese mRNS. Es braucht nun wieder ein Enzymsystem, das diese mRNS abbaut, ansonsten könnte der Kern keine neuen Befehle mehr erteilen. Oder anders formuliert: Da der Befehl in einer Zelle nicht von alleine verhallt, muss die Zelle aktiv nachhelfen. Dieser Abbau erfolgt ungezielt und umfasst alle Nukleoproteine, die im Zellkörper, also in der Fabrikhalle, vorhanden sind.

Wird nun eine Zelle von einem Virus befallen, produziert sie Interferon. Dieses Protein gibt sie an die Umgebung ab, und dadurch werden die umliegenden Zellen gewarnt. Sobald Interferon in der Umgebung auftaucht, wissen die Zellen, dass ein Eindringling im Körper ist, und sie beginnen ihrerseits, Enzyme zu aktivieren, welche die Nukleoproteine abbauen. Durch diese einfache Massnahme steigt die Wahrscheinlichkeit, dass ein eingedrungenes Virus abgebaut wird, bevor es sich entfalten kann. Die eigenen mRNS werden auch vermehrt abgebaut und die Zelle verliert viel Energie, aber die Zelle kann sich so gegen eine begrenzte Anzahl von Viren schützen.

Das Immunsystem ist also keine eigene Entität, sondern jede Zelle besitzt die Fähigkeit, sich gegen Krankheitserreger zu wehren. Selbst Muskelzellen oder Bindegewebszellen in einer Zellkultur sind befähigt, eine bestimmte Virusmenge zu eliminieren. Wird nun ein Mensch von einer Viruskrankheit befallen, kämpft nicht nur das Immunsystem (quasi die Polizei) gegen diese Viren, sondern jede Körperzelle unter dem Motto: «Eine Stadt sucht einen Mörder» und nimmt am Abwehrkampf teil. Diese Abwehr ist dermassen effizient, dass z.B. während einer Infektion keine Zweitkrankheit möglich ist. Oder anders gesagt: Es gibt Kinder, die haben Röteln oder Masern oder Windpocken; es gibt jedoch keine Kinder, die gleichzeitig zwei Krankheiten haben.

Es ist auch für jedermann klar, dass man ein Kind nicht während einer Grippe impfen sollte. Die meisten glauben allerdings, dass man das Immunsystem während der Abwehrphase nicht noch zusätzlich belasten sollte. Die richtige Antwort ist jedoch, dass nicht der Körper während einer Grippe durch eine Impfung zu sehr belastet wird, sondern dass im Körper die geimpften Viren sofort abgebaut werden. Die Impfung ist daher sinnlos, weil kein Impfschutz entsteht.

Das Interferon-System ist ein primitives und unspezifisches Abwehrsystem. Möglicherweise ist es entwicklungsgeschichtlich das älteste Abwehrsystem überhaupt. Es kommt noch dazu, dass der Körper bei einer Krankheit die Temperatur erhöhen und somit den Umsatz zusätzlich steigern kann. Zudem gibt es verschiedene Interferone, die ihrerseits Informationen über die Art der Infektion an andere Immunsysteme (z.B. an die weissen Blutzellen) geben können.

Das beste Immunorgan, das der Mensch besitzt, ist die Haut. Ohne Haut wären die übrigen Immunsysteme innert weniger Tage erschöpft, und kein Antibiotikum könnte über die Runden helfen. Einerseits schuppt die Haut ständig ab, d.h. der Eindringling befindet sich auf einer Rolltreppe, die gegen ihn läuft. Zweitens hat die Haut ein aktives Abwehrsystem, das noch weitgehend unerforscht ist. So können z.B. Schimmelpilze nur Leichen befallen. (Es sei nur kurz erwähnt, dass es in unserer Umgebung ungefähr eine Viertelmillion verschiedene Schimmelpilzarten gibt und dass noch nicht einmal die Hälfte davon einen Namen hat.) Man könnte auch die These vertreten, dass unsere Viren für Ausserirdische keine Gefahr darstellen, weil sie ihre genetische Information gar nicht mit DNS speichern. Vielleicht müssten sich die Ausserirdischen nur vor den Schimmelpilzen fürchten, die für den Menschen wiederum keine Gefahr darstellen.

Aufgrund dieser Überlegungen kann man davon ausgehen, dass niemand unser Immunsystem kopieren kann, weil es zu komplex ist. Es kommt noch dazu, dass die Wahrscheinlichkeit sehr, sehr gross ist, dass unser Immunsystem den fremden Träger als fremd erkennen und ihn zuerst einmal bekämpfen würde. Und selbst wenn das Unmögliche gelingen sollte, ergibt sich kein Sinn, unser Immunsystem zu kopieren. Der fremde Planet könnte ein paar Wesen auf die Erde schicken, aber diese könnten, weil sie danach in und auf dem Körper irdische Mikroorganismen trügen, nie mehr in ihre eigene Welt zurückkehren.

3 b) Wie sind die Ausserirdischen?

Man kann sich recht klare Vorstellungen über intelligente ausserirdische Lebewesen machen. Sie sind nämlich sehr ähnlich wie wir Menschen. Sie werden Organe haben, mit denen sie die Umwelt sehen und hören können, und diese Organe werden sie oben tragen, weil Augen an den Füssen sinnlos sind. Sie werden ein zentrales Nervensystem haben für die Koordination der Bewegung und zum Denken. Sie werden Hände haben mit Fingern, ansonsten wäre die Intelligenz nutzlos. Oder anders formuliert: Wenn ein Pferd durch Mutation plötzlich einen IQ von 200 hätte, würde dies dem Pferd nichts nützen. Es könnte den Ablauf der Jahreszeiten erkennen, jedoch keinen Vorrat für den Winter anlegen. Wie heuen? Wie das Heu lagern? Und wie das Heu verteidigen? Es müsste, wie früher, vor einem Raubtier davonrennen, weil es keine Waffen machen und betätigen könnte. Intelligenz hat also nur dann einen Vorteil, wenn man mit Gegenständen umgehen kann.

Die Ausserirdischen müssen ein soziales Verhalten haben, weil nur so grosse Dinge in Angriff genommen werden können. Sie werden Schulen und andere Einrichtungen haben. Wahrscheinlich benötigen sie auch Spezialisten wie Ärzte, Ingenieure und Physiker. Weil sie ebenfalls nach Intelligenz selektioniert werden, werden sie ein überproportioniertes Gehirn und dadurch Probleme bei der Geburt haben. Sie werden auch über die Fähigkeit des Vergessens verfügen, denn ohne diese führt ein Misserfolg zur Resignation, und die Entwicklung von Intelligenz ist nicht möglich. Ob dies die Fähigkeit des Verzeihens und Vergebens impliziert, sei dahingestellt.

Würden ausserirdische intelligente Lebewesen mit uns in Kontakt treten, entstünden vielschichtige Probleme.

Als erstes wären da juristische Probleme aufzulisten. Unser Gesetz erlaubt es dem Menschen, ein Tier zu töten, nicht aber dem Tier, einen Menschen zu töten.

Tötet jedoch ein Mensch einen Menschen, ist es Mord. Wonach selektionieren wir? Ein intelligentes, denkendes Lebewesen darf man nicht töten. Wäre es dann auch Mord, würde man ein intelligentes, denkendes ausserirdisches Lebewesen töten? Vorausgesetzt, diese Lebewesen könnten besser denken und wären intelligenter, wäre dann das Töten eines Ausserirdischen grösserer Mord?

Es gäbe sicher auch religiöse Probleme. Haben die auch einen Gott und falls ja, welchen? Kennen sie auch die Erbsünde, oder sind sie davon verschont geblieben? Sagen sie «danke», wenn sie etwas nehmen oder – wie im buddhistischen Glauben – muss derjenige «danke» sagen, der etwas geben darf?

Zudem entstünden philosophische Probleme. Der Mensch ist ein vernunftbegabtes Lebewesen. Dies ist ein analytisches Urteil. Das bedeutet, das Subjekt «Mensch» und das Prädikat «vernunftbegabt» decken sich. D.h., jeder Mensch ist a priori vernunftbegabt, und jedes Lebewesen, das vernunftbegabt ist, ist ein Mensch (dies bedeutet nicht, dass jeder Mensch vernünftig ist oder vernünftig handelt). Wenn irgendwo ein vernunftbegabtes Wesen auftauchen würde, das nicht ein Mensch wäre, wüsste man nicht mehr, wie man den Menschen definieren könnte. Ein ähnliches Problem gäbe es bei der Paläontologie. Wenn ein Skelettfund aus früheren Zeiten gemacht wird, stellt sich immer die Frage, ob es sich um einen Hominiden (ein menschenartiges Wesen) oder eine Urform eines Affen handelt. Wenn nun ein solches versteinertes Wesen die Fähigkeit zur Kunst oder den Umgang mit Feuer beherrschte, waren es eindeutig Vorgänger des Menschen, also Hominide. Wenn keine solchen Ansätze vorhanden sind, handelt es sich um eine Affenart.

Was würden wir aber machen, wenn wir ein Lebewesen anträfen, das eine Neigung zur Kunst hätte und mit dem Feuer umgehen könnte? Oder anders gefragt, was machten wir, wenn wir ein Lebewesen anträfen, das weder Mensch noch Tier ist? In einem solchen Falle bekämen alle Wissenschaftler Probleme, ausser den Mathematikern. Die würden sich gegenseitig sofort verstehen. Hier bleiben die Gesetze gleich. Zwei und zwei gibt vier, auch wenn die Ausserirdischen nicht im Dezimalsystem rechneten.

Nehmen wir die Existenz von ausserirdischen, intelligenten Wesen an. Nehmen wir weiter an, diese haben unseren Planeten schon mehrmals aufgesucht und die ganze Ufo-Geschichte sei echt. Auffallend bei den Ufos ist, dass sie nie Rauch und Feuer hinterlassen und dass sie mit unheimlicher Geschwindigkeit davon fliegen. Wie können die das? Wieso verglühen die nicht in der Atmosphäre?

Wenn ein Flugkörper abheben kann, ohne dass ein sichtbarer Antrieb vorhanden ist – d.h., ohne dass ein Raketenantrieb, ohne dass Flügel oder

Propeller vorhanden sind – dann ist dies nur möglich, wenn die Lebensformen die Erdanziehungskraft umkehren können; d.h. indem sie die Gravitationskraft in eine Erdabstossungskraft umwandeln können. Diese Kraft nennen wir ab jetzt: negative Gravitationskraft. Wie würde man nun einen Flugkörper bauen, wenn man negative Gravitationskraft erzeugen könnte? Man würde zweifellos eine flache Scheibe nehmen und darin einen schweren Kreisel zur Stabilisation einbauen. Im Zentrum würde man eine Kugel einsetzen und unten die negative Gravitationskraft anbringen. Warum verglüht dieses Fluggerät bei dieser enormen Geschwindigkeit nicht? Eben, wegen der negativen Gravitationskraft. Die Luft weicht vor dem Ufo aus, und das Ufo fliegt im Vakuum! Aber wie kann ein Lebewesen solche Beschleunigungen überleben?

Die Erdanziehungskraft wird in Gravitationseinheiten angegeben. Die Anziehungskraft der Erde beträgt 1 G. Wer schon einmal 3 G erlebt hat, dem genügt das. Wie können nun irgendwelche Wesen 1'000 G überleben? Die Antwort ist einfach: Vor dem Start sitzen die Ufonauten angeschnallt am Rand der Kugel, und ihre Gesichter sind gegen das Zentrum gerichtet. Ihre Stühle sind auf der Rückseite auf Schienen befestigt. Die Schienen führen am Rand der Kugel zur Decke. Sobald die negative Gravitation eingeschaltet wird, bewegen sich die Stühle an die Decke und die Ufonauten fliegen Rükken voran. Jetzt wird das Ufo mit 2'000 G beschleunigt und bewegt sich mit 2'000 G von der Erde weg. Gleichzeitig wirkt dieselbe Beschleunigung auf den Körper der Ufonauten.

Anders formuliert: Wenn eine Beschleunigung von 2'001 G auf mich einwirkt und das Raumschiff gleichzeitig mit 2'000 G in dieselbe Richtung beschleunigt wird, kann ich doch in Ruhe bei 1 G eine Zeitung lesen und dazu einen Kaffee trinken. Die Antriebskraft vom Ufo beschleunigt das Ufo und den Körper des Ufonauten in dieselbe Richtung. Wenn man in einem gewöhnlichen Flugzeug sitzt, wird man beim Start in den Sitz gedrückt. Im Ufo wird man auch in den Sitz gedrückt, aber in die andere Richtung. D.h., man muss die Sitze drehen und mit dem Rücken voran fliegen. Nur: Wie ist ein solcher Flugkörper steuerbar? Man stelle sich vor, dieser Flugkörper würde sich verkehrt auf die Sonne zu bewegen. Aber auch dieses Problem wäre lösbar: Man müsste nur die zentrale Kugel drehen, und schon könnte man bremsen. Zudem müsste der stabilisierende Kreisel auch drehbar sein – aber wie?

Man stelle sich vor, man habe einen Nagel, der nur für eine Wand im Zimmer geeignet ist. Für die gegenüber liegende Wand bräuchte man andere Nägel, weil man den Nagel nicht drehen könnte. Für die Seitenwände benötigte man nochmals andere Nägel. Der stabilisierende Kreisel muss somit in der Schwerelosigkeit drehbar sein – aber wie? Die Ebene eines Kreisels kann man ohne weiteres drehen. Man könnte beispielsweise die Rotationsenergie des Kreisels in elektrische Energie umwandeln, das Raumschiff drehen und den Kreisel erneut in Betrieb setzen.

Nein, das geht eben nicht! Wie will man in der Schwerelosigkeit einen Kreisel stoppen? Man könnte ihn stoppen, dann würde aber der Flugkörper drehen. Einen Kreisel kann man somit im All niemals stoppen. Die Rotationsenergie würde sich auf das Ufo übertragen. Man kann jedoch die Rotationsenergie im All auf einen anderen Kreisel übertragen. Deshalb benötigt das Ufo zwei parallele Kreisel. Der eine Kreisel ist fix mit dem Ufo verbunden und der andere ist aufklappbar, so wie bei einem Buch der vorderste Buchdeckel. Gehen wir davon aus, dass beim betrachteten Ufo der Kreisel im Deckel gerade stillsteht und dass der fixierte Kreisel gerade rotiert. Will man nun das besagte Raumschiff drehen, klappt man den ruhenden Kreisel im Deckel auf, in die gewünschte Ebene. Danach überträgt man die Rotationsenergie vom einen Kreisel auf den anderen. Da jetzt der Kreisel im aufgeklappten Deckel rotiert, wirkt dieser Deckel im Weltraum wie eine fest verankerte Platte. Dadurch kann man nun das ganze Raumschiff mit dem ruhenden Kreisel in die gewünschte Ebene klappen.

Da sich die Erde dreht, muss angenommen werden, dass man so oder so bei einem Ufo, das auf der Erde steht, die Kreisel immer wieder neu ausrichten muss. Interessant an diesem Gedankengang ist, dass die gesichteten Ufos immer die Form einer runden, flachen Scheibe mit einer Kugel im Zentrum haben.

4 Theoretische Überlegungen zur negativen Gravitationskraft

Sollte es die negative Gravitation geben, müssten wir uns schleunigst daran machen, diese auch nachzuweisen, da dadurch das Energieproblem gelöst wäre. Jede Energieform, die wir kennen, hat es schon vorher auf der Erde gegeben; nur haben wir sie jeweils eine lange Zeit nicht erkannt. Nehmen wir also an, dass auch auf der Erde plötzlich Materie mit negativer Gravitation entstünde. Diese sei ab jetzt negative Materie genannt. Solche Atome würden zweifellos unsere Erde sofort verlassen. Wir könnten sie nicht direkt nachweisen, weil sie der positiven Materie auswichen. Die negative Materie wäre jedoch indirekt als negative Gravitation nachweisbar.

Wenn man Gelegenheit hätte, einmal allein in der Nacht durch eine grosse Fabrikhalle zu gehen, würde man sie hören. Totenstille? Eben nicht! Plötzlich knallt ein Blech, ein Balken stöhnt, oder eine Maschine ächzt. Sind das negative Atome, welche die Erde verlassen und mit positiver Materie zusammenstossen? Das Blech könnte vorher unter einer Spannung gestanden haben, und irgendwelche Temperaturunterschiede könnten sich auswirken und zu einem plötzlichen Knall im Blech oder in einem Balken führen.

Eine Frau bekam einmal 6 Kristallgläser. Nach ungefähr einer Woche zerbrach eines im Kasten, ohne äusseren Einfluss. Negative Materie? Das Glas könnte unter Spannung gestanden und eine Mikroerschütterung zum Bruch geführt haben.

Falls negative Materie die Erde verlässt, würde sie im Tal und nicht im Berggipfel die Erde verlassen. Es ist auffallend, wie viel ruhiger der Wasserspiegel von Bergseen ist als derjenige von Seen im Tal. Die Talseen machen häufig den Eindruck, als ob sie leicht kochten. Es handelt sich dabei nicht um grosse Wellen, sondern um feinste Mikrowellen der Wasseroberfläche. Ist das negative Materie? Die Luft in der Höhe ist dünner. Ein Luftzug im Tal packt die Wasseroberfläche anders an als auf den Bergen. Das könnte vielleicht der Grund sein. Doch diese Beweise sind alle zu schwach. Man müsste deshalb die negative Materie aktiv suchen und nachweisen.

Wenn man z.B. einen konischen Metalltrichter mit Durchmesser von einigen hundert Metern verkehrt in die Erde steckte und oben ein Loch von 70 bis 80 cm offen liesse, könnte man die negative Materie fokussieren. Wasser, das man dann in einem Holz- oder Plastikbecher auf die Öffnung hielte, müsste kochen, ohne warm zu werden. Da die negative Materie im Vakuum durch das Wasser träte, entstünde kaum Reibung. Man könnte nur die Bewegung des Wassers sehen. Legte man eine hauchdünne Metallfolie auf die Öffnung, würde diese mit der Zeit lichtdurchlässig werden, da die negative Materie Löcher in der Folie hinterliesse. Wenn man nun neben dem Loch einen Turm baute und die negative Materie mit einem Glockensystem abfangen würde, könnte man möglicherweise ein Radsystem bewegen und Energie gewinnen. Es soll ja Häuser geben, in denen es vermehrt spukt. Man müsste nun untersuchen, ob diese Häuser über einem solchen tektonischen Trichter gebaut sind. Dadurch würde natürlich ein Teil der Parapsychologie in die normale Physik zurückkehren.

Falls negative Materie in der Erde entsteht, würde nicht alle diese Materie die Erde verlassen, sondern diejenige in Zentrumsnähe würde sich zur Mitte hin bewegen. Auf diese Art würde im Zentrum ein Kern mit negativer Materie entstehen, der gleichzeitig negative Materie anziehen und dadurch immer grösser werden würde. Zwischen der positiven und der negativen Materie würde ein Vakuumring entstehen. Dies wiederum hätte zur Folge, dass Druckwellen der Erdoberfläche sich nie durch die Erde, sondern nur auf der Oberfläche fortpflanzen könnten. Tatsächlich ist es so, dass Erdbeben sich nur auf der Erdoberfläche, aber nie durch die Erde fortpflanzen. Die Erdkugel ist übrigens die einzige Kugel auf der Erde, die sich so verhält.

Man nimmt an, dass vor etwa 65 Mio. Jahren ein grosser Meteorit auf die Erde fiel und dieses Ereignis zum Aussterben der Dinosaurier führte. Spielen wir dieses Ereignis in Gedanken durch mit einer Erde, die nur aus positiver Materie besteht und danach mit einer Erde, die innen einen negativen Kern hat.

Im ersten Fall ist es so, wie wenn zwei Lehmklumpen sich im Raum träfen. Sie vereinen ihre Massen, und die neue Bewegungsenergie ist die Summe der beiden Impulsenergien. Das heisst, unsere Erde würde durch einen grossen Meteoriten aus der Sonnenumlaufbahn geworfen. Wenn ein grosser Meteorit aber eine Erde mit negativem Kern trifft, durchschlägt er zuerst die äussere Hülle, danach gelangt er in die Vakuumschicht und beginnt langsam mit dem negativen Kern zu interagieren. Danach schlägt er auf dem negativen Kern auf. Dadurch wird eine gleich grosse Masse aus dem negativen Kern herausgeschlagen.

Das Ganze ist so zu verstehen, wie wenn eine Kugel auf eine Reihe von Kugeln aufschlägt. Am Ende der Reihe verlässt nachher eine Kugel die Gruppe, aber die Mehrheit der Kugeln bleiben an Ort und Stelle stehen. Nach einem Einschlag eines Meteoriten wäre in der Erde selbst mehr positive Materie vorhanden, jedoch im Kern viel weniger negative. Beide Ereignisse führten zu einem Anstieg der Gravitationskraft. Diese würde somit schlagartig überproportional ansteigen.

Eine plötzliche Erhöhung der Gravitation führte unweigerlich zum Tode der grossen Tiere. Es empfiehlt sich, doch einmal unsere heute noch lebenden grossen Tiere anzuschauen, wie sie gegen die Gravitation ankämpfen. Der Elefant mit Säulenbeinen schleppt sich nur mühsam dahin. Eine Giraffe kann, wenn sie einmal liegt, nie mehr aus eigener Kraft aufstehen, und selbst die Pferde ziehen häufig den Schlaf im Stehen vor. Betrachtet man dagegen die Skelette der Dinosaurier, beobachtet man folgendes: Krallenfüsse, unheimlich lange, dicke Hälse und geknickte Gelenke. Auch wenn einer wenig von Statik versteht, sollte ihm der gesunde Menschenverstand sagen, dass solche Tiere nie auf unserer Erde leben konnten. Oder, wenn diese Tiere je einmal auf der Erde gelebt haben, dann war die Gravitationskraft damals wesentlich kleiner. Wäre der Gravitationsanstieg langsam erfolgt, hätten sie sich anpassen können. Man kann in kurzer Zeit aus einer Tierart eine kleinere Variante herauszüchten. Wenn nun aber der Gravitationsanstieg plötzlich erfolgte, wäre auch klar, weshalb die Dinosaurier ausgestorben sind. Am Anfang konnten sie vielleicht noch im Wasser stehend überleben, da das Wasser gleichzeitig auch mehr Auftrieb bekam. Vermutlich haben einige Arten als Meeressäugetiere überlebt. Oder gibt es eine andere Erklärung dafür, dass Säugetiere, die einmal an Land lebten und mit einer Lunge Sauerstoff aufnahmen, plötzlich wieder ins Meer zurückgingen? Selbst wenn es dafür einen Selektionsgrund gäbe, frage ich, weshalb denn nur grosse Tiere ins Meer zurückkehrten? Ich behaupte also, dass die Vorfahren der Wale, Delphine, Seekühe, Robben usw. Dinosaurier waren.

Wenn man sich eine Erde mit einem negativen Kern vorstellt, hätte der Einschlag eines grossen Meteoriten nur zu einem Gravitationsanstieg geführt. Die Erde wäre nicht aus der Bahn geworfen und nur geringfügig erschüttert worden. Einzig die Flugbahn der Erde um die Sonne hätte sich wegen des plötzlichen Anstiegs der Gravitation etwas verändert. Das Verhältnis der Hauptachse zur Nebenachse der Ellipse wäre grösser geworden, die Erde wäre etwas näher an die Sonne gerückt, und es wäre auf der Erde leicht wärmer geworden.

Nehmen wir an, unser Sonnensystem sei so entstanden, dass die Sonne alle Planeten durch die gegenseitige Gravitationskraft eingefangen hat. Nun stellt sich aber die Frage, weshalb die Flugbahn der Planeten beinahe die Kreisform annehmen und nicht wie Kometen riesige Ellipsen beschreiben. Wir merken gefühlsmässig, dass zwischen Planeten und Kometen ein Unterschied besteht. Einzig, wenn man bei der Sonne und den Planeten einen beweglichen Kern annimmt, kann erklärt werden, weshalb die Flugbahnen kreisähnlich sind. Wegen physikalischer Gesetze, auf die ich später noch eingehen werde, nimmt ein Planet mit einem beweglichen Kern bei jedem Umgang etwas mehr die Idealform eines Kreises an. Die Flugbahnen unserer Planeten sind der eindrücklichste Beweis für die Existenz der negativen Materie.

Wieso ist eigentlich die Erde rund, wie ein aufgeblasener Fussball? Damals, als die Materie entstand, sind doch sicherlich unförmige Strukturen entstanden. Wenn man die Erde verkleinern würde bis zur Grösse eines Fussballes, wäre die Erde aalglatt. Nur ein Blinder, der sich an die Blindenschrift gewöhnt wäre, könnte den Mount Everest gerade noch als kleine Unebenheit wahrnehmen. Aber wieso macht die Natur eine so perfekte Kugel? Nein, die Frage müsste lauten: Wie kann die Natur eine solche Kugel machen? Ich habe schon viele Steine gesehen, doch einen kugelförmigen Stein, den die Natur gebildet hat, habe ich noch nie gesehen. Daher nehme ich an, dass die Erde durch Zufall zu einer solch perfekten Kugel geworden ist. Aber weshalb sind dann neben der Erde auch der Mond, die Sonne und alle anderen Planeten perfekte Kugeln? Es gibt nur eine Erklärung: Weil in der Erde ein Kern mit negativer Materie steckt und weil dieser negative Kern die Erde wie einen Ballon aufbläst. Dies bedeutet, dass die Erde langsam, jedoch stetig, etwas grösser wird, dass die Erdanziehungskraft langsam abnimmt, aber dafür die Lebewesen auf dieser Erde langsam grösser werden.

Unsere Wissenschaftler haben herausgefunden, dass die beiden Kontinente Afrika und Südamerika einmal zusammen waren, sich dann aber während vielen tausend Jahren langsam voneinander wegbewegten.

Wenn man annimmt, dass die Erde hohl ist, einen negativen Kern besitzt und langsam grösser wird, ist es auch klar, weshalb die Kontinente sich voneinander entfernen.

Es gibt etwas, das unserer Empfindung zuwider läuft und das ich an dieser Stelle nicht beweisen werde. Die negative Materie ist reale Masse, die Raum einnimmt. Dort, wo negative Materie ist, kann keine andere negative Materie und keine positive Materie sein. Hingegen interagiert die negative Materie nicht mit unseren elektromagnetischen Wellen. Das heisst, wir können sie weder sehen noch mit dem Radar nachweisen. Im Gegenteil, wir können durch die negative Materie hindurch sehen wie durch ein blank geputztes Fensterglas. Wir können negative Materie in der Hand halten wie jeden anderen Gegenstand, aber man muss vorsichtig sein. Wenn negative und positive Materie in einer kritischen Geschwindigkeit aufeinanderprallen, lösen sich die beiden Materien auf und es entstehen riesige Mengen von Energien. Im allgemeinen kann man die negative Materie nur indirekt als negative Gravitation nachweisen.

Wenn negative Materie die Erde verlässt, müsste dies umso mehr für die Sonne zutreffen, da sie sehr heiss und grösser ist. Man müsste diesen Sonnenwind als Gravitation nachweisen können, die von der Sonne wegströmt und von der Planetenstellung abhängig wäre. Der Schweif eines Kometen müsste, falls es negative Materie gäbe, immer von der Sonne abgekehrt sein.

Ferner müsste die Alterung einer Sonne folgendermassen verlaufen: Der negative Kern wird immer grösser. Deshalb nimmt die Sonne an Grösse zu und verliert gleichzeitig ihre Gravitationskraft und dadurch auch ihre Planeten. Die Gravitation geht gegen Null. Wird sie nun von einem Meteoriten getroffen, wird negative Masse herausgeschleudert, die Sonne gewinnt wieder Gravitation, wird gleichzeitig kleiner und kann gegebenenfalls in einem anderen Sonnensystem als Planet weiterexistieren.

Wird sie hingegen in diesem Zustand von einem negativen Meteorit getroffen, überwiegt die zentrale negative Materie, und im Extremfall wird die oberflächliche positive Materie weggeschleudert oder die Grösse der Sonne beginnt zu variieren. Es ist anzunehmen, dass bei jedem Himmelskörper mit negativem Kern die Grösse mehr oder weniger periodisch pulsiert. Bei ausgeglichener Menge von negativer und positiver Materie würde man eine gemächliche Frequenz und einen enormen Grössenunterschied erwarten.

Der übliche Verlauf einer Sonne ist jedoch der, dass sie immer grösser wird und gleichzeitig ihre Gravitationskraft verliert. Dadurch wird die ellipsenförmige Bahn ihrer Planeten immer grösser und eine unendlich grosse Ellipse ist dann eine Gerade mit der Sonne im Zentrum. Das heisst, eine Sonne wird, wenn nichts anderes passiert, zuletzt von ihren eigenen Planeten getroffen – und dann haben wir die Supernova.

5 Welcher Mensch hielt erstmals negative Materie in der Hand?

5 a) Alpha

Gesetzt den Fall, vor Urzeiten hätte ein Mensch die negative Materie gefunden. Wir nennen ihn Alpha. Wir können uns ein klares Bild von Alpha machen. Er stammte aus einem intelligenten Volk, das die Baukunst, die Medizin, die Mathematik und Geometrie beherrschte. Alpha war ein Denker und Schweiger, denn beim Schwätzer könnte sich kein Wissen anhäufen.

Alpha fand ein geheimnisvolles Erdloch. Über diesem Erdloch schwebte ständig eine mysteriöse stehende Wolke. Aus diesem Erdloch traten grosse Mengen von negativer Materie aus. Doch das einzige, was man sah, war in einigen hundert Metern Höhe eine stehende Wolke über diesem Loch. Wollte er Laub ins Loch werfen, hob das Laub ab, auch bei Windstille. Wenn er einen Holzbecher mit Wasser füllte und über das Loch hielt, kochte das Wasser eigenartig, doch es wurde nicht warm. Er war jedoch überzeugt, dass aus dem Loch etwas heraus käme.

Er war Physiker und sagte sich: «Egal, was da rauskommt, ich werde es einfangen.» Er nannte das Ding, das da aus dem Loch kam: «Unsichtbarer Fluss.»

Wollte er das Loch mit Steinen verbauen, wurde der unsichtbare Fluss zwischen den Steinen intensiver. Das bestätigte ihm, dass sicher etwas aus der Höhle austrat. Er nahm Glocken und hängte diese über das Loch, doch das, was herauskam, wich den Glocken aus. Er machte eine Beobachtung. Wenn er einen schweren Gegenstand oder ein Metall in das Loch hielt, wich der unsichtbare Strom stärker aus – dem Holz hingegen kaum. Sein Jagdinstinkt war geweckt.

Er baute ein Gestell aus Holz über dem Loch. Dieses Gestell war wie ein Dachstuhl gebaut. Er konnte es begehen. Alpha prüfte danach mit einem mit Wasser gefüllten Holzbecher, ob der unsichtbare Fluss noch da sei. Er war noch immer da. Anschliessend versuchte er, den unsichtbaren Fluss zu kanalisieren. Stellte er Steine auf seinem Gestell auf, wich der unsichtbare Fluss den Steinen leicht aus, wurde jedoch zwischen den Steinen intensiver. Dies mass er mit einem mit Wasser gefüllten Holzbecher. Er erkannte es am unruhigen Kochen des Wassers im Becher.

Den Metallen wich der unsichtbare Fluss viel deutlicher aus. Am stärksten aber war die Reaktion, wenn er Goldkugeln verwendete. Da er in einer reichen Familie lebte, hatte er genügend Gold und konnte den unsichtbaren Fluss mit Goldplatten kanalisieren, so dass an diesen energiereichen Stellen das Wasser wie wild im Holzbecher kochte. Er konnte somit den unsichtbaren Fluss wie mit Linsen auf einen Punkt hin fokussieren, und sein

Jagdinstinkt sagte ihm, dass er an diesen Stellen das unsichtbare Etwas, das aus dem Loch strömte, mit goldenen Glocken abfangen könne. Die goldenen Glocken stellte er also mit der Öffnung nach unten in diese energiereichen Stellen, in denen das unsichtbare Etwas auf einen Punkt fokussiert war.

Doch es passierte nichts. Er versuchte es x-mal. Er änderte dies, dann wieder jenes. Doch es gelang ihm nicht, etwas einfangen.

Nach monatelangen missglückten Versuchen liess er sein gebautes Gestell stehen und schaute nur noch sporadisch nach ihm.

Eines Tages, als er wieder sein Gestell über dem mysteriösen Loch aufsuchte – es war nach einer längeren Regenperiode –, hatte sich das ganze Gestell mit all den goldenen Platten und Glocken in eine zischende Schlange verwandelt. Überall sah er zischende Lichtblitze, die zum Teil das Holz durchschlugen, jedoch ohne dass das Holz zu brennen begann.

Auch ein Dornenbusch, der in der Nähe stand, wurde von Elektronenblitzen durchschlagen. Aber auch dieser begann nicht zu brennen. Aufs höchste erstaunt rief er: «Es brennt, aber es verbrennt nicht!». Ungläubig wollte Alpha sich nähern, um sich das ganze Spektakel genauer anzusehen. Doch von Blitzen getroffen, musste er fliehen. Aber es zog ihn immer wieder zurück. Er schaute zu, er schüttelte den Kopf und fragte sich, welchem Phänomen er nur auf der Spur war? Er merkte schnell, dass er einen gewissen Abstand einhalten musste, wenn er sich nicht gefährden wollte. Aber was war es, das da während des Tages und während der Nacht immerzu blitzte? Während des Tages blitzte es mehr und intensiver, doch in der Nacht sah er die Blitze besser. Immer wieder die Frage: «Worum handelt es sich hier?» Er hielt sich nach dieser Beobachtung nur noch beim blitzenden Gestell auf. Er wollte mehr über das unbekannte Ungeheuer erfahren. Er warf ihm Steine zu, Holz, doch es liess sich nicht stören. Es blitzte tagelang, wochenlang, monatelang. Alpha war überzeugt, dass es ihm gelingen müsste, das Ungeheuer irgendwie beeinflussen zu können. Endlich passierte etwas: Er hatte dem Ungeheuer einen Metallstab – möglicherweise ein metallenes Jagdnetz – zugeworfen, und das Zischen hatte sofort deutlich nachgelassen. Er sah, dass er die Blitze und das Zischen durch Metallstäbe abfliessen lassen konnte. Bald merkte er, dass er sich dem Ungeheuer hinter einem metallenen Netz oder durch einen Schild geschützt weiter nähern konnte; wichtig war, dass das Netz oder der Schild den Boden berührte. Er hatte damit eine wichtige Erkenntnis gewonnen.

Daraufhin nahm er seinen Hut und wob Goldfäden ein, so dass die Goldfäden danach seine Haare und sein Gesicht wie einen Schleier bedeckten. Dasselbe tat er mit all seinen Kleidern. Selbst in seine Handschuhe flocht er Goldfäden ein. Die Goldfäden an den Beinen waren so lang, dass sie den

Boden berührten. Die heutige Physik kennt solche Schutzanzüge oder Schutzgitter, die vor elektrischem Strom schützen. Man nennt sie Faraday'sche Käfige.

Alpha konnte sich jetzt, geschützt durch einen solchen Faraday'schen Käfig, dem Holzgestell nähern und die goldenen Platten und Glocken berühren. Die Blitze flossen an ihm ab, und er nahm die erste Glocke. Sie erschien ihm leichter als vorher. Er überprüfte die Glocke von unten, doch er konnte nichts Aussergewöhnliches entdecken. Dann kippte er die Glocke, und schlagartig wurde sie wieder schwerer. Das bewies ihm, dass doch etwas darin war. Aber was? Er nahm eine zweite Glocke und berührte etwas. Es war eine nicht sichtbare Materie, die nicht wie ein Stein nach unten fiel, sondern sich von der Erde entfernen wollte.

Es war negative Materie. Der Umgang mit der negativen Materie war im Gegensatz zum Einfangen derselben geradezu einfach. Sie war fassbar, sie liess sich jedoch mit der übrigen Materie nicht vermengen. Sie war nicht nur leicht, sondern die Hand wurde von ihr sogar nach oben gedrückt. «Jede physikalische Kraft auf dieser Erde und in diesem Weltall hat eine Gegenkraft», dachte sich Alpha. «Jeder Magnetismus hat einen Gegenpol. Überall wo Anziehung vorkommt, gibt es auch Abstossung.» Alpha hatte zur positiven Materie erstmals negative Materie gefunden, und dadurch fand er zur Gravitationskraft die Gegenkraft; d.h., zur Erdanziehung fand er die Erdabstossung.

Alpha hatte etwas gefunden und sinnierte darüber, was man damit machen könnte. Er nähte die neue Materie in Kleidern mit geeigneten Taschen ein. Mutig suchte er sich dann einen Gegner und sagte: «Komm, nimm einen Stock und versuche mich zu schlagen!» Der Gegner konnte schlagen, wie er wollte, der Stock gelangte nicht auf seinen Körper. Wollte er stechen wie mit einem Schwert, wich die Spitze im letzten Moment ab. Alpha hingegen, der den Schutzanzug mit negativer Materie trug, konnte den Stock benützen, wie er wollte. Stand er mit diesem Anzug in einem Bach, blieb das Wasser vom Berg her stehen und auf der anderen Seite floss es talwärts ab. Auch die Wirkung auf Tiere war enorm. Ein Pferd begann in der Nähe von negativer Gravitation zu scheuen und ging keinen Schritt mehr weiter. Ein Hund, der knurrend und die Zähne fletschend daherkam, begann zu winseln und suchte mit eingezogenem Schwanz schnell das Weite. Die Schlangen reagierten am deutlichsten in der Nähe von negativer Materie. Sie wähnten sich im freien Fall und erschlafften sofort, so wie eine Schnur. Man konnte sie aufnehmen, man konnte sie vorne oder hinten halten, sie hingen schlaff wie eine tote Schnur nach unten. Wenn man sie jedoch wieder wegwarf, verwandelten sie sich sofort wieder zu Schlangen und versuchten, schnell wegzukriechen.

Alpha merkte, dass die neue Materie eine reine Defensivwaffe war, weil man sie nicht werfen konnte. Man konnte einzig einen Vogel damit abschiessen, und dies auch nur, wenn er genau über einem flog.

Alpha sagte sich: «Gott hat mir die Erkenntnis gegeben, also will er, dass ich daraus etwas Gutes mache.» Alpha ging zu seinem Volk zurück und präsentierte die neue Waffe.

Gäbe es ein solches unterdrücktes Volk, würde es sich plötzlich, ohne Vorwarnung, wie ein Löwe erheben und hätte Hörner wie ein Wildstier. Das Volk würde das Herrenvolk erobern und deren Wohnungen einnehmen. Es wäre jedoch auch möglich, dass das Volk aus irgendeinem Grunde ausziehen wollte. Man würde also in Guerillataktik Sabotageakte ausüben und dem Präsidenten des Herrenvolkes mitteilen: «Wir sind ein friedliebendes Volk, wir wollen euch nicht töten. Wenn wir gehen können, hört der Spuk auf.» Das Volk könnte dann wohl gehen.

Alpha sagte zum eigenen Volk: «Wenn wir gehen, wollen wir vom Herrenvolk nichts mitnehmen, ausser goldene und silberne Gefässe und Kleider. Die goldenen und silbernen Gefässe brauchen wir, damit wir möglichst viel von der neuen Materie mitnehmen können. Die Kleider brauchen wir, damit wir die goldenen und silbernen Gefässe unter den Karren und Wagen befestigen können.» Nachdem das Sklavenvolk ausziehen konnte, ging es zuerst zum Erdloch und nahm soviel negative Materie wie nur möglich mit und machte sich dann auf den Weg.

Das Volk war von diesem Moment an unbesiegbar und kannte keine Gefahren und keine Gegner mehr. Es wurde dadurch auch immer grösser. Doch Alpha hatte einen Denkfehler gemacht. Durch seine vielen Einsätze nahm die negative Materie stetig ab, wurde immer geringer, und bei jedem Umschütten in die Schutzanzüge ging erneut Materie verloren. Alpha merkte, dass er neue negative Materie brauchte. Er ging auf jede Bergspitze und hielt nach einer mysteriösen Wolke Ausschau. Er schickte Kundschafter aus: «Sucht mir ein Erdloch, über dem eine mysteriöse Wolke steht!» Nichts. Und weil das Volk immer grösser wurde, musste er sich mit Gesetzen abgeben, musste Streit schlichten und richten. Alpha begann an sich selbst zu zweifeln. «Gott, du hast mir die neue Materie gegeben: Hast du mich hierher geschickt oder waren es nur meine eigenen Gedanken?» Plötzlich war die negative Materie ganz weg. Entweder konnte sie selbst entweichen, oder Taugenichtse hatten sich ihrer bemächtigt und sie war ihnen entwichen.

Alpha war am Boden zerstört. «Wir sind schutzlos!» Alpha ging in die Einsamkeit und kam mit der verrücktesten und phantastischsten Idee zurück, die es auf Erden je gegeben hat.

«Wir bauen uns eine Maschine, die negative Materie abfängt. Aber die können wir nicht tragen, weil sie zu schwer wäre. Also bauen wir uns einen

Flugkörper, der negative Materie abfängt. Die negative Materie tritt überall aus dem Boden. Wir müssen sie nur kanalisieren. Wir müssen sie fokussieren und dann einfangen.» Also baute das Volk eine grosse Pyramide mit einem Holzgestell. Darüber legte man Felle, Teppiche und Goldfolien. Somit fokussierte man die negative Materie an die Spitze der Pyramide. Zuoberst kam das System mit den Goldkugeln, Goldplatten und den Goldglocken. «Aber Achtung!», warnte Alpha seine Leute. «Es werden Blitze entstehen.» Es handelte sich dabei um Einstein'sche Energie, d.h., es entstanden alle möglichen elektromagnetischen Strahlen, wie z.B. Röntgenstrahlen, Lichtwellen, Elektrizität, Schallwellen usw.[2] Das ganze System durfte von keinem Unbefugten berührt werden, sonst würde er tot umfallen. Nur ausgesuchte Leute mit Faraday'schen Käfigen durften die Maschine betreten. Die Goldfäden mussten alles überdecken, und die Haare mussten kurz geschnitten sein. Die ganze Maschine musste zudem pilotiert werden. «Der Antrieb ist klar, wir ziehen die Maschine mit Seilen», befahl Alpha. Aber die Gefahr bestand, dass die Maschine wie eine Rakete abheben würde. Deshalb brauchte es Leute in der Maschine, die bei zu grosser Höhe negative Materie abliessen.

Heere wurden besiegt und Mauern gesprengt, indem man an den Mauern zuunterst negative Materie einfliessen liess. Die negative Materie floss in den Mauern nach oben und bildete Blasen unter den Steinen, bis die Mauern explodierten.

Wenn es je solches gegeben hat, dann war es Alphas Volk, welches der negativen Materie mächtig war. Alpha müsste daher als grösster Physiker aller Zeiten betrachtet werden. Das Volk wäre das Volk, das den ersten Flugkörper und die erste Maschine zum Einfangen der negativen Materie gebaut hätte.

Doch wo ist die Maschine geblieben? Nachdem das neue Land erreicht war, wurde man vermutlich nachlässig. Vielleicht hatte man einmal über Nacht vergessen, die Teppiche der Maschine aufzuklappen. In diesem Fall wäre die Maschine wie eine Rakete gestartet. Dann wäre dieses Volk auch das erste Volk gewesen, das einen Flugkörper ins Weltall schoss. Dort könnte man vielleicht die Maschine finden. Anhand der Geschwindigkeit, mit der sie sich von der Erde entfernte, könnte man bis auf den Tag genau ausrechnen, wann sie von der Erde gestartet war.

Warum hatte man keine neue Maschine gebaut? Wahrscheinlich waren sie der Meinung, dass sie noch genügend negative Materie hätten. «Wir haben unser Ziel erreicht und wir haben Frieden, somit brauchen wir vorläufig keine neue Maschine. Sobald wir wieder einmal negative Materie benö-

[2] Diese Energieform wird später genauer beschrieben.

tigen, bauen wir uns eine neue.» Doch bis es so weit wäre, würde Alpha gestorben sein, und der Nachbau wäre ohne ihn zu kompliziert.

Nachdem Alpha seine Maschine gebaut hatte, widmete er sich wieder der Kontemplation. Er wusste als erster Mensch, dass die Erde rund ist und es im All keine Atmosphäre gibt.

Auch wusste er, dass die Erde wie eine Blase aufgebaut ist, mit negativer Materie im Zentrum. Er hatte plötzlich eine fixe Idee, die ihn nicht mehr losliess. Er verwarf die Idee zwar wieder, doch sie kam immer wieder zurück.

Er sagte sich: «Nein, das mache ich nicht!», doch die fixe Idee nistete sich immer wieder von Neuem ein in seinem Hirn. Seine Freunde rieten ihm ab: «Du hast selbst gesehen, dass wir kein Raumschiff bauen können, wegen der fehlenden Atmosphäre im All. Du hast gesagt, die Zeit sei noch nicht reif, weil wir keine luftdichten Schutzanzüge bauen können. Nun, weshalb willst Du jetzt ein Erdschiff bauen und die Erde durchdringen? Unter der obersten Schicht befindet sich heisse Lava und die will heraus, es könnte sein, dass du einen Vulkan auslöst. Alpha, du mit deinen verrückten Ideen!» «Nein, Lava wird nicht herauskommen», entgegnete Alpha, «sonst käme sie heraus und würde die ganze Erde überdecken. Die Lava wird nur gelegentlich mit der negativen Materie herausgeschleudert. Es ist die negative Materie, die heraus will.»

Dann fragte er: «Seht ihr denn nicht die stehende Wolke über jedem Vulkan? Ihr schaut, aber ihr seht nicht!», warf er ihnen vor.

Dann erklärte er: «Wenn die Lava unter Druck herausgeschleudert würde, wäre ihre Flugbahn die einer Wurfparabel. Stellt euch einen Wasserschlauch unter Druck vor. Wenn nun der Schlauch ein Loch bekommt, tritt das Wasser in einem Strahl heraus, beschreibt einen Bogen und fällt in einem gewissen Abstand vom Loch auf den Boden. Theoretisch könnte man sich vorstellen, dass das Wasser im Idealfall senkrecht nach oben austritt und auf den eigenen Strahl zurückfällt. Ich muss aber sagen, dass ich diesen idealen Fall noch nie in meinem Leben gesehen habe. Aber genau das passiert beim Vulkan. Die Lava tritt senkrecht nach oben aus und fällt senkrecht in den Strahl zurück. Und es gibt nicht nur einen idealisierten Vulkan, der sich so verhält. Nein, alle Vulkane auf dieser Erde verhalten sich so. Ich sage euch, die Lava wird von negativer Materie senkrecht nach oben getragen, danach trennen sich die beiden Materien, die Lava fällt senkrecht nach unten und die negative Materie verschwindet im Weltall. Die Erde besteht nur aus einer Platte, und die will ich von unten anschauen. Die Erde, die wir kennen, ist nur die Frontansicht eines Blattes, aber ein Blatt hat auch eine Rückseite.» Also machte er sich ans Werk. Mit Hilfe der Maschine machte er einen Erdgleiter und durchquerte die Erdschichten. (Es muss zu einem späteren Zeitpunkt darauf eingegangen werden, wie man mit negativer Materie eine Erdschicht und eine Lavaschicht durchdringen kann.) Zuerst kam die Steinschicht, danach die Lavaschicht und dann wieder eine Gesteinsschicht, welche von der Atmosphäre, so wie sie aussen existiert, abgerundet wurde. Er sah, dass die Innenseite der Erde auch Flüsse, Seen und Meere hatte und eine ähnliche Gravitation. Man konnte auf der Innenseite genau gleich gehen wie auf der Aussenseite. Er stiess somit nicht auf ausserirdisches, sondern auf innerirdisches Leben. Auffallend war, dass das Leben der Innenschicht nicht so vielfältig war. Es gab keine Landtiere. Die Innenschicht war bedeutend unwirtlicher. Die Flüsse und Seen enthielten jedoch ebenfalls Fische. Zuerst glaubte er, es seien ähnliche Fische wie auf der Aussenseite, doch die Fische waren farbiger und schöner.

Die Erde ist aufgebaut wie ein Ballon. Sie hat einen Durchmesser von etwa 12 000 km. Doch die Erde ist nicht eine Kugel, die mit Materie angefüllt ist. Sie ist vielmehr hohl und hat, wie ein Ballon, eine dünne Hülle. Der Durchmesser dieser Hülle beträgt 55 bis 60 km. Man kann sich nun sehr gut vorstellen, dass eine Ameise auf einem aufgeblasenen Ballon herumgeht. Eine zweite Ameise könnte man vor dem Aufblasen in den Ballon hinein stellen. Diese innere Ameise könnte nun genau gleich auf der Ballonhaut herumwandern; einfach innen. Die beiden Ameisen könnten solange wandern wie sie wollten, sie würden sich nie antreffen, weil sie sich nicht auf derselben Ebene befinden. Beide Ameisen bewegen sich zwar auf einem festen Grund und beide Ameisen haben ihre Beine gegen diesen festen Grund gerichtet.

Alpha konnte also diese Schichten durchdringen und befand sich auf der Innenseite der Erde. Er hatte eine Welt betreten, in die noch nie ein anderer Mensch eingetreten war – er hatte eine kolossal andere Welt gefunden. Nach seiner Rückkehr war er erschüttert.

«Was hast du gesehen?» wurde er gefragt. «Hast du Gott gesehen?» Er sagte: «Ich habe Gott nicht gesehen. Allen Menschen zeigt Gott seine Frontansicht der Erde; ich aber bin der erste Mensch, dem Gott auch seinen Rücken gezeigt hat. Gott sagte: ‹Du kannst mein Angesicht nicht sehen und am Leben bleiben. (...) Ich (...) halte meine Hand über dich, bis ich vorüber bin. Dann ziehe ich meine Hand zurück, und du wirst meinen Rükken sehen.›» (Ex 33,20ff).

Vielleicht ging Alpha noch weiter und stiess auf negatives Leben. Und irgendwann bekam Alpha Angst vor seiner eigenen Erfindung. Vielleicht sah er ein, dass Gott sein Volk retten wollte und ihm, Alpha, dazu die Einsicht einer zukünftigen Physik gegeben hatte, dass aber die Zeit für diese Physik noch nicht gekommen war.

Jetzt jedoch ging er wohl zu seinen Freunden und sagte: «Wenn das Zielland erreicht ist, dann füllt noch alle Gefässe, die ihr habt, mit negativer Materie. Danach lasst die Maschine ins All fliegen. Dort wird man sie einmal finden und alle werden wissen, die Gläubigen und die Ungläubigen, dass alles, was geschrieben steht, sich auch wirklich so ereignet hat.»

Vielleicht wollte Alpha aber die Maschine auf der Innenseite der Erdkruste aufstellen, genau unter seinem Volk. Dort ginge sie nicht verloren und würde dann die Zeit der neuen Physik gekommen sein, fände man sie und glaubte nun, was vor Urzeiten geschehen war.

Möglicherweise lag Alpha auch daran, dass sein eigenes Grab auf der Innenseite aufgebaut wurde. Denn es steht geschrieben, dass man Alpha beerdigte und bis heute niemand sein Grab kennt (Dtn 34,6). Warum wusste man damals schon, dass man nach der Beerdigung das Grab nicht mehr finden würde? Vielleicht war Alpha krank, hatte Krebs und war entstellt und man musste ihn sofort beerdigen, oder das Volk war im Krieg und man machte nur ein Notgrab und fand es danach nicht mehr. Es steht jedoch geschrieben, dass Alpha bis zu seinem Tode ungetrübte Augen hatte und dass seine Frische bis zu seinem Tode nicht geschwunden war (Dtn 34,7).

Das Volk selber war auch nicht im Kriegszustand, denn es trauerte 30 Tage um Alpha (Dtn 34,8). Vor seinem Tode sagte Alpha wohl: «Wenn man durch einen Berg einen Tunnel baut, dann kommt man von einem Tal in ein anderes Tal. Wenn man aber senkrecht nach unten geht, kommt man auch in ein anderes Tal.»

Falls Alpha das so gesagt und verstanden hätte, bekäme manche Bibelstelle eine andere Bedeutung. Denn ihm wurde von Gott verheissen, dass er das Land seines Volkes nicht betreten werde, aber: «Du darfst das Land von der anderen Talseite aus sehen.» (Dtn 32,52) und: «Man begrub ihn im Tal, in Moab, gegenüber Bet-Pegor.» (Dtn 34,6).

Was bedeutete dies aber für die Menschheit, wenn auf der Innenseite der Erde eine zweite Menschheit lebte? Als jenes Volk am Ziel war, wurde das Land aufgeteilt. Eine Gruppe des Volkes war mit der Aufteilung des Landes nicht zufrieden, nahm die Maschine und setzte sich auf die Innenseite der Erde ab.

Die Innenseite wäre von Innenmenschen bewohnt, und die Ufos wären nicht ausserirdisch, sondern innerirdisch. Es hätte dann keinen Sinn, mit grossen Teleskopen das All abzuhorchen, sondern man müsste auf Klopfzeichen achten. Diese These ist unwahrscheinlich. Innenmenschen würden mit uns Kontakt aufnehmen, sie würden Kriege beeinflussen, mit Sicherheit hätten sie den Holocaust verhindert. Sie wären, weil sie von der Erde sind, zuerst einmal auf dem Mond gelandet, und wir könnten ihre

Spuren auf dem Mond sehen. Aber was machen wir, wenn es trotzdem Innenmenschen gibt? Diejenige Gruppe, welche die Maschine geraubt hat, hätte sich auf der Innenseite abgesetzt. Doch es war unwirtlich und dunkel.

Nein, es gibt keine Innenmenschen, sie hätten die Innenseite wieder verlassen, es hätte sie nichts zurück gehalten. Zudem konnte man die Maschine nicht rauben, weil es zur Bedienung der Maschine Spezialisten brauchte.

Doch vielleicht hat sich alles ganz anders zugetragen. Vielleicht konnte man mit der Maschine auch Nahrungsmittel machen, Wasser gab es ja genug. Freiwillige aus dem Volk vereinigten sich und sagten: «Wir haben Alpha dermassen geliebt, dass wir zu seinem Grab gehen und Totenwache halten wollen, bis wir sterben.» Sie nahmen die Maschine und gingen zum Grab. Es gab wenig Licht, doch die mitgebrachten Pflanzen gediehen viel besser als erwartet, und das Überleben war problemlos. Sie hätten sich mit der Zeit der Umgebung angepasst. «Alpha, du mit deinen Ideen! Wer kommt schon auf die Idee, auf der Innenseite der Erde begraben zu werden! Oder hast du alles vorausgesehen? Ist es Eingabe Gottes? Hat Gott gesagt, für die Menschheit sei es besser, wenn es Innen- und Aussenmenschen gäbe? Und wo ist jetzt das gelobte Land? Ist es die Innenseite oder die Aussenseite, oder sind beide Seiten gelobt, oder ist eine Seite gelobter?»

Als Alpha die Maschine gebaut hatte, sagte er: «Dieses Volk ist auserwählt, und dieses Wissen wird nie mehr verloren gehen.» Da das Wissen bei den Innenmenschen nie mehr verloren ging, müsste eigentlich das Innenvolk das auserwählte Volk sein. Andererseits sagte Gott, er führe sein auserwähltes Volk «in das Land, wo Milch und Honig fliessen» (Dtn 31,20). Milch und Honig flossen aber nur bei den Aussenmenschen. Bei den Innenmenschen floss vermutlich nur Milch, weil Bienen nur fliegen, wenn es hell ist. Also wären die Aussenmenschen das auserwählte Volk.

Vorausgesetzt, es gäbe die Innenmenschen. Wie sähe ihre Welt und ihre Geschichte aus?

Wir könnten uns ein klares Bild der Innenmenschen machen. Die Innenmenschen haben eine Art Sonne, den negativen Kern der Erde. Diese Sonne leuchtet ständig: Dieses Leuchten ist Einstein'sche Energie[3].

Die Innensonne besteht aus einer festen Hülle aus negativer Materie, doch diese sieht man nicht. Aber diese Hülle hat in der Mitte eine negative Lavaschicht, und diese leuchtet; hier entsteht Einstein'sche Energie. Auf die Frage, weshalb eine negative Lavaschicht leuchtet, muss zu einem späteren

[3] Diese Energieform wird später genauer beschrieben.

Zeitpunkt eingegangen werden. Im Zentrum steht wieder ein sichtbarer Kern aus positiver Materie. Eventuell hat dieser Kern sogar sichtbare Vulkantätigkeit. Die Sonne der Innenmenschen ist deshalb viel schöner als unsere Sonne. Sie sieht aus wie ein grosses, rundes Auge. Diese Sonne steht genau in der Mitte des Himmels. Sie ist viel grösser als unsere Sonne, doch ihr Leuchten ist nur leicht heller als bei uns ein heller Vollmond. Das Leuchten ist ständig, es gibt keinen Tag/Nacht-Rhythmus, und so hat die ganze Innenwelt immer Tag. Es ist deshalb schwierig, nur schon das Alter einer Person anzugeben, da die Natur keine Zeiteinheit vorgibt. Ausser der Innensonne gibt es kein anderes Gestirn.

Die Innenmenschen waren am Anfang nur eine kleine Gruppe, wir können also insulare Verhältnisse annehmen. Mutationen sind in einer kleinen Gruppe viel häufiger und eine Anpassung an eine veränderte Umwelt schneller möglich. Wir können uns das so vorstellen: Durch Selektion hätten sie grössere Augen bekommen, die wahrscheinlich auch auf infrarotes Licht reagierten. Die Behaarung wäre nicht notwendig, weil kein aggressives Sonnenlicht vorkommt. Ihre Haut wurde schneeweiss. Weil sie nur eine kleine Gruppe waren, wären alle viralen und viele andere Krankheiten ausgestorben. Das Immunsystem hätte sich daher ebenfalls abgeschwächt. Wegen der geringen Anzahl von Mikroorganismen wäre ihre Haut glatter und dünner geworden und hätte kaum noch geschuppt. Sie würden nur die Einstein'sche Energie, die Zentrifugalkraft und die Gravitation kennen. Weil die Gravitationskraft auf der Innenseite intensiver ist, wären sie kleiner als die Aussenmenschen. Ihre Weltvorstellung wäre so, dass sie sich in einer Kugel wähnten. Sie hätten eine Religion. Sie glaubten auch an den Gott Abrahams, Isaaks und Jakobs; doch ihre Religion begänne nicht mit Adam und Eva, sondern mit Alpha. Ihre religiöse Hauptperson wäre Alpha und ihr Hauptkultort das Grab von Alpha. Die Innenmenschen könnten nie etwas von einem Weltall ahnen, da dies aufgrund ihrer Umgebung unmöglich wäre.

Da die Umgebung dunkler und somit das Augenlicht weniger wichtig wäre, entwickelten sich mentale Stärken, vor allem die Telepathie. Wenn man mit einem Innenmenschen sprechen würde, fiele einem sofort seine mentale Überlegenheit auf.

Die Innenmenschen hätten nur wenige Tiere, nämlich diejenigen, die sie hatten mitnehmen können, alle mit grossen Augen. Das Wort Evolution würden sie nicht kennen, da es bei ihnen keine Knochenfunde gäbe. Sie kennten den Benzinmotor nicht, weil sie sich den Sauerstoffverbrauch gar nicht leisten könnten, da sich ihre Atmosphäre etwas langsamer erholte als die der Aussenwelt. Nein, sie kennten den Benzinmotor nicht, weil sie sich spielend anders fortbewegen könnten und weil es bei ihnen kaum Erdöl gäbe. Auf der Innenseite wären die Vulkantätigkeit sowie die Erdbebengefahr grösser. Doch Vulkane stoppten sie, indem sie mit Erdschiffen direkt in den Vulkan hinein führen und die negative Materie herausliessen. Dasselbe machten sie, um Erdbeben zu verhindern. Die Seismologie wäre hoch entwickelt. Sie wüssten genau, wie dick ihre Kugel sei, in der sie lebten.

Plötzlich passiert etwas. Alle Erderschütterungen hatten ihren Ursprung jeweils wenige Kilometer unter der Erdoberfläche gehabt. Aber jetzt schlagen die Seismologen Alarm. Es klopft jemand auf der Aussenwand an ihre Kugel, es sind die Bombardements des zweiten Weltkrieges. Wir können uns nicht vorstellen, wie das innen tönte. Weltuntergangssekten entstehen, die Regierungen werden nervös usw. Das Klopfen wird immer lauter – Atombomben! Sie müssen nachschauen. Sie schicken also einen bemannten oder unbemannten Erdgleiter, wahrscheinlich schwer bewaffnet, an die Oberfläche. Sie entdecken die Aussenmenschen.

Dies muss für sie ein enormer mentaler Schock gewesen sein. Als Innenmensch konnte man sich keine Vorstellung vom All machen. Nur schon der Gedanke daran war unmöglich. Sie sind über die wunderschöne Aussenwelt erstaunt. Sie sehen ein Motorrad. «Diese Menschen sind weiter entwickelt als wir, die haben Fahrräder, die ohne Strom laufen.» Man stelle sich vor, ein Innenmensch sieht ein Propellerflugzeug, er weiss nicht, ob es ein Tier oder eine Maschine ist. Sie machen Filmaufnahmen und speichern alle elektromagnetischen Wellen. Zurück in der Innenwelt sterben einige an Sonnenbrand; nur 2 Minuten Sonnenexposition genügt. Die anderen sind wohlauf. Einer bekommt noch eine Grippe, sonst nichts. Doch er stirbt an der Grippe. Es entsteht die erste Epidemie in der Innenwelt. 20 bis 30% der Innenmenschen sterben an der Grippe. Wenn die erste Krankheit Masern gewesen wäre, wären 90% der Innenmenschen gestorben. Sie brauchen 20 Jahre, bis sie sich von dieser Katastrophe und vor allem vom mentalen Schock erholt haben. «Es ist eine unwirtliche Welt, die Aussenwelt», sagen sie.

Sie können mit der Zeit die Sprachen entschlüsseln. Sie können erkennen, dass gerade wieder einer auf der Aussenwelt den Nobelpreis für eine Entdeckung bekommen hat, die bei ihnen schon seit Tausenden von Jahren die Fünfjährigen in der Physik lernen. Nun untersuchen sie die Erdoberfläche erneut, bewusst und mit den nötigen Vorsichtsmassnahmen. Am meisten erstaunt sie, dass die Aussenmenschen die Einstein'sche Energie und die negative Materie nicht kennen, eine Energieform, die bei ihnen schon immer bekannt war. Sie finden ihre Geschichte und Identität wieder und erkennen ihre Abstammung. Weil es bei den Aussenmenschen viel mehr Tiere gibt, gibt es auch sehr viel mehr Krankheitserreger. Sie erkennen, dass es für sie nie möglich wäre, in der Aussenwelt zu leben. Sie erkennen aber auch, dass die Aussenmenschen für sie eine grosse Gefahr darstellen. Würden nämlich die Aussenmenschen einfach in ihre Innenwelt eindringen, könnten verschiedene Krankheiten ausbrechen, was im Extremfall zum Tod aller Innenmenschen führen könnte. Sobald die Aussenmenschen mit der Einstein'schen Energie umgehen können und die negative Materie kennen, wird es gefährlich für die Innenmenschen. Man müsste sich arrangieren, sonst gäbe es Krieg. Aber ein Frieden zwischen den beiden Menschengruppen sollte möglich sein, da beide Menschen auf derselben Nussschale sitzen und irgendwie Auserwählte Gottes sind.

Wenn je ein Ufo auf der Erde zerschellte und menschenähnliche ausserirdische Wesen auf unsere Erde gelangten, wären furchtbare Epidemien die Folge. Wenn etwas Ähnliches je passierte und es gab in der Folge keine Epidemien, wäre die Existenz der Innenmenschen bewiesen.

Auch an der Kleidung könnte man Innenmenschen sofort erkennen. Da sie kaum Erdöl haben, sind für sie Kunstfasern oder Plastik weniger wichtig. Ihre Kleidung wäre archaischer, aus Leder und Naturfasern, z.B. aus Schafhaaren und Pflanzenfasern.

Es gibt viele Gebiete, auf denen die Innen- und die Aussenmenschen zusammenspannen könnten, z.B. in der Raumfahrt und der Medizin. Sie könnten von uns viel über Infektionskrankheiten lernen. In der Pharmaindustrie wären wir ihnen weit überlegen, weil wir viele Erkenntnisse aus der Pflanzenwelt haben. Sie würden uns sicherlich in der Tumortherapie, in der Lasertechnik und in der Chirurgie überlegen sein. In der Materialkunde, etwa mit Plastik und Kunstharzen usw., wären wir ihnen wieder überlegen. In der Physik wären sie uns weit überlegen. In der Chemie müssten sie wiederum von uns lernen. Auch könnte man sich vorstellen, dass die Innenmenschen bei uns die letzte, unabhängige juristische Instanz bei Streitigkeiten der Völker und die Friedenssicherung übernähmen und wir dies umgekehrt bei ihnen machten. Nach einer Quarantänezeit von vielleicht 3 Monaten könnten wir durchaus bei ihnen leben. Bei der Erdbebenvoraussage, bei der Verhinderung von Erdbeben, bei der Entsorgung von radioaktiven Abfällen usw. müssten wir wieder von ihnen lernen.

Die Innenmenschen haben sich bei den Aussenmenschen nicht vorgestellt, weil sie befürchteten, dass wir durch den Kontakt mit ihnen ihre Physik verstehen und danach in ihre Welt eindringen könnten. Sobald die Aussenmenschen den Umgang mit der neuen Physik beherrschen, werden die Innenmenschen, wenn es sie gibt, an den Verhandlungstisch kommen. Es ist vorstellbar, dass viele Aussenmenschen gerne die Innenwelt anschauen würden, und wären es nur Videoaufnahmen des Grabes von Alpha.

5 b) Mose

Die ganze Geschichte von Alpha ist die Biographie von Mose und seinem Volk in der Wüste. Trotzdem – ist nicht die Existenz von Innenmenschen schlicht undenkbar? Es muss Phantasterei und frei erfunden sein.

Nobody gibt zu, dass es auch für ihn eine lange Zeit nicht vorstellbar und undenkbar war und er es auch selbst kaum glauben konnte. Aber – es gibt für ihn ein grosses Aber.

Es ist zwar rational gesehen zweifelsohne völlig unmöglich, dass jemand durch die Erdmassen hindurch gehen kann. Denn erstens herrscht dort ein unheimlicher Druck, und zweitens würde alles, selbst Metalle und harte Kunststoffe, in der Lavaschicht verschmelzen. Aber da sind noch immer seine Erinnerungen an seine Begegnung in seiner Jugend mit seiner Erscheinung, Barbara.

Alle überprüfbaren Aussagen, die Barbara machte, waren richtig.

Und immer wieder kommen in ihm die Zweifel: «Es ist doch unmöglich, dass ein Mensch wie Mose, der in der Wüste lebte und Schafe züchtete, der keine Ahnung von moderner Technik hatte, der keine Computer hatte, der keine komplizierten Werkzeuge und Rohstoffe oder Roboter hatte, dass ein solch einfach lebender Mensch durch die Erdschichten reisen konnte.» Wie um seine eigenen Zweifel zu bekämpfen, wiederholte er es sich nochmals: «Ich hatte eine Erscheinung, die ich mir nicht ausgesucht habe. Sie ist gekommen wie ein Traum, und man kann niemanden dafür zur Verantwortung ziehen, nur weil er das oder jenes geträumt hat.»

Die Erde ist wie eine Seifenblase aufgebaut. Es gibt eine äussere Hülle die etwa 55 bis 60 km dick ist. Diese Hülle enthält in der Mitte die Lavaschicht, innen und aussen eine Steinschicht mit einer Atmosphäre. Sowohl innen wie aussen gibt es Flüsse und Gebirge. Auf der Aussenseite leben die Aussenmenschen, und dann gibt es eine zweite Menschheit, die Innenmenschen. Diese Innenmenschen stammen ursprünglich aus dem Volk von Mose. Man könnte Nobody auf einen Scheiterhaufen binden und diesen anzünden, er würde es immer wiederholen und sagen: «Ich hatte eine Erscheinung.»

In der Bibel steht jedoch: «Wer etwas [den prophetischen Worten dieses Buches] hinzufügt, dem wird Gott die Plagen zufügen, von denen in diesem Buch geschrieben steht.» (Offb 22,18). Dessen war sich Nobody bewusst, und er musste deswegen viele innere Konflikte austragen, denn wie sollte er damit umgehen, dass doch der Bibeltext der Wahrheit in manchen Punkten einfach konträr widersprach – wie sollte man denn da reagieren? Oder wenn das, was er als Wahrheit betrachtete, der Bibel widersprach, war er denn zum Schweigen verdammt, nur damit die Bibel immer Recht hatte?

Und wenn trotzdem ein Irrtum vorlag? Und wenn sich Nobody irrte, was dann? Sollte sich Nobody irren, müsste er sich fragen, wie das fremde Wissen in sein Gedächtnis gelangte und wer ihm so irres Zeug ins Gedächtnis eintrichterte. Denn so wie er sich an seine Verwandten, an durchgemachte Schulen oder an irgendein anderes Ereignis erinnern konnte, genau so konnte er sich auch an Barbara erinnern.

Allerdings ist die Frage, wie ein fester Gegenstand, z.B. Mose, durch einen anderen festen Gegenstand, z.B. die Erdschicht, hindurchgehen kann, berechtigt; doch Nobody wird erst zu einem späteren Zeitpunkt darauf eingehen. Es sei jedoch daran erinnert, dass die einzelnen Atome vorwiegend aus Hohlraum bestehen. Würde man als Vergleichsbeispiel irgend ein Atom auf die Grösse eines Fussballplatzes vergrössern, wäre der Atomkern gleich gross wie eine Fliege, die sich im Zentrum des Platzes befände. Die Elektronen dieses Atoms wären so klein, dass man sie nicht sähe, und sie würden sich wie unsichtbare Linienrichter am Rande des Fussballplatzes bewegen. Wenn sich nun zwei Atome mit unterschiedlicher Materie kreuzen, weichen sich die Elektronen und der Atomkern aus und die Wahrscheinlichkeit, dass es zu einem Crash kommt, ist etwa gleich gross wie die Wahrscheinlichkeit, dass zwei Fliegen auf einem Fussballfeld frontal zusammenprallen. Sobald nun ein Mensch einmal negative Materie besitzt, kann er andere Materie durchdringen, weil auch feste Materie vorwiegend aus Nichts aufgebaut ist und sich zurückziehen kann. Sobald also ein Mensch negative Materie besitzt, kann er auch die feste Schicht der Erde durchdringen. Man kann nun diese Thesen als Gedankenspiel betrachten, aber jeder soll sich gewahr sein, dass Nobody das, was er sagt, auch glaubt.

Es ist offensichtlich, dass der Mensch ein Kausalitätsbedürfnis hat; das heisst auch: Er kann kaum zugeben, dass er etwas nicht weiss. Aus diesem Grunde setzt er überall dort, wo er etwas nicht weiss, eine Scheinwahrheit ein, die ihm dann erlaubt, eine gewisse Ordnung in der Welt aufrecht zu erhalten. So setzten die Menschen seit Urzeiten dort, wo sie etwas nicht wussten, einen Gott ein. Man verstand zum Beispiel nicht, weshalb die Sonne jeden Morgen kam, am Abend wieder ging und in der Zwischenzeit Wärme und Licht spendete; also setzte man einen Sonnengott ein. Bei den Ägyptern hiess dieser Aton, bei den Griechen Helios, bei den Römern Sol, bei den Germanen Baldur; für den Mond gab es die griechische Göttin Selene oder die römische Luna, und so war es auch mit verschiedenen anderen Naturerscheinungen. Dadurch wurde die Welt erklärbar, alles hatte seine Ordnung und das beruhigte.

Wenn wir annehmen, dass Mose eine Physik entdeckte oder eine Energieform, die selbst die Atomenergie in den Schatten stellt, wenn wir annehmen, dass er die eigentliche Einstein'sche Energie entdeckte und gesetzt den Fall, er wurde von elektrischen Blitzen getroffen, hätte er wohl oder übel geglaubt, dass er von Gott getroffen wurde. Wenn wir sehen, was Menschen vor kurzer Zeit für Gott hielten, darf man sich zumindest fragen, was Mose vor mehreren tausend Jahren meinte, wenn er von Gott sprach.

Wenn wir annehmen, dass Mose negative Materie hatte, könnte man zumindest in der Bibel nach Hinweisen auf diese negative Materie suchen.

Das jüdische Volk war versklavt in Ägypten, und Mose wurde vertrieben. Den ersten Kontakt mit Gott hatte Mose als Schafhirt am Gottesberg Horeb: «Dort erschien ihm der Engel des Herrn in einer Flamme, die aus einem Dornbusch emporschlug. Er schaute hin: Da brannte der Dornbusch und verbrannte doch nicht.» (Ex 3,2).

Man müsste hier annehmen, dass er elektrische Blitze sah, denn diese führen nicht unmittelbar zu einer Verbrennung. Wenn er elektrische Blitze sah, müsste man davon ausgehen, dass er Gott, der aus dem Dornbusch zu ihm sprach, als die elektrischen Blitze verstand. Weiter müsste man annehmen, dass er die unsichtbare, negative Materie als den Körper Gottes betrachtete. Zudem könnte man davon ausgehen, dass er seine logischen Schlüsse, seine Erkenntnisse also, oder seine Ideen, als Eingaben Gottes oder als Wort Gottes betrachtete.

Wir müssen also Mose verschiedene Dinge unterstellen. Nobody vermutet, dass die meisten Leser all dies nicht glauben werden und empfiehlt daher, das Gesagte weiterhin als Gedankenspiel zu betrachten.

Wir werden also davon ausgehen, dass das Feuer im Dornbusch elektrische Blitze waren und Mose diese unbekannten Blitze als Gott betrachtete, genau so, wie in allen Kulturen alles Unbekannte als Gott betrachtet wurde. Ferner nehmen wir an, dass Mose die unsichtbare negative Materie als Körper Gottes ansah und seine eigenen intellektuellen Leistungen als Gotteseingabe hinnahm.

Mose sah also ein Feuer, das brannte, aber der Dornbusch verbrannte nicht. Dann sagte ihm Gott: «Komm nicht näher heran! (...) der Ort wo du stehst, ist heiliger Boden.» (Ex 3,5). Dies bedeutete also, dass er nicht in die Nähe des Feuers gehen sollte oder durfte. Die Annahme, dass es sich beim Feuer um elektrische Blitze handelte, würde also gut passen.

Noch bevor er zu seinem Volk ging, sagte er zu sich, dass jede Frau vor dem Wegzug aus Ägypten von ihren ägyptischen Nachbarn silberne und goldene Gefässe und Kleider verlangen müsse (Ex 3,22). Wenn Mose Reichtümer vom Herrenvolk gebraucht hätte, würde er silberne und goldene Münzen verlangt haben. Er verlangte aber nur silberne und goldene Gefässe, also Behälter. Und solche silbernen und goldenen Gefässe würden sich sehr gut eignen, um negative Materie zu transportieren. Noch bevor Mose zu seinem

Volk zurückkehrte, befürchtete er, dass sein Volk ihm nicht glauben könnte. Um die Leute gefügig zu machen, riet ihm Jahwe, den Schlangentrick auszuführen (Ex 4,3): Wenn er eine Schlange in der Hand hielt, verhielt sie sich so wie ein Stab oder wie eine schlaffe Schnur, und wenn er sie wegwarf, kroch sie wieder wie eine normale Schlange davon. Wenn er sie wieder packte, wurde sie wieder starr wie ein Stab. Dies sollte als endgültiger Beweis dafür gelten, dass Mose negative Materie hatte, denn nur Schlangen verhalten sich so im schwerelosen Zustand.

Setzt man Tiere der Schwerelosigkeit aus, erschrecken die meisten. Doch nach einer gewissen Zeit erholen sie sich wieder und verhalten sich mehr oder weniger normal. Nicht so die Schlangen. Sie werden ganz schlaff und bewegen sich überhaupt nicht mehr.

Danach übte Mose den zweiten Trick aus: Er legte seine Hand in seinen Gewandbausch, und als er sie wieder hervor nahm, war sie weiss wie Schnee (Ex 4,6). Wenn man negative Materie besitzt, diese in geeignete, im Stoff eingewebte Taschen gibt und danach die Hand in diese Stoffhülle legt, ist es so, als ob man die Hand einem starken Überdruck aussetzen würde; d. h., die Hand wird blutleer und somit weiss wie Schnee. Mose entledigte sich der negativen Materie, indem er die Hand nochmals in den Gewandbausch legte: «Als er sie wieder herauszog, sah sie wieder aus wie der übrige Leib.» (Ex 4,7).

Danach ging Mose zum Volk und machte diese Zeichen (Ex 4,30). Das Volk glaubte ihm, doch der Pharao liess sich von diesen Zeichen nicht überzeugen. Daher wurden die verschiedenen Plagen über Ägypten gesandt. Viele Plagen lassen sich allerdings mit negativer Materie allein nicht erklären. Auch dürften viele neue Plagen durch das häufige Nacherzählen hinzugefügt worden sein, genauso, wie einige vielleicht zufällig gerade in jener Zeit eingetroffen waren.

Interessant ist hingegen, wie Mose mit dem Pharao verhandelte. Er verlangte vom Pharao nur, dass er mit seinem Volk drei Tagesmärsche in die Wüste ziehen dürfe, um seinem Gott ein Schlachtopfer darzubringen (Ex 5,3). Dass das Volk eigentlich wegziehen wollte, davon ist vordergründig nie die Rede. Nach den ersten Plagen stellte Mose nochmals dieselben Forderungen (Ex 8,23). Es scheint auch klar, weshalb Mose dieses verlangte: Mose hatte in seiner Höhle über eine längere Zeit hinweg negative Materie gesammelt, doch konnte er diese nicht in grossen Mengen zum Pharao schleppen.

Man stelle sich vor: Wenn ein 70 kg schwerer Mann 70 kg negative Materie herumtragen müsste, wäre er schwerelos – er könnte nicht mehr gehen. Wenn er 80 kg trüge, stiege er in die Luft, und er müsste schleunigst einen Teil der negativen Materie ablassen, damit er nicht im Weltall verschwände.

Das Ziel von Mose war klar: Er wollte mit seinem ganzen Volk zum Erdloch gehen. Sobald er das ganze Volk mit negativer Materie ausrüsten könnte, wären das Volk unbesiegbar geworden und die Flucht problemlos gelungen. Mit den verschiedenen Plagen wurde der Pharao also richtiggehend weich geklopft. Nach weiteren Plagen erlaubte der Pharao das Schlachtopfer in der Wüste, unter der Bedingung, dass nur Männer, ohne Frauen und Kinder, mitgehen durften.

Doch Mose antwortete: «Wir gehen mit jung und alt, mit unseren Söhnen und Töchtern; auch die Schafe, Ziegen und Rinder nehmen wir mit.» (Ex 10,9). Nach weiteren Plagen willigte der Pharao erneut ein, das Schlachtopfer zu gewähren, diesmal jedoch mit der Auflage, dass nur Opfertiere mitgenommen werden dürften.

Die Überlegung des Pharao war klar. Nach dem Schlachtopfer hätte das Volk keine Nahrung mehr und müsste so oder so zurückkehren. Doch auf diesen Vorschlag wollte Mose nicht eingehen und sagte unschuldig, dass alle Tiere mitgehen müssten, da man noch nicht wissen könne, welches Tier man zu opfern habe (Ex 10,26). Es dürfe deshalb keine Klaue zurückbleiben. Nun drohte der Pharao Mose sogar mit dem Tode (Ex 10,28). Mose wusste, dass man sie bald ziehen lassen würde und ermahnte sein Volk, von Nachbarn Geräte aus Silber und Gold zu erbitten und mitzubringen (Ex 11,2). Dann besprach Mose die letzte Plage mit seinem Volk. «Gegen keinen der Israeliten wird auch nur ein Hund die Zähne fletschen.» (Ex 11,7). Dieser Satz spricht wieder dafür, dass Mose negative Materie hatte. Anschliessend befahl er, dass man bei allen israelischen Familien die Türpfosten und den Türsturz mit Blut eines Lammes bestreichen solle (Ex 12,7). Wenn Gott dann dieses Zeichen am Türpfosten sehe, wisse er, dass in diesem Haus eine israelische Familie wohne und gehe vorüber. Gott sagte zu Mose: «Wenn ich das Blut sehe, werde ich an euch vorüber gehen, und das vernichtende Unheil wird euch nicht treffen, wenn ich in Ägypten dreinschlage.» (Ex 12,13).

Dass solche Zeichen gesetzt werden mussten, verleitet zur Annahme, dass Gott von allein nicht wusste, wo sein Volk wohnte. Aber auch wenn Gott seine Engel losschicken sollte, um die Erstgeborenen der Ägypter zu töten, wäre es nicht vorstellbar, dass sich ein göttlicher Engel irren könnte?

Es stellt sich für Nobody somit die Frage, weshalb Gott am Türpfosten ein Zeichen brauchte. Zudem scheint es ihm ausgeschlossen, dass Gott bei Streitigkeiten unter den Völkern selber Hand anlegte und quasi eigenhändig die Erstgeborenen eines Volkes tötete.

Nur der Mensch kann sich irren, und nur der Mensch braucht ein Zeichen am Türpfosten.

Schon immer bezeichnete der Mensch jene Wesen, die zwischen ihm und Gott standen, als Engel. Und schon immer beurteilte der Mensch eine Erscheinung, die er nicht verstehen konnte, als göttliche Erscheinung oder als Gott.

Mose dürfte die negative, durchsichtige Materie als den Körper Gottes interpretiert haben, und die Kombination von einem Menschen mit negativer Materie – also einem Menschen, der einen Schutzschild aus negativer Materie trug – bezeichnete er womöglich als Gott und Menschen zugleich oder als Kombination von Gott und Mensch oder eben als einen Engel.

Auf ethische oder moralische Fragen zur Tötung der ägyptischen Erstgeborenen möchte Nobody nicht eingehen. Es sei jedoch daran erinnert, dass das israelische Volk versklavt war und Fronarbeit leistete. Da zu jener Zeit Israeliten ungestraft von Ägyptern getötet werden konnten und weil das israelitische Volk zu gross und zu mächtig war, ordnete der Pharao an, dass man alle neugeborenen Knaben der Israeli tötete. In Anbetracht der Gesamtsituation und der Tatsache, dass Mose alle Ägypter hätte töten können, ist es derjenige Weg, der am wenigsten Todesopfer forderte.

Nobody widmete sich der weiteren Betrachtung der Geschichte. Nach dem Tode der Erstgeborenen wurde das israelitische Volk gedrängt, endlich sein Opferfest abzuhalten. In diesem Moment hielt Mose sein Volk nochmals an, von den Ägyptern Geräte aus Silber und Gold und auch Gewänder zu erbitten. (Ex 12,35). Diese Geräte aus Silber und Gold und auch die Kleider scheinen daher sehr wichtig.

Als sie auszogen, machten sie zuerst einen Umweg durch die Wüste zum Schilfmeer (Ex 13,18). Diesen Umweg betrachten wir als den Weg zur Höhle, zur negativen Materie also. Seit das Volk diesen Umweg machte, war über dem Volk eine Wolkensäule. Diese Säule erschien tagsüber als Wolke, die bei Nacht leicht leuchtete. Deshalb ist auch die Rede von einer Feuersäule (Ex 13,21). Nachdem die Ägypter die Flucht bemerkten, verfolgten sie die Israeliten. Mose nahm deshalb den Weg durch das Meer.

Es gab immer wieder Leute, welche die Teilung des Meeres auf besondere Windverhältnisse zurückführen. Es steht jedoch geschrieben: «Die Israeliten zogen auf trockenem Boden ins Meer hinein, während rechts und links von ihnen das Wasser wie eine Mauer stand.» (Ex 14,22). So etwas ist nur möglich, wenn man negative Materie besitzt. Ferner steht von den Ägyptern geschrieben: «Der Herr hemmte die Räder an ihren Wagen und liess sie nur schwer vorankommen.» (Ex 14,25). Dies bedeutet, dass die Wagen der Israeliten nicht gehemmt wurden, was wiederum in der Wüste nur möglich war, wenn unterhalb der Wagen Gefässe mit negativer Materie befestigt wurden.

Es sind schon viele Bibelszenen in Filmen dargestellt worden, doch ist es nicht möglich zu zeigen, wie man mit einem Wagen durch die Wüste fährt. Der Wagen würde unweigerlich einsinken. Schon die Tatsache, dass ein Volk durch die Wüste ziehen konnte, spricht für das Vorhandensein von negativer Materie. Aber selbst wenn sich das Meer wegen Ebbe und gewissen Winden geteilt hätte, könnte man nicht erklären, wie das Volk bei der Überquerung des Jordans einen ganzen Fluss stoppen konnte: «... da blieben die Fluten des Jordan stehen. Das von oben herabkommende Wasser stand wie ein Wall (...) Die zum Meer (...) hinabfliessenden Fluten dagegen liefen vollständig ab.» (Jos 3,16).

Mose schrieb lange Abhandlungen darüber, wie man das Zelt bauen sollte (Ex 25-31). Des Langen werden auch die Kleider beschrieben, welche die Arbeiter im Zelt tragen mussten: Es sind eindeutig Faraday'sche Käfige. Überall wurden schnurartige, gedrehte Kettchen aus purem Gold gemacht und an die Kleider genäht (Ex 28,22ff). Oder an einer anderen Stelle: «Sie schlugen goldene Plättchen breit, schnitten sie in Fäden, um sie (...) als Kunstweberarbeit einzuwirken.» (Ex 39,3). Und schliesslich wird ausführlich über die Vorschriften des Kultes berichtet (Ex 29,38–30,38).

Nobody stellt sich das Unterfangen folgendermassen vor: Mose baute aus einem Holzgestell eine grosse Pyramide, deckte diese mit Teppichen zu und legte darüber Goldfolien. Das verwendete Holz, Akazien- und Zedernholz, wurde mit Kupfer oder Gold überzogen, damit Elektrizität abgeleitet werden konnte. Die Arbeiter in der Pyramide mussten Kleider mit vielen Goldfäden tragen, damit diese einen Faraday'schen Käfig bildeten. Die Kleider wiederum mussten mit goldenen Ketten mit dem Holzgestell verbunden sein, damit allfällige Blitze, die eventuell in die Leute einschlugen, abgeleitet wurden. Dies bedeutete, dass beim Einfangen von negativer Materie grosse Energiemengen auftraten. Vermutlich traten dauernd Elektronenblitze auf. Solche Energien bewirkten, dass aus Luft energiegeladene Moleküle und Atome entstanden. Aus Wasser entstanden Sauerstoff und Wasserstoff, aus Sauerstoff entstand Ozon. Ferner bildeten sich Methan, Alkohole, Aminosäuren und niedrige Proteine, die man durchaus essen konnte. Mose sagte, als er dem Volk das Manna gab: «Davon darf bis zum Morgen niemand etwas übriglassen. Doch (...) einige liessen etwas bis zum Morgen übrig. Aber es wurde wurmig und stank.» (Ex 16,19ff).

Dies ist ein Hinweis, dass das Manna aus niedrigen Proteinen bestand. Und besonders gut war das Manna auch nicht, denn das Volk murrte häufig über dieses Manna. «Nichts bekommen wir zu sehen als immer nur Manna.» (Num 11,6). Es gab auch immer wieder Tote bei Fehlmanipulationen. «Jeder, der zu nahe an die Wohnstätte des Herrn kommt, stirbt.» (Num 17,28).

Es war auch gut möglich, dass die entstandenen Gase, Methan und Wasserstoff, gelegentlich zu Explosionen führten, und dies konnte man verhindern, indem dauernd eine Öllampe im Zelt brannte (entstehende brennbare Gase werden auf diese Weise fortlaufend verbrannt): «Befiehl den Israeliten, dass sie dir für den Leuchter reines Öl aus zerstossenen Oliven bringen, damit man ständig eine Lampe brennen lassen kann.» (Lev 24,2).

Diese Öllampe brennt heute noch in verschiedenen Kirchen als Ewiges Licht und soll die Anwesenheit Gottes symbolisieren. Möglicherweise diente dieses Licht ursprünglich nur dazu, Explosionen zu verhindern.

Es gibt noch viele Hinweise, dass Mose negative Materie besass. So kamen einmal Wachteln geflogen, die dann tot vom Himmel fielen. Es lässt sich sehr gut erklären, dass man Wachteln mit negativer Materie abschiessen kann. Nicht erklärbar wäre hingegen, wenn eine Herde Antilopen gekommen und tot umgefallen wäre. Das Volk wurde angesichts der Wachteln von Gier gepackt, d.h. die Wachteln wurden nicht richtig gekocht, gebraten oder gedörrt. Darauf wurde das Volk von einer bösen Plage geschlagen, und einige Leute starben (Num 11,33); es dürfte sich zweifellos um eine Salmonelleninfektion gehandelt haben. Wenn aber wirklich Gott die infizierten Wachteln abgeworfen hätte, müsste man ihn als hinterhältig bezeichnen. Man kann doch seinem Volk nicht krankmachende Wachteln abwerfen! Wenn hingegen das Volk die Wachteln mit negativer Materie abgeschossen und Mose die negative Materie als Gott betrachtet hatten, wäre der Satz von Mose ebenfalls erklärbar: «Er (Gott) warf sie auf das Lager.» (Num 11,31).

Es gibt in der Bibel keine klaren Hinweise, dass Mose die Erdmassen durchstossen hatte. Nur einmal löste er sich vom Volk, und Gott sagte zu ihm: «Wenn meine Herrlichkeit vorüberzieht, stelle ich dich in den Felsspalt und halte meine Hand über dich, bis ich vorüber bin. Dann ziehe ich meine Hand zurück, und du wirst meinen Rücken sehen.» (Ex 33,22). Nobody wird später darüber sprechen, weshalb sich Mose in eine Felsspalte stellen musste und wie wohl die schützende Hand Gottes ausgesehen hatte. Danach heisst es: «Mose blieb dort beim Herrn vierzig Tage und vierzig Nächte. Er ass kein Brot und trank kein Wasser.» (Ex 34,28). Dies bedeutet wohl, dass er auf seinem Weg keine Nahrung und keine Flüssigkeit mitgenommen hatte und nach vierzig Tagen wohlbehütet zurückkam.

Später, als Mose schon gestorben war und sein Nachfolger, Josua, die Führung des Volkes übernommen hatte, wurde die Stadt Jericho erobert. Zuerst sandte Josua zwei Kundschafter in die Stadt. Die Kundschafter wurden jedoch erkannt und verfolgt. Doch die Dirne Rahab versteckte die beiden unter Flachsstängeln auf dem Dach. Für diese Rettung mussten die beiden Kundschafter jedoch schwören, dass sie die Dirne Rahab zusammen mit ihrer Verwandtschaft bei der Eroberung von Jericho verschonen würden (Jos 2,12). Am Abend liess die Dirne Rahab die beiden Kundschafter mit einem Seil durch das Fenster die Stadtmauer hinab; das Haus, in dem sie wohnte, war nämlich in die Stadtmauer eingebaut (Jos 2,15). Bevor die beiden Männer gingen, sagten sie jedoch, sie könnten sich nur an den Eid halten, wenn Rahab das Fenster ihrer Wohnung mit einer purpurroten Schnur markiere (Jos 2,17). Später wanderte das Volk sieben Tage lang um die Stadtmauer von Jericho, und am siebten Tag stürzte sie ein: Die Stadtmauer stürzte in sich zusammen, und das Volk stieg in die Stadt hinein, jeder an der nächstbesten Stelle (Jos 6,20).

Dieser Bibeltext ist in verschiedener Hinsicht auffällig. Einerseits stürzte die Stadtmauer ein, aber die Wohnung der Dirne Rahab, die geschützt werden sollte, war auch in die Stadtmauer eingebaut. Also musste jemand darauf achten, dass die Stadtmauer an dieser Stelle nicht einstürzte. Wenn der richtige und wahre Gott selber die Stadtmauer zerstört hätte, hätte niemand das Fenster der Dirne markieren müssen, denn der allwissende Gott hätte gewusst, in welchem Raum sich Rahab befand.

Und weshalb konnten die beiden Kundschafter der Dirne, ohne Rücksprache mit Gott, die Rettung schwören? Der Verdacht liegt nahe, dass Josua selber die Mauern von Jericho sprengte. Dies würde erklären, weshalb Rahab ihr Fenster markieren musste, weshalb die Mauer an dieser Stelle nicht einbrach und weshalb die Dirne Rahab tatsächlich mit ihrer Verwandtschaft gerettet wurde (Jos 6,23).

6 Weshalb wachsen Bäume nach oben?

Das ist eine einfache Frage. Die Pflanzen benötigen Sonne, deshalb wachsen sie schnellstmöglich der Sonne entgegen.

Die Frage lautet jedoch nicht, wieso sie nach oben wachsen wollen, sondern viel mehr, weshalb sie nach oben wachsen *können*. Oder anders gefragt: Wie kann das oberste Blatt einer Pflanze entgegen der Schwerkraft nach oben wachsen? Ganz einfach, es verdunstet Wasser, dadurch entsteht eine Sogwirkung und es fliesst neues Wasser nach. Aber eine Sogwirkung kann nur von etwas erfolgen, das schon oben ist. Richtig, es werden in der Knospe Salze eingelagert. Dadurch entsteht im Frühling ein osmotischer Druck und das Blatt entfaltet sich. Aber wie kommt das Salz in die Knospen? Gibt es denn ein Pumpsystem im Baum, so wie unser Herz? Und wie kann eine Sogwirkung auf kleinste Kapillaren wirken? Die Kapillaren würden doch kollabieren und der Fluss würde zusammenbrechen.

Wie ein Schmetterling aufgeht, wenn er aus dem Kokon schlüpft, ist klar. Er pumpt seine Flügel mit Luft voll und lässt sie danach trocknen. Aber wie eine Knospe aufgeht und wie die Wachsschicht der Knospe im Frühling platzt, bleibt unklar. Wenn wir annehmen, der Druck werde von den Wurzel her aufgebaut, bräuchte es, um in den Kapillaren einen Fluss zu erzielen, enorme Druckwerte.

Betrachten wir die Knospe mit ihrer Wachshülle. Wenn hier die Sonne darauf scheint, kann nichts verdunsten, und trotzdem platzt sie im Frühling. Oder betrachten wir eine treibende Kartoffel im feuchten Keller. Auch hier können wir die Verdunstung als treibende Kraft völlig weglassen. Oder anders gesagt: Würde die Sogwirkung, bedingt durch Verdunstung, bei den Bäumen eine Rolle spielen, hätten die Flüssigkeitsbahnen im Stamm einen Unterdruck. Durch Verletzung des Stammes würde die Wassersäule rückwärts fliessen und bei den Wurzeln austreten. Doch das Gegenteil ist der Fall: Eine Wunde im Stamm führt zu Flüssigkeitsaustritt und so zur Heilung.

Also wächst die Pflanze wegen des osmotischen Drucks. Aber die Wurzeln nehmen doch Mineralien auf und der osmotische Druck bewirkt einen Fluss in Richtung höherer Konzentration der Salze. Wie ist es denn plötzlich möglich, dass die Blätter zuoberst einen grösseren osmotischen Druck aufweisen? Oder anders gefragt: Wenn die Blätter oben den grössten osmotischen Druck aufweisen, wie sind dann diese Salze dorthin gelangt? Und die Kapillarkraft? Ist zuerst die Kapillare, und danach wird das Blatt mittels Kapillarkraft noch oben gezogen? Das geht auch nicht. Also hat der Baum ein Pumpsystem, quasi ein Herz, das wir aber nicht sehen. Und dieses Pumpsystem, das wir nicht sehen, ist von grösstem Interesse. Nehmen wir an, überall auf der Erde trete negative Materie aus dem Boden. Es ist Materie, die wir nicht sehen, die wir aber nachweisen könnten, falls wir es wollten. Unter diesen Umständen wäre es sehr gut möglich, dass die Bäume mit ihren Wurzeln negative Materie einfangen und dadurch ihr Pumpsystem aufrecht erhalten.

Vorausgesetzt, die Pflanzen brauchen negative Materie, um überhaupt wachsen zu können, dann wäre in diesem Falle im Weltraum Pflanzenwachstum unmöglich. Auch in Wolkenkratzern wäre ab einer gewissen Höhe Pflanzenwachstum nicht mehr möglich, da die negative Materie in den unteren Stockwerken das Gebäude verlassen würde. Wenn man einen Blumentopf auf einen verkehrten Metallkegel stellte, wüchse die Pflanze ebenfalls nicht mehr, da der Metallkegel die negative Materie ablenken und die Pflanzen abschirmen würde. Bäume an einem Hang wüchsen nicht senkrecht, sondern kommaförmig vom Hang weg. Wenn ein Mensch an einem Berghang steht, steht er immer senkrecht zur Erdtangente (und nicht senkrecht zum Hang), weil für ihn nur die Erdanziehungskraft entscheidend ist. Falls aber negative Materie bei den Bäumen eine Rolle spielt, müssten die Bäume anfangs kommaförmig vom Hang weg wachsen. Auch bei einem alten Baum an einem Hang kann man sehen, dass der Stamm in Bodennähe zuerst senkrecht vom Hang weggewachsen ist.

Auf schmalen Gebirgen wäre Pflanzenwachstum ab einer bestimmten Höhe unmöglich. Auch in geheizten und belichteten Treibhäusern könnten Pflanzen auf solchen Höhen nicht wachsen. Einzig auf Hochplateaus ohne Täler gäbe es auch in der Höhe ein Pflanzenwachstum. Dies alles müsste man in der Natur nachsehen. Auch wäre die Frage interessant, ob ein Baum, den man frisch gefällt hat und den man verkehrt zum Trocknen aufhängt, schwerer wird.

Nachdem Nobody all dies aufgeschrieben hatte, dachte er sich eine Frage aus und telefonierte einer Gärtnerei. «Was soll ich nur machen?», fragte er. «Ich habe einen schönen, alten grossen Amboss bekommen. Diesen habe ich nun in der Wohnung aufgestellt, doch die Zimmerpflanze darauf serbelt. Fehlt es hier an einem speziellen Dünger?» Er wird mit dem Chef verbunden. Dieser lässt sich alles nochmals erklären. «Wie dick ist denn der Amboss?», wollte er wissen. «Sagen wir, 20 bis 30 cm», war die Antwort. «Es ist ganz klar, weshalb die Pflanze serbelt», sagte der Gärtnermeister, «wegen des Metalls. Immer wenn man eine Zimmerpflanze auf eine dicke Metallplatte stellt, beginnt sie zu serbeln.» «Aha – aber warum?» «Das weiss leider niemand,» war die Begründung. «Jetzt habe ich noch eine Frage: Weshalb baut man Gewächshäuser immer flach am Boden? Man könnte doch einen grossen Turm bauen und hinter einer Fensterfront Pflanzen züchten, so wie Zimmerpflanzen?» «Das mit dem Turm geht auch nicht,» ist die Antwort. «Nur die untersten Pflanzen würden gedeihen. Auch hier weiss man nicht, weshalb dies so ist. Auch in einem Wolkenkratzer gedeihen die

Pflanzen ab dem 10. Stock nicht mehr, und auch hier weiss man nicht weshalb.» Obwohl der Gärtnermeister skeptisch wurde, stellte ihm Nobody nochmals eine Frage: «Weshalb wachsen die Pflanzen auf den hohen Bergen nicht?» «Dies ist klar,» sagte der Gärtnermeister, «wegen des Sauerstoffmangels; die Pflanzen produzieren zwar Sauerstoff, doch in der Nacht benötigen sie auch selber welchen.» «Aber,» erwiderte Nobody, «die Sennen können doch in der Nacht auch atmen.» «Das schon, aber die Luft in den Bergen ist dünner. Für die Sennen genügt dies, aber für die Pflanzen genügt dies natürlich nicht mehr.» «Aha, und weshalb legt man die Gewächshäuser nicht auf die hohen Berge? Dort wäre der Boden billig und man könnte mit einfachen Pumpen den Luftdruck erhöhen. Den guten Boden im Tal könnte man dann anderweitig nutzen.» Solche Gedanken hatte sich der Gärtnermeister noch nie gemacht. Er wusste nicht, weshalb man die Gewächshäuser nicht auf die Berge baut.

Falls Pflanzen wegen negativer Materie wachsen, könnte man ein Pflanzenwunder aus der Bibel sehr gut erklären. Wegen einer Fehlmanipulation starben zweihundertfünfzig Männer alle gleichzeitig (Num 16,35). Deswegen murrte die ganze Gemeinde (Num 17,6). Da sagte Mose, dass man Gott entscheiden lassen wolle, wer weiterhin der Führer sein solle. Jeder der insgesamt zwölf Stämme solle einen Stab geben (Num 17,16) und seinen Namen darauf schreiben. Auf den Stab der Leviten schrieb man den Namen Aaron, also den Namen des Bruders von Mose. Mose legte danach alle Stäbe ins Offenbarungszelt. Und siehe da, «am nächsten Tag (...) da war der Stab Aarons, der das Haus Levi vertrat, grün geworden; er trieb Zweige, blühte und trug Mandeln.» (Num 17,23). Falls negative Materie für das Pflanzenwachstum wichtig ist, war dies ein einfacher Trick von Mose. Er musste den Stab Aarons nur zuoberst in die Öffnung der Pyramide stellen, dorthin wo die negative Materie gebündelt war, und schon grünte der Stab.

Ist es nicht erstaunlich? Nobody hatte eine Theorie entwickelt bezüglich des Pflanzenwachstums. Aufgrund seiner Theorie können Pflanzen, die auf einen grossen Metallklotz gestellt werden, nicht wachsen. Obwohl er von einem solchen Pflanzenphänomen noch nie etwas gehört hatte, gelangte er – am Tisch sitzend – zur Überzeugung, dass Pflanzen, die auf einen Metallkegel oder Amboss gestellt werden, nicht wachsen können. Genau dieses Phänomen wurde ihm vom Gärtnermeister bestätigt. Zudem wurde ihm bestätigt, dass niemand dieses Phänomen erklären könne.

Es gibt Hinweise darauf, dass das Wasser befähigt ist, negative Materie einzufangen. Kleinste Wassertröpfchen können die Impulsenergie der negativen Materie abfangen und tragen dann im Zentrum negative Materie, so wie die Erde selbst. Diese Tropfen würden dann nicht nur wegen der Sonne, sondern auch wegen der negativen Materie in der Atmosphäre steigen und später als Regentropfen herunterfallen. Auch wäre die negative Materie mitverantwortlich für das Verdunsten von Flüssigkeiten am Boden, in Seen und Meeren. Dies führte dazu, dass ein Gebirge den Schnee länger behielte als ein gleich hoch gelegenes Hochplateau. Wenn Regentropfen negative Materie abfangen könnten, enthielte vielleicht Schnee auch negative Materie. Wenn man diese These beweisen wollte, müsste man eine bestimmte Menge frischen Pulverschnees in ein Gefäss geben und vor und nach dem Auftauen auf die Waage stellen. Das Tauwasser müsste schwerer sein als der Schnee zuvor.

Wenn aber negative Materie auf Pflanzen einwirkt, könnte sie dann nicht auch den Menschen beeinflussen? Und wenn ja, in welcher Weise – physisch, psychisch? Diese Fragen dürften schwierig zu beantworten sein.

Sowohl auf der Innenseite wie auch auf der Aussenseite tritt negative Materie aus dem Boden. Die negative Materie auf der Innenseite sammelt sich im negativen Kern. Der negative Kern wird somit immer grösser. Dadurch wird die Erde als Ganzes immer grösser. Die Gravitationskraft der Erde auf der Aussenseite wird dadurch langsam geringer und auf der Innenseite langsam grösser. Dies würde bedeuten, dass in der Leichtathletik, auf der Aussenseite der Erde, dauernd neue Weltrekorde aufgestellt werden. Auf der Innenseite hingegen könnten alte Weltrekorde nie mehr erreicht werden.

Aber wie wirkt negative Erdstrahlung auf Tiere? Und wie ist es mit den Tiefseefischen? Diese können doch ohne Panzerung in Tiefen leben, die kaum für Unterseeboote erreichbar sind. Diese müssten dann ebenfalls negative Materie speichern können. Möglicherweise beziehen Tiefseefische einen Teil ihrer Energie direkt aus der negativen Materie. Falls solche Fische negative Materie speichern können, könnten sie auch die Erdschicht durchdringen und die Meere der Innenseite bewohnen. Somit müsste man postulieren, dass die Meere und Seen auf der Innenseite der Erde ebenfalls von Fischen bewohnt sind und dies würde bedeuten, dass alles Leben der Innenwelt ursprünglich von der Aussenwelt stammt.

Wenn nun ein Tiefseefisch von der Innenseite der Erde auf die Aussenseite dränge, müsste angenommen werden, dass er spezielle Spalten in der Erdkruste aufsuchte, um an die Oberfläche zu gelangen. Falls sich ein solcher Fisch verirren sollte, könnte er etwa in einen Kratersee eines alten Vulkans oder direkt in den Krater eines Vulkans gelangen. Man müsste Vulkanforscher fragen, ob in Vulkankratern schon einmal Fischskelette oder verwesende Fische gefunden wurden. Es wäre denkbar, dass Vulkanforscher schon solche Funde gemacht haben, sich aber gehemmt fühlten, dies zu publizieren. Man stelle sich vor, ein Vulkanforscher beobachtet auf 2'000 m

Höhe, wie sich in einem Vulkankrater plötzlich die Erde öffnet und ein lebender Fisch an die Oberfläche kommt, zerplatzt und verendet. Der Forscher würde lieber an eine Sinnestäuschung glauben als dies je einem Mitmenschen zu erzählen. Trotzdem gibt es Hinweise darauf, dass Fische in Vulkankrater gelangen können.[4]

Wenn ein Fisch in einen Kratersee gelangte, würde es ihn zweifellos an die Oberfläche treiben, weil er zuviel negative Materie gespeichert hätte. Der Fisch könnte an der Oberfläche platzen oder er müsste versuchen, negative Materie abzugeben. Wenn er negative Materie abgeben könnte, würde der See kochen, ohne warm zu werden. Der Fisch könnte danach kaum mehr zurück und würde wahrscheinlich nach Wochen verenden. Möglicherweise kann dieser Gedankenansatz verschiedene Phänomene der Erde klären: Wie ist es denn mit dem Loch Ness? Wenn das Nessy da ist, ist es da. Wenn es nicht da ist, kann man suchen wo man will, es ist nicht da.

[4] Ich werde im letzten Kapitel noch einmal auf dieses Thema zurückkommen.

7 Die Supernova

Eine Supernova ist definitionsgemäss ein Stern, dessen Helligkeit plötzlich sehr stark zunimmt. Dabei explodiert der Stern, und seine Leuchtkraft nimmt auf das Milliardenfache zu. Nobody ist überzeugt, dass diese plötzliche Zunahme der Energie auf die Umwandlung von positiver und negativer Materie in Energie ist. Diese Energie, die bei der Verschmelzung von positiver und negativer Materie entsteht, nennen wir Einstein'sche Energie. (Von dieser Energie, die somit hier definiert wird, war schon früher zweimal die Rede.)

Wir gehen zudem davon aus, dass jeder runde Himmelskörper aus positiver und aus negativer Materie besteht. Besteht der äussere Mantel aus positiver Materie, ist der Kern aus negativer Materie und umgekehrt. Jeden Körper, der aus positiver und negativer Materie besteht, nennen wir ab jetzt Chimärkörper. Chimärkörper, die einen Mantel aus positiver Materie haben und einen Kern aus negativer Materie – wie z.B. die Erde –, nennen wir von jetzt an positiven Chimärkörper. Ein negativer Chimärkörper wäre somit ein runder Himmelskörper, der einen Mantel aus negativer Materie hat und einen Kern aus positiver Materie.

Legen wir rein gedanklich zwei positive Chimärkörper, z.B. die Erde und den Mars, aneinander; was würde wohl passieren? Durch die Gravitationskraft würden sie sich vereinen wie zwei Seifenblasen. Nein, eben nicht! Sie würden sich schon vereinen, aber nicht so wie zwei Seifenblasen. Zuerst würde sich die positive Materienschicht öffnen. Die negativen Kerne würden aufeinander prallen, und die positive Materie begänne mit einer massiven Schaukelbewegung in der Längsrichtung; d.h. der Hauptradius würde sich verkürzen und der Nebenradius würde sich gleichzeitig vergrössern und dann wieder umgekehrt. Zudem würde der negative Kern ebenfalls schaukeln, jedoch mit einer anderen Frequenz. Und es ist fraglich, ob der neu gebildete Chimärkörper nicht auseinander fiele. Auf jeden Fall würden zwei Chimärkörper, die mit einer gewissen Geschwindigkeit aufeinander prallen, in kleinste Fragmente explodieren – so wie eine Granate.

Was erkennen wir aus diesem Gedankengang? Erstens: Die Oberfläche eines Chimärkörpers ist nicht ruhig, sondern pulsierend und schaukelnd. Einerseits pulsiert sie, d.h. sie wird abwechselnd grösser und kleiner und andererseits schaukelt sie longitudinal. Die longitudinale Schaukelbewegung richtet sich nach der Rotation aus, so dass im Idealfall der Durchmesser des Äquators gegen den Durchmesser der beiden Pole schaukelt. Diese Schaukelbewegung führt zur Ausrichtung des Erdmagnetismus. Die Innenseite der Erde hat ebenfalls einen magnetischen Nord- und Südpol. Es ist jedoch für Nobody unmöglich anzugeben, ob unter dem äusseren magnetischen Nordpol auf der Innenseite der magnetische Süd- oder ebenfalls der magnetische Nordpol liegt. Für beide Varianten könnte man Argumente anbringen. Die beiden Bewegungen der Erdoberfläche, die Pulsation und das Schaukeln, überlagern sich und sind vermutlich, zusammen mit den Gezeiten, Stürmen und Erdbeben, verantwortlich für Flutwellen.

Zweitens: Eine Supernova explodiert nicht wegen eines Meteoriten. Wenn ein kleiner Meteorit auf einen grossen runden Himmelskörper trifft – auf einen Chimärkörper also –, wird der Meteorit einfach geschluckt. Wenn ein sehr grosser Meteorit, der aus positiver Materie besteht, auf einen positiven Chimärkörper trifft, wird ein Stück vom negativen Kern des Chimärkörpers weggeschleudert und dadurch die Impulsenergie einfach weitergegeben. Bei dieser Situation gäbe es keine Explosion, und es würde keine Energie entstehen. Eine Supernova entsteht nur dann, wenn zwei Chimärkörper aufeinander prallen. Jetzt gibt es das Chaos der Atome und die Umwandlung der Materie in Energie.

Drittens: Meteoriten sind für unsere Erde und unser Sonnensystem nicht gefährlich. Kommt ein negativer Meteorit, weichen sich Planet und Meteorit aus, und danach bewegt sich der Planet auf derselben Bahn weiter. Kommt ein positiver Meteorit, kann es zum Aufprall kommen, doch der Planet übersteht diesen. Kommt jedoch ein Chimärkörper in unser Sonnensystem, wird es gefährlich. Im Idealfall würde er sich einreihen als zusätzlicher Planet. Ansonsten müsste man versuchen, den Chimärkörper abzuschiessen, indem man einen Planeten (z.B. den Pluto) oder einen Mond des Jupiters opfern würde. Aber wie erkennen wir, ob ein heranrasender Himmelskörper ein Chimärkörper ist oder ein gewöhnlicher Meteorit? Dies ist ganz einfach: Ein Chimärkörper ist rund. Einen Monokörper, z.B. einen gewöhnlichen Meteoriten oder einen Kometen, erkennt man daran, dass er unförmig gestaltet ist.

Wie kann eine Sonne plötzlich zu einer Supernova werden? Auch dies lässt sich einfach erklären. Im Verlauf der Zeit wird die Sonne immer grösser, weil der Anteil der negativen Materie im Kern dauernd zunimmt. Obwohl die Sonne immer grösser wird, wird sie immer leichter, und die Ellipsenbahnen ihrer Planeten werden dadurch ebenfalls immer grösser. Eine unendlich grosse Ellipse ist eine Gerade. Dies bedeutet, dass irgendwann die Sonne von einem eigenen Planeten getroffen wird. Dadurch entsteht das Chaos der Atome, und dadurch entstehen riesigen Mengen von Energien.

Können wir sicher sein – wir sehen ja die negative Materie nicht –, dass unsere Welt die äusserste Schicht der Erde ist? Jeder Chimärkörper hat entweder mehr negative Materie oder mehr positive Materie. Die äusserste Schicht bildet immer diejenige Materie, die in der grösseren Menge vorkommt (andernfalls wäre es ein labiler Chimärkörper, der zerfallen würde). Und innerhalb eines jeden Sonnensystems gibt es nur Himmelskörper, die mehrheitlich dieselbe Materie haben. Wenn also unsere Erde noch eine äussere Hülle mit negativer Materie hätte, müsste jeder Planet und auch die Sonne noch einen äusseren Mantel aus negativer Materie besitzen. Träfe dies zu, wäre es unmöglich, Raumsonden zu anderen Planeten zu schicken. Da der Mensch bekanntlich schon auf dem Mond landete und schon Sonden zu anderen Planeten schickte, können wir sicher sein, dass die Ebene der Erde, die wir bis jetzt als Oberfläche betrachtet haben, auch in Wirklichkeit die äusserste Schicht der Erde ist. Zudem, wenn unsere Sonne und alle Planeten einen äusseren Mantel aus negativer Materie hätten, würden wir diesen Mantel als leuchtende Hülle sehen. Jeder Planet wäre von einer wunderschönen, leuchtenden Aura umgeben. Da der äussere negative Mantel in seinem Zentrum eine Lavaschicht hätte, würden wir diese Lavaschicht sehen. Jeder Planet und auch die Sonne wären von einer leuchtenden Wolke umgeben.

Wie ist es mit der Oberfläche des negativen Kerns unserer Erde? Diese hat ebenfalls eine negative Atmosphäre und hat zudem auch einen idealen Abstand zur Sonne. Theoretisch wäre es denkbar – jedoch unwahrscheinlich –, dass sich hier ebenfalls Leben, negatives Leben, entwickelt hat.

Es wurde in diesem Buch schon erwähnt, dass über Vulkanen jeweils eine stehende, mysteriöse Wolke schwebt. Dasselbe gibt es auch über grossen Erdlöchern, die senkrecht nach unten gerichtet sind. Und es wurde schon gesagt, dass diese mysteriösen Wolken, die in der Nacht leicht leuchten, darauf hinweisen, dass an diesen Stellen grosse Mengen von negativer Materie aus der Erde treten.

Doch weshalb entstehen diese mysteriösen Wolken? Ein Vulkan ist aktiv, wenn negative Materie austritt. Doch diese negative Materie können wir nicht sehen. Wenn nun in einem Vulkan die tieferen Höhlen verstopft sind, ist es, wie wenn der Vulkan Bronchitis hätte und diese Materie ausspuckt. Und das, was wir sehen, ist die ausgespuckte Lavamasse aus positiver Materie. Die Frage bleibt, weshalb die stehende Wolke entsteht. Die austretende, negative Materie ist echte Materie und tritt mit einer bestimmten Geschwindigkeit aus. So wie in einem Fluss die Geschwindigkeit für alles Wasser einigermassen gleich ist, tritt die negative Materie mit gleicher Geschwindigkeit aus. Danach entfernt sie sich über dem Vakuum senkrecht von der Erde weg. Die Geschwindigkeit, mit der sie sich von der Erde entfernt, bleibt jedoch nicht konstant, d.h. die negativen Atome beschleunigen von der Erde weg. Egal, wie schwer die Atome sind, sie haben alle dieselbe Geschwindigkeit. Irgendwann ist der Zeitpunkt gekommen, wo die kleinen negativen Atome, der negative Wasserstoff also, die Moleküle der Luft nicht mehr verdrängen können, weil sie zu schnell sind. Es kommt deshalb zum Zusammenstoss und somit zur Freisetzung von Einstein'scher Energie. Diese Energie wandelt sich in chemische Energie um, d.h. in Sauerstoff, niedrige Proteine, niedrige Öle und Aminosäuren. Dies ist die Wolke, die wir sehen. Es ist somit eine sehr energiereiche Wolke. Die übrigen negativen Atome beschleunigen sich weiter, danach gibt es eine zweite Wolke, verursacht durch das negative Helium usw. Wenn die Luftdichte und die Beschleunigung konstant wären, könnte das ganze Periodensystem als Säule über der negativen Materie gesehen werden. Die energiereichen Moleküle, die in der Atmosphäre entstehen, gelangen als Dünger auf die Erde. Dadurch lässt sich erklären, weshalb ein Feld, das ein Jahr lang brach gelegen hat, ohne Zufügen von Dünger ertragreicher wird.

Zudem kann dadurch erklärt werden, weshalb neu entstandene Vulkaninseln nach wenigen Jahren Humus und Pflanzenwachstum bekommen. Diese energiereichen Moleküle entstehen überall in der Atmosphäre, doch über Vulkanen und über gewissen Erdlöchern kann man die Entstehung dieser Moleküle als mysteriöse Wolke sehen. Dies bedeutet, dass das Manna der Bibel überall auf der Welt in kleinen Mengen auf den Boden rieselt. Zudem wird durch Einstein'sche Energie in der Luft Sauerstoff gebildet. In der Schule lernen wir jedoch, dass unsere Pflanzen aus Kohlendioxid Sauerstoff bilden. Dies wird von Generation zu Generation weitererzählt. In Wirklichkeit ist es jedoch so, dass die Sauerstoffproduktion der Pflanzen höchstens etwa 5% ausmacht. Es ist bekannt, dass die Luft der nördlichen und der südlichen Hemisphäre kaum ausgetauscht wird. D.h. es gibt nie Winde von Norden nach Süden oder umgekehrt über den Äquator hinweg. Wenn nun im Norden Winter ist, hat die ganze nördliche Hemisphäre Winter, und das Pflanzenwachstum kommt zum Stillstand. Wenn die Pflanzen für die Sauerstoffproduktion verantwortlich wären, müsste der Sauerstoffgehalt in den Wintermonaten auf null sinken. Doch dies trifft nicht zu. Weshalb fragt niemand auf dieser Welt, woher der Sauerstoff im Winter kommt? Denn dies ist eine entscheidende Frage und zugleich der Beweis dafür, dass unsere Pflanzen für die Regeneration der Atmosphäre gar nicht so wichtig sind.

In diesem Buch wurde schon einmal darauf hingewiesen, dass Wasser am geeignetsten ist, negative Materie abzufangen. Wenn die Luft feucht ist, fangen kleinste Wassertröpfchen die negative Materie ab. Wenn ein negatives Atom auf ein Wassertröpfchen aufschlägt, nimmt dieses eine schirmförmige Gestalt an und wird nach oben beschleunigt. Durch Reibungskräfte wird das Tröpfchen abgebremst, und dieses schliesst sich um das negative Atom. Dies bedeutet, dass Regentropfen ebenfalls Chimärkörper sind. Man könnte dies beweisen, indem man in einer grossen Halle das Dach einen

Meter breit öffnete. Bei Regen liesse man vom Dach her gleichzeitig Wassertropfen fallen. Falls man nun mit einer Turbine seitlichen Wind erzeugte, könnte man sehen, dass die Regentropfen weiter weggetragen würden als gleich grosse Wassertropfen. Dies geschieht deshalb, weil Regentropfen leichter sind als gleich grosse Wassertropfen.

Falls Regentropfen Chimärkörper sind, besteht eine Wolke aus vielen kleinen Chimärkörpern, die sich alle in die gleiche Richtung bewegen. Wenn nun eine Wolke auf eine andere Wolke prallt, die eine andere Bewegungsrichtung hat, prallen die Regentropfen der verschiedenen Wolken zusammen. Dadurch platzen die Chimärkörper wie kleine Supernovas, und dabei entsteht Einstein'sche Energie. Die Regentropfen verlieren dadurch einen Teil ihres negativen Kernes und fallen danach zur Erde. Blitze wären somit nicht Ausdruck von verschiedenen Spannungen zwischen den Wolken und der Erde, sondern die Blitzenergie entstünde unmittelbar vor Ausbruch des Blitzes und wäre reinste Einstein'sche Energie. Das, was wir im Weltall als Supernova sehen, können wir im Kleinformat bei jedem Sommergewitter beobachten.

8 Der Erdgleiter

In diesem Abschnitt versucht Nobody zu beschreiben, wie seiner Meinung nach ein Erdgleiter funktionieren könnte: Ein Gerät zur Durchdringung der Erdschichten, wie es vielleicht Mose benutzte.

Er geht davon aus, dass die Materie zum grössten Teil aus Nichts besteht. Auch wenn man ein schweres Eisenstück nimmt, besteht es zu mehr als 99% aus Nichts.

Wenn man ein Eisenatom nähme und es vergrösserte, so gross wie die Erde selber, wäre der Kern so klein wie ein grosses Fabrikgebäude und der Rest wäre nichts. Falls nun die negative Gravitation direkt auf die Elektronenwolke dieser Atome einwirken würde, könnte jede Materie quasi beliebig komprimiert werden und sich demnach spielend vor einem Erdgleiter öffnen und danach wieder schliessen.

Wie konnte Mose also die Erdschicht durchdringen? Er musste zwei Probleme lösen. Erstens musste er sich vor der Lavahitze schützen und zweitens vor dem enormen Druck im Innern der Erdschicht. Aber wie gelang ihm das? Vor der Hitze konnte er sich nur schützen, indem er zwischen sich und der Lavaschicht eine Vakuumschicht aufbaute. Also musste er um sich herum eine Schicht mit negativer Materie aufbauen. Gehen wir davon aus, dies sei ihm gelungen.

Also nehmen wir an, Mose sah, dass sich die beiden Materien nicht dermassen spinnefeind waren, wie er anfangs vermutete. Und wenn die negative Materie einmal gestoppt war, konnte man mit ihr umgehen wie mit einem Werkstoff. Wenn er nun einen Stein in die Hand nahm und unter dem Stein negative Materie entliess, bildete die negative Materie um den Stein eine Hülle, wie eine Seifenblase. Er konnte somit Chimärkörper herstellen, welche mit einer positiven Materie im Zentrum und einer negativen Hülle bestückt waren. Da wir Chimärkörper nach ihrer äussersten Hülle benennen, waren es negative Chimärkörper. Wenn Mose einen solchen negativen Chimärkörper gemacht hatte, konnte er den Stein im Zentrum immer noch genau gleich sehen wie zuvor, weil die negative Materie unsichtbar ist.

Nobody postuliert zudem, dass sich positive und negative Materie abstossen, jedoch nicht linear zur Entfernung, sondern so, dass die Abstossungskraft bei geringem Abstand massiv zunimmt. Die Abstossungskraft nimmt somit umgekehrt exponentiell zum Abstand zu.

Ursprünglich wollte Mose mittels Chimärkörperphysik ein Flugobjekt bauen. Wenn die negative Hülle rein gewichtsmässig überwogen hätte, wäre der negative Chimärkörper aufgestiegen wie ein mit Gas gefüllter Ballon, und man hätte den Kern – in diesem Falle den Stein – dauernd sehen können. Wenn man einem solchen Chimärkörper zuschaute, hätte man das Gefühl, dass der Stein sich, wie von Geisterhand getragen, erhöbe, in der Atmosphäre nach oben hin beschleunigte, um dann im Weltall zu verschwinden. Mose probierte dieses Experiment zuerst mit Steinen. Er machte mit einem Stein einen negativen Chimärkörper und liess ihn los. Doch diesmal war die Masse der negativen Materie geringer als die Masse des Steines. Daher überwog die Erdanziehung, und der Stein bewegte sich gegen den Boden hin. Trotz des Scheiterns beobachtete er etwas Unglaubliches. Der Stein blieb nicht am Boden liegen, sondern die Erde tat sich auf und der Stein verschwand in der Erde.

Den nächsten Versuch tätigte er mit einem Lebewesen, einer Ziege. Auch diese Ziege verschwand in der Erde und kam nie mehr zurück. Er merkte, dass er selber auch in der Erde verschwinden könnte, doch natürlich brannte ihn die Frage nach seiner Rückkehr.

Er experimentierte. Er band sich sicherheitshalber an, so dass er höchstens zwei Meter tief in der Erde verschwinden würde. Er bildete einen negativen Chimärkörper mit sich selbst als positivem Zentrum. Er hatte in seinem Chimärkörper Luft zum Atmen und versank zwei Meter tief in der Erde – nicht tiefer, weil er angebunden war. Er konnte für längere Zeit verharren. Langsam entledigte er sich der Gewichte, die er mitgenommen hatte, indem er z.B. Steine von Hand auf die Aussenseite der negativen Kugel beförderte. Durch diese Aktion überwog die negative Materie, er bekam Auftrieb und stieg. Einmal an der Luft, verliess nach und nach negative Materie die äussere Hülle der Kugel und er fiel zur Erde zurück. In diesem Falle könnte der Erdgleiter wie ein Ballon durch Abwurf von Materie gesteuert worden sein.

Oder man könnte postulieren, dass negative Materie, in einem Metallbehälter eingeschlossen, sich neutral verhält.

Somit hätte Mose negative Materie zuhauf mitführen und bei Bedarf einfach ausschütten können. Die negative Materie hätte sich sofort mit der negativen Hülle vereint, und der Chimärkörper hätte Auftrieb bekommen. Wenn man sich einen solchen Erdgleiter auf der Basis eines Chimärkörpers vorstellt, kann man sich viele Dinge erklären.

Einerseits gäbe es um einen solchen Erdgleiter herum eine Vakuumhülle. Dadurch liesse sich erklären, dass die Wärme in der Lavaschicht nicht unmittelbar den Erdgleiter erhitzte. Andererseits liesse sich erklären, dass sich die Erde einem solchen Erdgleiter öffnete, da sich die Atome von positiver und negativer Materie abstossen. Zudem bestehen die einzelnen Atome und somit die Materie selber aus einem unvorstellbar grossen Hohlraum. Dass sich der Boden einem solchen Erdgleiter auftut, ohne grosse Erschütterungen in der Umgebung hervorzurufen, kann man sich deshalb auch gut vorstellen. Und da der negative Chimärkörper eine runde äussere Hülle aufweist, ist es auch klar, weshalb der ungeheure Druck in der Lavaschicht nicht auf Mose übertragen wurde. Eine runde Hülle ist die ideale Form, um einem grossen Druck zu widerstehen. Aus diesem Grunde haben die Unterseeboote, die in die grossen Tiefen vordringen, stets die Form einer Kugel.

Aber wenn Mose solche Experimente machen konnte, müsste man in der Bibel Hinweise dafür finden.

In seiner Jugend hatte Nobody die ganze Bibel nach solchen Hinweisen abgesucht, aber er fand nur eine Stelle. Natürlich ist diese Stelle bei Mose und erzählt davon, dass Korach, die Brüder Datan und Abiram sowie On und mit ihnen 250 Männer sich gegen Mose erhoben und ihn stürzen wollten (Num 16,1). Da befahl Mose, dass sich das Volk von den Zelten dieser drei entfernen solle (Num 16,26). Danach prophezeite Mose, dass der Herr jetzt etwas ganz Ungewöhnliches machen werde (Num 16,30): Er prophezeite, dass die Erde ihren Rachen aufreissen und die Umstürzler verschlingen werde. «Kaum hatte er das gesagt, da spaltete sich der Boden unter ihnen, die Erde öffnete ihren Rachen und verschlang sie samt ihrem Haus, mit allen Menschen, die zu Korach gehörten, und mit ihrem ganzen Besitz.» (Num 16,31).

Als Nobody in seiner Jugend diese Stelle in der Bibel fand, war er total erschlagen und fasziniert zugleich. Er wusste, dass es sich um eine Schlüsselstelle handelte, doch er konnte sich damals keinen Reim daraus machen. Es stand in der Bibel geschrieben, dass Menschen in der Erde verschwanden, doch wie war das nur möglich? So fragte er sich damals.

Wie aber kann ein Fisch die Erdschicht durchdringen? Aufgrund der Angaben von Barbara gibt es in der Innenwelt Fische. Es ist kaum anzunehmen, dass diese sich dort von selbst entwickelten, sonst hätten sich auch andere Tiere entwickelt. Man muss davon ausgehen, dass diese Fische ebenfalls von der Aussenwelt in die Innenwelt gelangten. «Zuerst müsste man postulieren», dachte sich Nobody, «dass ein Tiefseefisch die negative Materie einfangen kann. Beim Einfangen entsteht Energie, die der Fisch eventuell in chemische Energie (z.B. zur Erzeugung von Sauerstoff) umwandeln kann. Die negative Materie schützt ihn vor dem riesigen Druck im Meer. Er fängt unten, an der Bauchseite, die negative Materie ein und lässt sie in einen Sack einfliessen. Dieser Sack dient ihm gleichzeitig als Schwimmblase. Damit er nicht zuviel Auftrieb erhält, muss er gelegentlich negative Materie ablassen. Dies geschieht durch Muskelkraft, indem er den Sack komprimiert. Wenn nun der Fisch diesen Sack stark komprimiert, entweicht viel negative Materie und es bildet sich ein negativer Chimärkörper mit dem Fisch, zusammen mit Meerwasser, im Zentrum. So kann der Fisch vor Feinden ins Erdinnere flüchten. Nach einer gewissen Zeit macht der Fisch von der Schubumkehr Gebrauch, indem er noch mehr negative Materie an die äussere Hülle abgibt, und kommt so wieder ins Meer zurück.»

Falls Mose wirklich die Erdschicht so durchdrungen hatte, wurde dieser Durchtritt auch in unserer Bibel beschrieben. «Wenn meine Herrlichkeit vorüberzieht, stelle ich dich in den Felsspalt und halte meine Hand über dich, bis ich vorüber bin. Dann ziehe ich meine Hand zurück, und du wirst meinen Rücken sehen.» (Ex 33,22). Wenn Mose die unsichtbare Materie als Körper Gottes betrachtete, wäre auch klar, weshalb er sagte, man solle sich von Gott kein Bildnis machen, denn Gott ist offensichtlich unsichtbar (Ex 20,4 und Dtn 4,16). Und wenn er von der Hand spricht, die Gott über ihn hielt, war es eine unsichtbare Hand, denn Gott ist unsichtbar. Und wenn es sich um eine unsichtbare Hand handelte, beschreibt er nichts anderes als einen negativen Chimärkörper. Und dann zog also Gott die Hand zurück, und Mose sah seinen Rücken – und was Mose meinte mit dem Rücken, war wohl die Rückseite des Erdmantels.

9 Einstein'sche Energie

Was würde geschehen, wenn unsere Erde aus irgendeinem Grund das Sonnensystem verliesse?

Auf der Aussenwelt würde es sehr kalt werden, und es gäbe kein Pflanzenwachstum mehr. Das Leben auf der Erde würde versiegen. Umgekehrt, auf der Innenwelt, bliebe es relativ warm, man hätte noch Licht vom zentralen Kern und könnte mit der negativen Materie, die aus der Erde kommt, Energie gewinnen wie eh und je.

Doch woher kommt denn die negative Materie? Diese kommt aus der innersten, heissen Lavaschicht. Hier entsteht aus Energie positive und negative Materie; die positive Materie bleibt liegen, die negative wandert an die Erdoberfläche.

Nur kann die Einstein'sche Formel so nicht stimmen, wie sie geschrieben steht.

Wie sollte sie also richtigerweise lauten? Die Einstein'sche Formel lautet bis zum heutigen Tag: $E = mc^2$; oder in Worten ausgedrückt: Energie = Masse mal Lichtgeschwindigkeit im Quadrat. Laut dieser Formel kann sich somit Materie in Nichts auflösen, und als Gegenleistung entstehen riesige Mengen von Energien. In Wirklichkeit ist es allerdings so, dass noch kein Mensch aus Materie Energie machen konnte.

Tatsächlich ist es so, dass man nur aus positiver Materie zusammen mit negativer Materie Energie machen kann. In der Teilchenphysik hat man dies schon erkannt. Man spricht von Antimaterie, die man sogar für einen Bruchteil einer Sekunde herstellen kann. Der Ausdruck Antimaterie ist aber ein schlecht gewählter Begriff, da er suggeriert, dass die beiden Materien etwas gegeneinander hätten oder dass eine Materie besser sei als die andere.

In Wirklichkeit ist es so, dass beide Materien, die positive und die negative, gleichberechtigte Materien sind und dass beide Materien in Menge und Qualität der Atome und Moleküle im Weltall zu gleichen Teilen vorhanden sind.

Wenn das Gesagte zutrifft, liegt Einstein mit seiner Energieformel falsch. Energie wäre somit positive Materie und negative Materie mal Lichtgeschwindigkeit im Quadrat oder $E = (\text{pos. } m + \text{neg. } m) \times c^2$. Aber ich garantiere dem Leser, dass auch diese korrigierte Energieformel falsch ist.

Die richtige und wahre Einstein'sche Energieformel lautet:
$2\,E = 2mc^2k$ oder in Worten gesagt: Zwei verschiedene Energien = zwei verschiedene Massen mal Lichtgeschwindigkeit im Quadrat mal einen Koeffizienten. Einstein hatte ursprünglich die richtige Energieformel gefunden, doch er betrachtete das Ganze mathematisch. Er hatte die Natur nicht betrachtet, hatte keine Experimente gemacht, und er kannte die Chimärkör-

perphysik nicht. Dadurch war es für ihn logisch, die Zahl «zwei» wegzukürzen. In Wirklichkeit existieren aber zwei verschiedene Energien und zwei verschie-dene Materien. Und wenn man bei Einstein nachliest, sieht man, dass er ursprünglich das Resultat mit einem Koeffizienten multiplizierte, doch im weiteren Verlauf fiel dieser Koeffizient plötzlich weg.

Wir werden in diesem Buch noch sehen, dass sich Einstein auch in der Relativitätstheorie geirrt hat, weil er annahm, dass die Zeit dehnbar sei. In Wirklichkeit ist es jedoch so, dass die Grösse eines Gegenstandes oder die Länge einer Strecke relativ ist. Und weil die Geschwindigkeit in Länge pro Zeiteinheit (z.B. 60 km pro Stunde) angegeben wird und die Länge relativ ist, wird auch die Geschwindigkeit relativ. Dies bedeutet, dass wir die Lichtgeschwindigkeit so definieren können, dass der Koeffizient tatsächlich wegfällt. Aber dazu später.

Es sei das oben Gesagte noch einmal zusammengefasst: Die echte und wahre Energieformel lautet somit: Positive Energie plus negative Energie = positive Masse plus negative Masse mal Lichtgeschwindigkeit im Quadrat mal einen Koeffizienten. Oder kurz:
$(\text{pos. } E + \text{neg. } E) = (\text{pos. } m + \text{neg. } m)c^2k.$

Dies bedeutet, dass in der Lavaschicht im Erdinneren Materie entsteht und zwar nach oben genannter Energieformel. Wie kommt aber die negative Energie in die Lavaschicht? Denn, beurteilt nach dieser neuen Energieformel, entstehen die beiden Materien nur, wenn beide Energien zusammentreffen. Die positive Energie ist schon in der Lavaschicht. Sie ist offensichtlich da. Wir sehen sie als rote Glut und spüren sie als enorme Hitze. Aber wie nur gelangt die negative Energie in die Lavaschicht?

Um dies erklären zu können, müssen wir uns wieder gewisse Dinge vergegenwärtigen. In diesem Buch wurde es schon einmal gesagt: Die negative Materie ist durchsichtig wie Glas. Aber sie ist nicht nur für Lichtstrahlen durchsichtig, sondern für alle Arten elektromagnetischer Strahlung. D.h., sie ist auch für Wärmestrahlen, Röntgenstrahlen, Radarwellen usw. durchsichtig, was bedeutet, dass wir sie optisch oder mit Radargeräten gar nicht nachweisen können. Wenn wir z.B. mit geschlossenen Augen eine Glaskugel in die Hand nehmen, merken wir, dass wir einen Gegenstand in den Händen halten. Wenn wir dann die Augen öffnen, sehen wir, dass der Gegenstand durchsichtig ist, aber wir sehen auch sofort die Kugel und erkennen, dass es sich um eine Glaskugel handelt.

Wenn wir negative Materie in der Hand halten, merken wir nur, dass es ein Gegenstand ist, doch wir können den Gegenstand weder sehen noch auf irgendeine Weise sichtbar machen. Wir könnten die negative Materie jedoch durch ihre Abstossungskraft nachweisen. Wir könnten z.B. negative Materie in der Hand halten und einen nassen Tisch putzen, denn das Wasser würde zurückweichen, und der Tisch wäre danach trocken. Oder ein anderes Beispiel: Wenn wir unser Wohnzimmer mit einer Wand aus negativer Materie in zwei Räume aufteilen könnten und man befände sich im linken Teil, könnte man den rechten Teil des Wohnzimmers wie zuvor sehen, man hätte wie vorher Radioempfang, und den Wärmestrahler könnte man als Wärme fühlen. Doch hören könnte man vom rechten Teil des Wohnzimmers nichts, weil die Schallwellen an Luft gebunden sind. Auch Wärme wird teilweise durch die Luft weitergeleitet. Dies bedeutet, dass man den Wärmestrahler nur zu einem Teil verspüren könnte. Derjenige Teil der Wärme, der über die Materie weitergeleitet würde, käme im linken Teil nicht an, sondern nur die Wärmestrahlung, weil es sich dabei um elektromagnetische Strahlung handelt.

Dieser kleine Abstecher zur negativen Materie soll jedoch nur dazu dienen, die negative Energie besser zu verstehen. Denn genau gleich wie elektromagnetische Wellen die negative Materie durchdringen können, so durchstrahlt im umgekehrten Fall die negative Energiestrahlung die positive Materie. Dies bedeutet, dass wir, unsere Materie und unsere Erde, von negativer Energiestrahlung durchstrahlt werden, ohne dass wir davon etwas merken. Wenn wir diesen Aspekt begriffen haben, begreifen wir auch, wie die negative Energie zur heissen Lavaschicht gelangt.

Es ist nämlich so, dass unsere Sonne nicht nur positive, sondern auch negative Energie aussendet. Ich werde zu einem späteren Zeitpunkt darauf eingehen, woher die negative Energie der Sonne stammt. Zurzeit nehmen wir einfach hin, dass die Sonne positive und negative Energien aussendet. Die positive Energie der Sonne ist bestens bekannt. Wir kennen sie als Licht, Wärme, UV-Strahlen, Röntgenstrahlen usw. Diese sichtbare und fühlbare Energie wird an der Erdoberfläche absorbiert und dringt nicht weiter in die Erde ein. Die negative Energie der Sonne durchdringt die Erdschicht und trifft in der Lavaschicht auf positive Energie. Und dort entsteht aus den beiden Energieformen positive und negative Materie. Die positive Materie bleibt liegen und die negative sucht sich einen Weg nach oben. Ein Teil der negativen Materie verlässt die Erde ins Weltall, der andere Teil verlässt den Erdmantel nach innen und vereint sich mit dem negativen Kern der Erde.

Nehmen wir das also an. Aber weshalb leuchtet dann der innere, negative Kern der Erde? Im negativen Kern der Erde hat es eine negative Lavaschicht. Hier ist also die negative Energie schon reichlich vorhanden. Dieses negative Licht und die negative Wärme usw. können wir jedoch weder sehen noch spüren. Nun trifft aber die positive Energiestrahlung der Innenwelt, die Wärmeabstrahlung des Erdmantels nach innen, auf diese negative Energie, und es entstehen wieder die beiden Materien. Ein Teil der beiden Materien fusioniert wieder, dadurch entsteht wieder positive und negative

Energie. Diese dadurch entstandene positive Energie sieht man als Licht. Es ist ein schummeriges Licht. Aber dieses Licht genügt, um die Innenseite des Erdmantels zu beleuchten. Dies wiederum bedeutet, dass die Atmosphäre der Innenwelt halt doch Energie verliert. Es ist Energieverlust durch Abstrahlung, und diese Energie wird in Materie umgewandelt.

Die Erde ist also aufgebaut aus einem Mantel, der aus positiver Materie besteht und der etwa einen Durchmesser von 55 bis 60 km hat. Nach innen folgt auf die begehbare Innenoberfläche die Innenatmosphäre. Wenn man weiter nach innen ginge, folgte ein Vakuum. Weil sich die beiden Materien abstossen (positiver Erdmantel und negativer Erdkern), ist dieses Vakuum vollkommener als das Vakuum im Weltall. Danach kommt der zweite Mantel der Erde. Dieser besteht aus negativer Materie, ist ebenfalls rund aufgebaut und bildet somit eine Kugel. Diese Kugel schwebt, wie von Geisterhand getragen, in der Mitte der Erde. Sie hat einen Durchmesser von weniger als 3000 km.

Das bedeutet, dass der Inhalt der Erde vorwiegend aus Vakuum besteht.

Die negative Materie bildet also den zweiten Mantel; dieser könnte auch etwa 60 km dick sein. Im Zentrum dieses Mantels gibt es ebenfalls eine heisse Schicht, die wir als negative Lavaschicht bezeichnen. Auch in dieser Schicht entsteht positive und negative Materie. Die negative Materie bleibt liegen, und ein Anteil der positiven Materie verlässt den negativen Mantel nach aussen oder nach innen. Die positive Materie, die nach innen geht, bildet den innersten Kern der Erde. Dieser Kern schwebt in der Mitte des negativen Mantels und befindet sich somit genau in der Mitte der Erde. Dieser innerste Kern hat keine heisse Lavaschicht mehr und somit auch keine Vulkantätigkeit.

Und diese innere Kugel (mit negativem Mantel und positivem innerstem Kern), die in der Mitte der Erde steht, können wir von der Innenseite des äusseren Mantels her sehen. Man sieht eine Kugel, die von einer leuchtenden Korona umgeben ist. Somit sieht man, wenn man auf der Innenseite steht, am Himmel nur ein einziges Gestirn, ein grosses, ruhendes, stilles, wunderschönes Auge.

Wenn die Erde aus irgendeinem Grunde ihre Sonne verlöre, würde alles Leben auf der Oberfläche dieser Erde erlöschen. Am Anfang dieses Kapitels wurde gesagt, dass das Leben in der Innenwelt weitergehen würde, weil der zweite, negative Mantel immer noch weiterleuchten würde.

Diese Aussage muss korrigiert werden. Wenn die neu formulierte Einstein'sche Energieformel stimmt, würde auf der Erde ohne Sonne keine negative Materie mehr aus der Lavaschicht austreten. Das Pflanzenwachstum würde sofort aufhören. Auch in Gewächshäusern mit künstlicher Beleuchtung würden die Pflanzen welken. Die Vulkane würden ihre Aktivität innert Stunden einstellen und es gäbe keine Erdbeben mehr. Die Atmosphäre würde sich rasch abkühlen und der leuchtende, negative Kern im Innern der Erde würde seine Leuchtkraft vollständig verlieren. Damit ist ausgesagt, dass der negative Kern im Innern der Erde ebenfalls wegen der Sonne leuchtet. Ein Überleben der Menschheit wäre nur dann möglich, wenn man aus positiver und negativer Materie Energie herstellen könnte. Doch die negative Materie wäre, wie alle anderen Energieformen, endlich, und man könnte keine neue negative Materie mehr abfangen. Die Erde würde somit zweifellos innert Kürze innen und aussen zu einem toten Gestirn werden.

Der Mangel an negativer Energie ist der Grund, weshalb unsere Atomphysiker so grosse Mühe haben, negative Materie herzustellen. Man kann es berechnen wie man will, man kann so viel Energie investieren wie man will, ohne negative Energie kann man keine negative Materie herstellen. Nobody postuliert deshalb, dass nur bei Tage und bei Sonnenschein negative Materie hergestellt werden kann und dies nur in geringsten Mengen. In der Nacht, wenn die Sonne keine negative Energie liefert, ist es somit nicht möglich, negative Materie herzustellen. Man müsste eine Linse bauen, aus negativem Glas; dann könnte man das negative Licht der Sonne bündeln und mit Leichtigkeit negative Materie herstellen. Um aber eine negative Linse aufzubauen, braucht man zuerst negative Materie. Doch woher nimmt man die negative Materie? Und woher kommt denn eigentlich die negative Energie der Sonne und weshalb sendet die Sonne negative Energie aus?

10 Die negative Energie der Sonne

Die positive Energie der Sonne ist allseits bekannt. Diese Energie kommt in Form von Licht, Wärme, Röntgenstrahlung, Radiowellen und Teilchenstrahlung auf die Erde. Es ist auch allseits bekannt, dass diese Energie aus der Teilchenverschmelzung von Wasserstoffatomen zu Helium entsteht. Nehmen wir dies also ebenfalls an.

Die Sonnenenergie entsteht daher durch Kernfusion von zwei Wasserstoffatomen zu einem Heliumatom. Es ist somit die genau gleiche Energie, die man bei der Wasserstoffbombe erzeugt. Zwei Wasserstoffatome müssen aber mit einer riesigen Geschwindigkeit aufeinander prallen, damit sie zu einem Heliumkern fusionieren. Man muss viel Energie hineinstecken, damit die Fusion möglich wird, aber danach wird man mit wesentlich mehr Energie belohnt. Eine kommerzielle Energienutzung durch diese Kernfusion ist auf der Erde bis heute unmöglich, da man die notwendige Beschleunigung der Wasserstoffatome nicht erreicht hat. Einzig in der Wasserstoffbombe (auch H-Bombe genannt) gelingt dies. Um jedoch eine Wasserstoffbombe zur Explosion zu bringen, muss man zuerst eine Atombombe als Zünder detonieren lassen, damit eine Temperatur von 35 Mio. Grad Celsius erzeugt wird. Auf der Sonne läuft diese Kernfusion jedoch ununterbrochen ab. Da stellt sich doch die Frage, wie diese Kernfusion initiiert wurde, oder, anders gefragt: Wer hat den Docht der Sonne angezündet? Und dann noch einige Fragen: Wieso läuft nicht einfach eine unkontrollierte Kettenreaktion ab? Wieso gibt es nicht einfach einen kleinen Urknall oder einen Sonnen-GAU? Weshalb nur leuchtet die Sonne einigermassen konstant? Wieso erfolgt die Kernfusion geregelt? Dies sind viele Fragen – Fragen, deren Antworten relativ einfach sind, sofern man sich auf die Ebene der Chimärkörperphysik begibt.

Stellen wir uns nochmals die Erde vor. Aussen befindet sich ein Mantel aus positiver Materie, und danach folgt ein Kern aus negativer Materie, und in diesem Kern folgt nochmals ein Restkern, wieder aus positiver Materie, der jedoch bedeutungslos ist und nicht ins Geschehen eingreift. Auf dem äusseren Mantel der Erde, der aus positiver Materie besteht, liegt aussen die Aussenwelt und innen die Innenwelt. Ihr gegenüber liegt der negative Kern der Erde, der leuchtet wie ein grosses Auge.

Wir nennen von jetzt an die erste Schicht oder auch den äusseren Mantel eines Planeten das erste Blatt. Das erste Blatt der Erde besteht somit nur aus positiver Materie. Das erste Blatt der Erde hat also eine Aussenwelt, in der Mitte eine Lavaschicht und eine Innenwelt. Das zweite Blatt wäre somit der Kern der Erde aus negativer Materie, und als drittes Blatt bezeichnen wir den zentralen Restkern aus positiver Materie.

Vermutlich haben alle Planeten nur drei Blätter (möglicherweise kann aber eine Sonne zwiebelschalenartig mehrere Blätter haben). Die beiden ersten Blätter des Planeten weisen Vulkantätigkeit auf. Im Zentrum von beiden Blättern, d.h. in der jeweiligen Lavaschicht der Blätter, entstehen positive und negative Materie. Im ersten Blatt bleibt die positive Materie liegen, und die negative Materie verlässt das Blatt. Im zweiten Blatt bleibt die negative Materie liegen, und die positive verlässt das Blatt.

D.h., zwischen den beiden Blättern wird rege Materie ausgetauscht. Die neu entstandene Materie ist vorwiegend Wasserstoff. Die negative Materie im ersten Blatt wird vom ersten Blatt abgestossen; zudem stösst sich die negative Materie selber vom ersten Blatt ab. Ausserdem wird sie vom zweiten Blatt angezogen. D.h., die negative Materie wird während des ganzen Fluges vom ersten zum zweiten Blatt beschleunigt. Diese Beschleunigung dürfte bei der Erde 2 G bis 3 G ausmachen. Wahrscheinlich beträgt der Abstand zwischen dem ersten und dem zweiten Blatt bei der Erde mehr als 4'000 km. Auf dieser ganzen Strecke wird die negative Materie beschleunigt und trifft dann mit recht grosser Geschwindigkeit auf die negative Atmo-sphäre des zweiten Blattes.

Umgekehrt entsteht in der Lavaschicht des zweiten Blattes positiver Wasserstoff, der dann auf das erste Blatt zu rast. Zudem gibt es negative Vulkane auf dem zweiten Blatt, die auch positive Materie ausspeien, welche dann auf das erste Blatt zu rast. Grössere Brocken werden als Sternschnuppen in der Innenwelt gesehen. Durch diesen Vorgang wird der innere, negative Kern immer grösser. Aber auch der Anteil der positiven Materie nimmt zu. Insgesamt gesehen wird die Erde langsam grösser, dadurch jedoch nimmt die Gravitation auf der Erdoberfläche langsam ab und in der Innenwelt zu.

Nun soll man sich einen sehr grossen Himmelskörper mit viel mehr Masse vorstellen. Allein die gegenseitige Wärmestrahlung des ersten und des zweiten Blattes führt in beiden Blättern zur Induktion von positiver und negativer Materie. Weil die Masse viel grösser ist, wird die Materie viel stärker beschleunigt, vielleicht mit 4'000 G und über eine Distanz von Zehntausenden von Kilometern. Endlich hat ein Wasserstoffatom die nötige Geschwindigkeit, um eine Kernfusion einzugehen. Irgendwann ist die kinetische Energie des Wasserstoffatoms so gross, dass die Zündung beginnt. Nehmen wir an, bei der ersten Stufe der Zündung werde das erste Blatt der Innenseite entzündet. Somit entsteht auf dem ersten Blatt massenhaft Energie. Weil jetzt auf dem ersten Blatt enorme Mengen von positiver Energie vorhanden sind, wird an dieser Stelle die ganze negative Energiestrahlung, die vom zweiten Blatt kommt, in Masse umgewandelt. D.h. die Entstehung von negativer Materie auf dem ersten Blatt nimmt schlagartig zu. Sogleich rast eine grössere Menge negativer Materie auf das zweite Blatt zu. Dort passiert die dritte Stufe, das zweite Blatt entzündet sich auch. Genau wie beim ersten Blatt entstehen auch auf dem zweiten wieder Unmengen von negativer Energie, was wiederum dazu führt, dass sekundär grössere Mengen von positiver Materie entstehen, die danach auf das erste Blatt zu rast. In der vierten Stufe haben beide Blätter gezündet und halten sich gegenseitig im Gleichgewicht. Die beiden Blätter achten eifersüchtig aufeinander, dass keines zu stark abbrennt. Es ist wie bei zwei Streithähnen, die sich gegenseitig in Schach halten.

Die beiden Blätter speien sich gegenseitig massenhaft Energien und Masse zu. Aber gleichzeitig kontrollieren sie sich gegenseitig. Entsteht in einem Blatt mehr Energie, wird sofort mehr Masse produziert. Dies führt dazu, dass im anderen Blatt auch mehr Energie entsteht. Durch den gegenseitigen Energieanstieg wird immer mehr Masse produziert, und dies führt wiederum dazu, dass Energie abgebaut oder aufgelöst wird. Dadurch wird ein schwankender oder zyklischer, jedoch insgesamt stabiler Zustand erreicht, was bedeutet, dass die negative Energie, welche die Sonne emittiert, vom zweiten Blatt der Sonne stammt. Es handelt sich dabei um die Restenergie, die im ersten Blatt nicht in Materie umgewandelt wurde.

Die Sonnenflecken auf der Sonne, die in einem gleichmässigen Rhythmus kommen und gehen, sind möglicherweise die Überreste der festen Materie der Sonne, also die Reste, die aus jener Sonnenzeit stammen, bevor die Sonne eine Sonne war.

Wenn die Sonne aus diesem eben postulierten Grunde scheint, könnte eine Sonne nur zünden, wenn das erste und zweite Blatt sich in einer riesigen Distanz befänden und wenn eine grosse Menge Materie vorhanden wäre. Nach dieser Sichtweise könnten nur grosse und runde Weltraumkörper eine Sonne sein – kleine Sonnen dürfte es somit gar nicht geben.

Das, was wir sehen, also der Sonnenschein, stammt vom ersten Blatt der Sonne. Aber dieses erste Blatt der Sonne scheint hauptsächlich nach innen. Und das, was wir sehen, ist somit nur ein kleiner Abglanz von der Energie, die auf der Sonne freigesetzt wird. Das erste Blatt der Erde ist in der Mitte am heissesten. Im Gegensatz dazu ist das erste Blatt der Sonne auf der Innenseite am heissesten und auf der Aussenseite am kühlsten. Die Sonnenoberfläche ist somit wie eine kochende Suppe in einer Pfanne. Die Wärme kommt von unten. Weil die Suppe kocht, wird gelegentlich Masse in die Höhe geschleudert. Zudem hat es in einer Suppe feste Gegenstände, z.B. Bohnen, Schnittlauch und Petersilie. Man schaut nun die Suppe von oben an, und während des Kochens sieht man plötzlich wieder eine Bohne, etwas Schnittlauch oder etwas Petersilie. Genau das ist es, was wir auf der Sonnenoberfläche gelegentlich sehen, ein paar Brocken der ursprünglichen Materie, und diese Brocken nennen wir Sonnenflecken.

Am Anfang hielt es Nobody für möglich, dass man mit der Chimärkörpertechnik auch die Innenseite der Sonne untersuchen könnte. Doch nach eingehendem Studium hält er dies jetzt für unmöglich. Die negative Hülle würde wegen der negativen Energie sofort verdampfen, danach würde sich augenblicklich die positive Materie in Dampf auflösen.

Deshalb wird man die Sonne nie von innen untersuchen können.

11 Das Experiment

Gegen Ende 1995 hatte Nobody alles, was bis jetzt zu lesen war, aufgeschrieben. Ein Fragment davon wollte er nun in einer Zeitschrift publizieren, doch bekam er nur Absagen.

Er war enttäuscht, weil sich niemand für seine Theorien interessierte. Offenbar musste er die nötigen Experimente selber durchführen. Doch wie konnte er dermassen viel Gold verarbeiten?

Die Pyramide diente nur dazu, die negative Materie zur Spitze hinzulenken, um sie dann dort, an der Öffnung der Spitze, abzufangen. Die Pyramide musste die negative Materie wie mit einer Linse fokussieren. Sie musste einfach aus schwerem Material sein. Man konnte deshalb die Pyramide aus Stahl- oder Eisenplatten herstellen.

So baute er mit Eisenplatten eine Pyramide, die oben eine kleine Öffnung hatte. Die Platten waren 2,5 cm dick und insgesamt mehrere Tonnen schwer. Auf einem abfallenden Gelände legte er zuerst die Eisenplatten auf den Boden, und zuoberst stellte er seine Pyramide hin. Die einzelnen Eisenplatten sowie die Pyramide selber waren so miteinander verschweisst, dass die negative Materie nirgends entrinnen konnte, ausser an der obersten Öffnung. Um sein Unterfangen zu tarnen, malte er alles mit einer matten, grünen Farbe an.

Insgesamt konnte er eine Fläche von etwa 7 m^2 zu einem dünnen Strahl fokussieren. Um den fokussierenden Strahl noch mehr zu bündeln, stellte er auf die Spitze der Pyramide ein Eisenrohr. Dieses wies ebenfalls eine Metalldicke von 2,5 cm auf. Die Höhe des Rohres betrug etwa 8 cm. Zuoberst, auf die Öffnung des Metallrohres, stellte er eine Glocke, welche aus einem schweren Kupferklotz gedreht und innen vergoldet war. Die Glocke verband er mittels eines Metallbügels mit der Pyramide, so dass die Glocke geerdet war, um allfällige Stromschläge über die Pyramide abzuleiten.

Am 23. Februar 1996 waren alle benötigten Gegenstände zu einem Ganzen verarbeitet worden, und sein Experiment konnte beginnen. Nobody war überzeugt, dass er innerhalb von zwei Monaten negative Materie gesammelt haben würde und anschliessend mit dem Bau eines Ufos beginnen könne. Er nahm ein Blatt Papier und beabsichtigte, darauf zu schreiben: «Am 21. April 1996 werde ich negative Materie haben.» Doch wie von Geisterhand geschrieben stand danach dort: «Am 21. August 1996 werde ich negative Materie haben.»

Schon seit einer Woche stand die Pyramide mit der Kupferglocke auf der Spitze da, doch nichts passierte. Nach einer weiteren Woche isolierte er die Glocke, so dass sie frei hing, nur noch von einem Plastikbügel getragen. Er stellte sich vor, dass die Glocke sich plötzlich in eine funktionierende, nämlich negative Materie abfangende Glocke verwandeln und irgendwann anfangen müsste, Funken zu sprühen. Erneut wartete er eine Woche, und wieder geschah nichts. Da Nobody sich sehr gut kennt, wusste er, dass er niemals etwas aufgeben würde, bevor es Früchte trüge, also experimen-tierte er mit ungebrochenem Eifer weiter. Er legte eine Plastikplatte unter das Metallrohr, so dass sowohl die Glocke als auch das fokussierende Metallrohr gegeneinander isoliert waren.

Mit stoischer Geduld harrte er erneut der Dinge, beobachtete gespannt die Glocke. Das einzige Aussergewöhnliche war, dass nichts passierte. Es war, als ob jemand einen Haufen Holz zu einem grossen Feuer aufgeschichtet hätte, ohne ein Streichholz dabei zu haben, das es entzünden könnte.

Nobody betrachtete seine störrische Maschine. Irgendwie gefiel ihm die Form und irgendwie beflügelte sie ihn. Jedem, der seine Pyramide sah, konnte er glaubhaft mitteilen, dass es sich um ein Kunstwerk handle. Nobody betrachtete seine Maschine und sinnierte: «Mose baute die Maschine in Zeltform und benutzte viele Lagen von Teppichen, und erst zuletzt legte er eine Schicht mit Goldfolien über das Zelt. Ist es möglich, dass die negative Materie zuerst abgebremst werden muss, bevor sie einfangbar wird?»

Es ist anzunehmen, dass vor allem Wasser negative Materie abbremst. Vielleicht reicherten sich diese Teppiche und Stoffe während der Nacht mit Wasser an, und vielleicht trat die negative Materie hauptsächlich während des Tages aus. Also müsste die Maschine täglich gewartet werden.

In der Wüste wird es über Nacht so kalt, dass die Luftfeuchtigkeit ansteigt und dass ausgelegte Tücher nass werden. Das hatte Saint-Exupéry so beschrieben. Die Tücher werden über Nacht so nass, dass ein Mann mit einigen Tüchern genug Wasser für den folgenden Tag gewinnen kann. Die einzige Bedingung ist, dass man frühzeitig aufsteht. Somit gab es für Mose zwei Tagesrhythmen, welche sich gegenseitig ergänzten. Während der Nacht musste man die Goldfolien entfernen, damit die Tücher nass wurden, und während des Tages konnte man negative Materie einfangen. Vielleicht hatte Mose zuerst, bei den Experimenten mit der Höhle, ein Holzgestell über dieselbe gebaut. Die negative Materie trat durch dieses Holzgestell wie durch Luft. Erst als es einmal geregnet hatte und das Holzgestell wasserdurchtränkt war, begann es, die negative Materie abzubremsen, so dass sie danach mit den goldenen Glocken eingefangen werden konnte. «Nein, es wäre wohl zu einfach, wenn man mit goldenen Glocken einfach so negative Materie einfangen könnte», dachte sich Nobody. Und was wäre dann mit den verschiedenen goldenen Kuppeln der mohammedanischen und orthodoxen Religionsbauten: Müssten sie unter diesen Bedingungen nicht Funken sprühen?

Das Einfangen der negativen Materie gestaltete sich somit schwieriger als ursprünglich gedacht. Aber Mose hatte es vor Tausenden von Jahren problemlos geschafft. Es müsste doch daher ohne grösseren technischen Aufwand machbar sein.

«Also», sagte sich Nobody, «die negative Materie kommt mit einer so grossen Geschwindigkeit aus der Erde, dass sie von einer Eisenplatte kaum wesentlich fokussiert werden kann. Sie prallt mit der Eisenplatte zusammen, und es entsteht Energie. Das heisst, dass die Eisenplatte ständig leichter wird; nicht viel, kaum messbar, aber doch leichter.» Dies würde auch bedeuten, dass eine Metallplatte, in der Luft schwebend, Energie abgeben müsste, Strom, messbaren Strom. Aber dies müsste doch schon längst beschrieben worden sein – gäbe es tatsächlich einen solch einfachen Energielieferanten, würde man ihn schon längst nutzen. Also weicht die negative Materie der Metallplatte irgendwo aus. Wenn die negative Materie der Metallplatte auswich, müsste Nobody doch negative Materie in seiner Glocke haben. Im Experiment blieb die Glocke nur stoisch und störrisch stehen, das einzige, was sie machte, war, dass sie nichts machte. Und das einzige, was klar wurde, war, dass nichts klar war und es eines neuen Ansatzes bedurfte. Und da war noch etwas, dass ihn verwirrte.

Als die Pyramide erst einmal stand, stellte Nobody als erstes einen Plastikbecher mit Wasser auf die Öffnung. Nun hätte das Wasser auf eine eigentümliche Art kochen müssen, aber es passierte nichts. Der Wasserspiegel im Plastikbecher blieb ruhig, während bei einem nahen Teich die Wasseroberfläche unruhig war, dies auch bei Windstille.

Die Pyramide mit der Glocke inspirierte ihn richtiggehend. «Also ist es so», erklärte er es sich selber wieder, «die negative Materie wird am besten mit negativer Materie eingefangen. Wenn ich also in der Glocke negative Materie habe, wird die neu eintreffende negative Materie von der bereits vorhandenen negativen Materie eingefangen. Wenn ich z.B. in der Glocke eine negative Kugel mit 1 cm Durchmesser habe, wird die Impulsenergie von einem neuen negativen Atom konisch in der vorhandenen negativen Kugel weitergeleitet. Dadurch wird Geschwindigkeit des negativen Atoms drastisch reduziert, die negative Materie kann von der Glocke zurückbehalten werden, und sie vermehrt sich. Die Glocke mit der negativen Materie wird so zu einem Chimärkörper, der auf einer Seite offen ist.»

«So betrachtet ist es nun einfach», fand er. «Ich muss nur in die Glocke etwas negative Materie einfüllen, und schon kann ich die negative Materie beliebig vermehren. «Aber woher nimmt man denn nun die negative Materie?», fragte er sich unschlüssig.

Nach längerem Nachdenken wurde für ihn auch klar, wie der siebenarmige Leuchter aufgebaut war. An jedem Arm war eine mandelblütenartige Glocke angebracht. An der höchsten Stelle in der Glocke befand sich die negative Materie, die ihrerseits neue negative Materie abfing. Seitlich der

Glocke waren eine Öffnung und ein Rohr angebracht. Jegliche negative Materie, die neu eingefangen wurde, entleerte sich wie in einem Überlaufbekken in das Rohrsystem und konnte zuoberst wieder mit einem gewöhnlichen Metallbecken abgefangen werden. «Nur: Wie fängt man negative Materie ein, wenn man noch keine negative Materie hat?», fragte er sich etwas irritiert. «Das müsste doch einfach sein», murmelte er, «sogar Mose, als gewöhnlicher Schafhirte, schaffte dies problemlos.»

Doch weshalb braucht es eine Goldglocke, um negative Materie einzufangen, weshalb geht eine Eisenglocke nicht? Vermutlich weil Gold schwerer ist und mit der negativen Materie intensiver reagiert. Da könnte man ja eine dickere Eisenglocke machen und man hätte wieder das nötige Gewicht der Glocke. Aber das Gewicht der Glocke spielt wahrscheinlich nicht so eine grosse Rolle. Erst bevor die beiden Atome aufeinander treffen, nimmt deren Abstossung exponentiell zu. «Somit ist Gold viel eher geeignet, negative Materie abzufangen als Eisen», bestätigte er sich seine vielen Überlegungen.

Die Frage war, ob denn nun beim Experiment von Nobody die Eisenplatten die negative Materie fokussierten oder ob sie es nicht taten. Vielleicht trat die negative Materie zu schnell aus der Erde und durchschlug die Eisenplatten. Eine Fokussierung fand somit nur in geringem Masse statt. Die negative Materie müsste man also vorher bremsen, aber wie? Am besten mit negativer Materie, aber woher?

Woher also nur nimmt man die negative Materie? Man könnte sie z.B. von den Knospen der Pflanzen nehmen, dachte er sich. Man müsste einen Korb voller Knospen nehmen, diese unter eine Glocke legen und trocknen lassen. Dadurch würde sich die negative Materie in den Knospen von der positiven Materie trennen, und sie müsste einfangbar werden; eine geringe Menge zwar, aber sie müsste einfangbar werden.

Wenn man schon keinen echten Chimärkörper hatte, warum nahm man nicht funktionelle Chimärkörper? Warum nahm man nicht einfach Eier, um die negative Materie abzubremsen? Man könnte Eier übereinander stapeln. Dadurch müsste negative Materie abbremsbar werden. Es war ihm jetzt klar, Eier waren keine echten Chimärkörper, aber sie verhielten sich wie echte Chimärkörper. Diese unechten Chimärkörper nannte er von jetzt an funktionelle Chimärkörper.

Man könnte nun aber unter diesem Aspekt auch künstliche Chimärkörper bauen. Man könnte einen flachen Plastikkörper nehmen, diesen mit Wasser füllen – und schon hätte man einen funktionellen Chimärkörper. Würde man solche funktionellen Chimärkörper hintereinander schalten, müsste sich die negative Materie auf ein erträgliches Mass abbremsen lassen, so dass sie einfangbar würde. Eigentlich muss jeder feuchte Gegenstand ein funktioneller Chimärkörper sein, da er aus fester und aus beweglicher Materie besteht, überlegte er sich. Also wäre jeder feuchte Schwamm, Gras, jedes feuchte Holz, feuchte Erde, eine Pflanzenwurzel usw. ein funktioneller Chimärkörper. Ist dies der Grund, weshalb ein rohes Ei beim Aufprall auf weiche, feuchte Erde eher zerplatzt?

Nobody erinnerte sich an einen Landwirt, der sein Heu plötzlich aus seiner Scheune entfernen musste, weil es zu heiss geworden war. Er hatte es zu früh eingebracht, und somit war es noch feucht. Er musste danach das heisse Heu mit dem Kran auf einen Wagen heben und auf einer Wiese entladen. Das Heu war so heiss, dass es sich während der Fahrt jeweils von selbst entzündete. Nobody erinnerte sich an den Tag, es war an einem 21. Juni, also am längsten Tag des Jahres, und es war am Abend eines wunderschönen Sommertages.

Warum wird eigentlich feuchtes Heu warm und bleibt trockenes kalt? Die Antwort war ihm klar: weil im feuchten Heu Schimmelpilze wachsen und Schimmelpilze das Heu abbauen. Es findet eine kontrollierte Verbrennung statt. Durch diese Verbrennung entsteht natürlich Wärme. Weiter ist es klar, dass sich Heu bei grosser Temperatur abbaut und verbrennt. Die Frage lautet aber nicht, weshalb Heu bei grosser Temperatur verbrennt, sondern die Frage lautet: Weshalb entsteht die grosse Temperatur? Wenn man einem Heuhaufen Wasser zugibt, entstehen Gärungsprozesse. Dadurch entsteht die hohe Temperatur. Normalerweise verwendet man Wasser, um etwas zu löschen oder um es abzukühlen. Gibt man jedoch Wasser zum Heu, entsteht Wärme, und Feuer kann ausbrechen.

Nehmen wir also an, das Heu wird warm wegen Gärungsprozessen. Eine Gärung findet aber immer irgendwie mit Enzymen statt, und diese überleben eine Temperatur von mehr als 63° C üblicherweise nicht. Also müsste die Gärung sich selbst regulieren. D.h., das Heu dürfte niemals wärmer als 63° C werden. Eine solche Selbstregulation kennen wir bei der Alkoholgärung. Sobald der Wein ungefähr 12 bis 14% Alkohol hat, werden die Hefepilze vom Alkohol selber zerstört, so dass der Alkoholgehalt nicht weiter ansteigen kann. Somit können nur gebrannte Wasser einen höheren Alkoholgehalt aufweisen. Einen solchen Regelmechanismus gibt es jedoch beim feuchten Heu nicht. Das feuchte Heu kann immer heisser werden, selbst dann noch, wenn alle Pilze und Bakterien längst durch die Hitze getötet wurden. Eine Gärung könnte diese Wärme niemals erzeugen. Natürlich ist es richtig, dass es thermophile Bakterien gibt. Diese werden auch Hyperthermobakterien genannt. Sie leben in Komposthaufen oder in heissen Quellen und vermehren sich bei Temperaturen zwischen 45° C und 75° C. Bei Temperaturen über 100° C überleben auch sie nicht mehr. Das feuchte Heu in einem Heustock kann jedoch Temperaturen zwischen 300° C und

400° C erreichen, und bei Zufuhr von Sauerstoff entzündet sich solches Heu schlagartig. Bei Sauerstoffmangel kann feuchtes Heu völlig verkohlen.

Bis heute können unsere Physiker nicht erklären, weshalb feuchtes Heu dermassen heiss werden kann. Auch ein Grashaufen erwärmt sich, und auch hier müsste es sich um einen speziellen Vorgang handeln. Und selbst ein Miststock, der schon jahrelang steht und sicherlich nichts mehr zum Vergären hat, erwärmt sich. In der Annahme, dass aus der Erde dauernd negative Materie austritt, könnte man dieses Phänomen spielend erklären. Für Nobody jedenfalls ist die Situation klar: Die negative Materie, die an klaren, sonnigen Sommertagen massenweise die Erde verlässt, wird von der Feuchtigkeit im Gras, vom feuchten Heu oder im Miststock abgebremst, und dadurch überträgt sich die Impulsenergie der negativen auf die positive Materie, es entsteht Wärme. Die unerklärliche Hitze, die in einem Gras- oder feuchten Heuhaufen entsteht, wäre allein schon genügend Beweis für die Existenz der negativen Materie. Es gibt viele weitere Beweise für die Allgegenwart der negativen Materie, doch Nobody hat bis jetzt noch keinen Menschen davon überzeugen können – da ist keiner, der ihm auch nur teilweise Glauben schenkt.

Angenommen, Wasser könnte tatsächlich negative Materie abbremsen, würde dies einiges erklären. Die Wasseroberfläche eines Gewässers wird nämlich nur dann unruhig, wenn das Wasser eine gewisse Tiefe aufweist. Bei der Pfütze auf der Strasse hingegen ist der Wasserspiegel ruhig, wie bei einem Bergsee. Hier nehmen wir also an, dass die negative Materie die kleine Pfütze durchschlägt, ohne Energie abzugeben. Sobald ein Gewässer tiefer ist – mindestens einen Meter tief –, wird die negative Materie abgebremst, so dass sie Energie ans Wasser abgibt und der Wasserspiegel unruhig wird. Das Wasser in einem Teich sieht aus, als ob es auf eine geheimnisvolle Art und Weise kochen würde. Die negative Materie verhält sich somit wie korpuskuläre Strahlung. Bei grosser Geschwindigkeit durchschlägt sie die positive Materie, und bei kleiner Geschwindigkeit gibt sie die Impulsenergie ab.

Nobody suchte früh am Morgen einen windgeschützten Teich auf. Diesmal kochte die Oberfläche nicht. Da und dort entsprangen jedoch Wellen aus Zentren, wie wenn unsichtbare Tropfen plötzlich auf der Wasseroberfläche aufgeschlagen hätten. Einige Stunden später, am Nachmittag, kochte die Oberfläche wieder auf eine mysteriöse Art. «Aha!», sagte er sich, «die negative Materie entsteht in der Erde nur bei Sonnenschein. Während des Tages tritt sie gleichmässig aus wie ein Nieselregen. In der Nacht tritt weniger aus. Dies führt dazu, dass sich die Tropfen aus negativer Materie in der Erde sammeln können. Dies wiederum führt dazu, dass am Morgen, wenn neue negative Materie entsteht, anfangs viel grössere Tropfen austreten!»

Diese grösseren Tropfen aus negativer Materie erkennt man am Morgen beim Betrachten einer Teichoberfläche. Es ist wie im Wald beim Regen: Solange es andauernd regnet, fallen kleine Tropfen. Die grössten Wassertropfen fallen, wenn es nach einer Pause wieder erneut zu regnen beginnt. Während der Regenpause konnte sich das Wasser zu grossen Tropfen an den Blättern ansammeln. Nach einem erneuten Regenbeginn fallen dann die grössten Tropfen.

«Ist die Morgenstunde im Tal gleich wie die Welt in den Bergen, nämlich frei von negativer Materie?», fragte sich Nobody. Plötzlich erinnerte er sich an eine Stelle, wo ein grosser Lindenbaum stand. Neben diesem hatte einmal jemand ein tiefes Loch geschaufelt, so wie für einen Ziehbrunnen. Danach wurde die Erde unter diesem Lindenbaum kahl, und kein Grashalm wuchs mehr. Nobody wunderte sich darüber und fragte sich, ob es unter dem Baum wohl zuwenig Licht gebe. Doch in den Wohnungen wachsen Pflanzen auch mit wenig Licht. War die Erde wohl zu wenig feucht? Nein, denn wenn es regnete, tropfte es ja von den vielen Blättern auch auf dieses Erdstück herab. «Also», sagte er sich, «wenn im Herbst die Blätter fallen, geben die Blätter ein Pflanzengift ab, so dass unter dem Baum nichts wachsen kann.»

Aber auch diese Theorie verwarf er wieder, wusste er doch, dass der Lindenbaumbesitzer die Blätter im Herbst jeweils weggenommen hatte. Pflanzengift konnte daher nicht abgeben worden sein. Nobody selbst fühlte sich unter diesem Lindenbaum auf eine eigentümliche Art wohl. Er hatte oft Stunden unter ihm gesessen und viel Zeit mit Nachdenken verbracht. Das deutsche Lied kam ihm in den Sinn, wo ein Wanderer sich einmal unter einem Lindenbaum mit einem Brunnen ausruhte. Er wanderte weiter, dachte jedoch immer wieder an diese Stunden unter dem Lindenbaum. «Ist es wohl möglich», fragte sich Nobody, «dass Lindenbäume in gewissen Fällen die gesamte negative Materie abfangen können?»

Nach mehr als 10 Jahren wurde dann das Loch neben dem Lindenbaum wieder zugeschüttet. Und siehe da, das Gras wuchs wieder. Für Nobody war jetzt, im nachhinein, die Situation klar. Dadurch, dass man ein tiefes Loch neben dem Lindenbaum gegraben hatte, entschwand ein Grossteil der negativen Materie durch dieses Loch, und nur noch ein kleiner Teil gelangte an die Wurzeln des Baumes. Diesen kleineren Teil konnte der Lindenbaum vollumfänglich aufnehmen. Weil über den Wurzeln dann keine negative Materie mehr austrat, konnte das Gras nicht mehr wachsen, und wegen der fehlenden negativen Materie fühlte man sich unter diesem Lindenbaum wohl.

Wenn aber negative Materie nur bei Tageslicht entsteht, müssten dann die Vulkane nicht ebenfalls einen Tag/Nacht-Rhythmus durchmachen? Davon hatte Nobody noch nie etwas gehört, aber er postulierte einen solchen Rhythmus. Auch hatte er in seiner Nähe keinen Vulkan, den er hätte erforschen können. Wenn die Sonne für die Vulkantätigkeit verantwortlich ist, müsste man Vulkane auch hauptsächlich in der Äquatorgegend antreffen; dies trifft tatsächlich weitgehend zu.

Wenn dies aber so ist, haben dann die Innenmenschen ebenfalls einen Tag/Nacht-Rhythmus? Würden sich bei ihnen die Elektroautos ebenfalls am Morgen früh mit Tau belegen? Wenn ja, hätte die Innenwelt auch einen Jahresrhythmus und wiesen beide Pole Dauerfrost auf?

Des Weiteren müsste postuliert werden, dass sich bei jeder grossen Austrittstelle von negativer Materie ein Erdloch bildete. Dies erklärte auch die Krater der Vulkane. Zudem müsste postuliert werden, dass es gefährlich sei, über eine solche Stelle zu fliegen. Insbesondere für Flugobjekte, die wenig Gewicht haben wie etwa Deltasegler, Fallschirme oder Ballone: Für solche Flugobjekte müsste es besonders gefährlich sein, über einen Vulkan oder auch über ein natürlich entstandenes Erdloch zu fliegen. Es könnte passieren, dass wie von Geisterhand der Fallschirm oder der Ballon aufgeschlitzt würde.

Man müsste Untersuchungen anstellen, ob sich ein solches Unglück bereits einmal zugetragen hat. Dadurch könnte man erklären, weshalb es immer wieder Flugzeugunglücke gibt, bei denen man keine direkte Ursache finden konnte.

Jetzt ist es für Nobody auch klar, wie die Höhle von Mose ausgesehen haben musste. Das Erdloch war oben offen. In die Tiefe hin weitete sich dieses Erdloch konisch aus. Die negative Materie prallte in die feuchte Erdwand, wurde abgebremst und trat danach, in abgebremsten Zustand, wieder in die Höhle zurück. Hier beschleunigte sie sich wieder, prallte wieder auf die feuchte Erdwand und wurde wieder abgebremst. An der Öffnung des Erdloches trat somit relativ stark abgebremste negative Materie aus. Aus diesem Grunde gab es über diesem Erdloch eine mysteriöse stehende Wolke. Nobody ist überzeugt, dass diese Wolke dort heute noch steht. Man müsste somit in Ägypten das Erdloch von Mose heute noch finden können.

Weshalb aber sprühen die goldenen Kuppeln der verschiedenen Gotteshäuser keine Funken? Nach all seinen Überlegungen ist ihm die Antwort klar: weil diese Kuppeln gleichzeitig als Dächer wirken und den Regen von der Erde darunter fernhalten. Dadurch tritt die negative Materie ungebremst aus der Erde und durchschlägt die Goldkuppeln und hinterlässt keine Energie.

Lange beschäftigte sich Nobody mit der Frage, weshalb Glocken in einem Kirchturm keine negative Materie abfangen. Irgendwann müsste doch in einer Glocke ein negatives Atom zurückbleiben. Dieses negative Atom würde ein weiteres Atom zurückhalten, plötzlich begänne die Glocke zu schweben und würde sich losreissen. Der Kirchturm könnte zusammenstürzen. Auch von einer solchen Katastrophe hatte Nobody noch nie in seinem Leben gehört. Konkret gesagt, Nobody hatte noch nie in seinem Leben einen zusammengestürzten Kirchturm gesehen und auch noch nie gehört, dass irgendwo auf der Welt ein Kirchturm plötzlich und unerwartet zusammengestürzt wäre.

Also machte er sich daran, einen Glockenmacher aufzusuchen. Vielleicht gab es eine Glockenbautechnik, die jeder Glockenmacher anwendet, ohne zu wissen weshalb. Nobody postulierte also ein Glockenbaugeheimnis.

Wie aber plante Nobody in seinem Experiment, die negative Materie abzubremsen?

Er hatte eine Idee, er wollte es mit Sägemehl versuchen. Sägemehl erschien ihm am geeignetsten. Es bestand aus unzähligen festen Teilchen, und man konnte es beliebig befeuchten. Er hatte sich vorgenommen, die ganze Pyramide mit Sägemehl zu füllen und danach dieses Sägemehl ausgiebig und täglich mit Wasser anzufeuchten. Zu diesem Zwecke musste er die Öffnung oben an der Pyramide vergrössern, damit er mit einem grossen Trichter Sägemehl einfüllen konnte. Danach musste er mit Metallringen die negative Materie neu fokussieren. Feuchtes Sägemehl müsste wie Tausende von nacheinander geschalteten Chimärkörpern wirken.

Nobody rechnete, dass er für diesen Umbau seiner Maschine zwei Wochen benötigen würde. Bis jetzt hatte er schon sechs Wochen mit der Maschine experimentiert, und die Glocke stand noch immer stoisch und störrisch da. «Wenn es diesmal nicht klappen wird», dachte er sich, «muss ich wieder eine neue Theorie aufbauen.»

Nachdem Nobody alle seine Beobachtungen und Theorien sorgfältig notiert hatte, nahm er sich etwas Zeit zur Musse.

Er telefonierte mit einer Sägerei, um Sägemehl zu bestellen. Er konnte es sich nicht verkneifen und fragte, ob das Sägemehl, wenn es an einem grossen Haufen liege, warm werde. «Ja!», war die knappe Antwort. «Es wird sogar sehr heiss. Es wird im Zentrum so heiss, dass man es nicht mehr berühren kann!» «Wie merkwürdig», sagte Nobody, «dann verkohlt es doch sicher?» «Nein, nein», wird er sofort beruhigt, «die Qualität des Sägemehls leidet darunter auf keinen Fall.» Nobody konnte seine Worte nicht unterdrücken und sagte: «Es brennt also, aber es verbrennt nicht.» «Nein», wird er beruhigt, «es verbrennt nicht.» «Aber», entgegnete Nobody, «weshalb wird es dann so heiss, wenn es doch nicht verbrennt?» «Dies ist doch logisch», war die Antwort, «das Sägemehl wird heiss, weil es noch nass ist. Das weiss doch jeder. Sobald es trocken ist, kühlt es ab und wird danach auch nicht mehr heiss.» «Aha, so einfach ist das.»

Nun wusste es Nobody auch. Er hatte es vorher nicht gewusst, aber aufgrund seiner Theorie voraussagen können. Die Tatsache, dass es aufgrund seiner Weltanschauung und seiner Theorien Phänomene gab, die er zwar vorher nicht kannte, aber doch voraussagen konnte, verstärkte ihn im Glauben, dass er mit seinen Überlegungen auch Recht habe. «Die Wärme, die entsteht, ist Impulsenergie der negativen Materie», sagte sich Nobody. Somit ist auch schon bewiesen, dass mit feuchtem Sägemehl negative Materie abgebremst werden kann.

«Jetzt scheint es mir auch klar, wie die Maschine von Mose gebaut wurde», bestärkte er sich selber. «Er hatte sicher einen Dachstuhl aus Holz gezimmert. Darüber legte er möglichst viele Lagen von Teppichen. Zuletzt kam eine Schicht aus Goldfolien. Die Goldfolie überdeckte er nochmals mit einem Stoff, damit fremde Leute nicht das viele Gold sehen konnten. Während des Tages fing er negative Materie ab. Während der Nacht nahm er die Goldschicht weg.»

Man musste jeweils früh morgens aufstehen und die Goldfolien wieder darüber legen, dann funktionierte die Maschine wohl. So konnte sicher negative Materie eingefangen werden. Vielleicht musste man sogar jeden Abend alle Teppiche in der Wüste ausbreiten und die Maschine am Morgen wieder aufbauen. An der Maschine musste wohl dauernd – in Schutzkleidern, die vor den elektrischen Blitzen schützten – gearbeitet werden.

Man stelle sich eine grosse Glocke vor. Das Metall läuft langsam konisch zu. Der Aufbau der Glocke erinnert an die Höhle von Mose. Irgendwann, vielleicht nach einem Jahr, vielleicht nach 10 Jahren, müsste irgendwo auf der Welt eine der grossen Glocken ein negatives Atom einfangen. Das erste würde ein zweites anziehen, und plötzlich würden viele negative Atome eingefangen werden können. Es ginge dann Schritt auf Tritt. Die Glocke begänne zu schweben und risse sich durch ihren Auftrieb los, der Turm würde beschädigt werden oder einstürzen. Die Glocke entschwände im Weltall.

Die Glocken liessen ihn nicht mehr in Ruhe. Die Glocken wurden erstmals von Mose beschrieben (Ex 39,25). Nie zuvor hatte ein Mensch eine Glocke erwähnt. «Es musste für ihn der wichtigste Gegenstand gewesen sein, den es auf Erden gab», sagte er sich. Und wieder kam er zum Schluss: «Die Glockenmacher müssen ein Geheimnis haben. Sie machen etwas seit Urzeiten richtig, ohne dass sie wissen, weshalb sie es so machen.» Nobody postulierte, dass zumindest die grossen Glocken ganz zuoberst ein Bohrloch haben müssten oder dass unter den Glocken in einem Kirchturm stets eine massive Metallplatte eingelagert würde, am besten ein grosser Metallkegel, dessen Grundfläche die Fläche der Glocken abdeckte und dessen Spitze in den Boden ragte. Nach reiflichem Überlegen war Nobody von seiner Theorie überzeugt. Die Glockenbauer bauten vis-à-vis der Glocken, also in den Boden hinein, eine Gegenglocke. Dies begründeten sie mit einem Symmetriegesetz, genau so, wie in einer Kirche häufig zur Kanzel eine Gegenkanzel gebaut wurde, quasi eine Kanzelattrappe. So musste es sein. Jetzt war das Geheimnis gelüftet!

Ungestüm wie Nobody war, ging er zur nächsten Kirche, klingelte und fragte, ob er einmal die Glocken anschauen dürfe. Der Pfarrer war zwar recht überrascht, offenbar gab es selten Leute, welche die Glocken anschauen wollten, er nahm sich aber die Zeit und zeigte ihm den Glockenturm. Der Pfarrer wollte ihm erklären, wie viele hundert Jahre alt die Glokken seien, doch Nobody interessierte sich dafür, ob die Glocken zuoberst ein Bohrloch hätten. Sie haben kein Bohrloch, klärte ihn der Pfarrer auf. Dann wollte er ihm den Klang erklären und dass die Klänge der verschiedenen Glocken aufeinander abgestimmt seien, aber Nobody interessierte sich nur dafür, wie der Boden unter den Glocken gebaut wäre. Zuunterst wäre Lehmboden, wie in einem Keller, erklärte der Pfarrer noch immer geduldig, wollte ihm dann aber über die Herkunft und die Geschichte der Glocken etwas berichten. Diese Informationen stiessen bei Nobody auf kein Interesse, denn ihn brannte schon seine nächste Frage: «Gibt es eine Gegenglocke?», wollte er ungeduldig wissen. «Nein, es gibt keine Gegenglocken!», antwortete der Pfarrer leicht gereizt.

Dies sollte doch glauben, wer wollte… aber zum grossen Erstaunen von Nobody gab es unter den Glocken tatsächlich keine Gegenglocken! Wenn Nobody an die negative Materie dachte, kam er sich selber vor wie ein negatives Atom. Diese Glocke würde ihn irgendwann einfangen und die Kettenreaktion begänne. Nobody schaute die Glocke ungläubig an und murmelte: «So etwas wie dich dürfte es auf der Welt gar nicht geben, deine Form ist unmöglich. Eigentlich müssten alle grossen Glocken irgendwann im Weltall verschwinden.» Nobody schaute die Glocken ungläubig an, und der Pfarrer war etwas konsterniert – weshalb nur wollte dieser Mann die Glokken anschauen? Er war dann auch sichtlich erleichtert, als sich Nobody verabschiedete.

Dann telefonierte Nobody einem Glockenmacher: «Eine Glocke wird nicht gemacht und nicht gebaut, sie wird gegossen.» «Aha, liegt hier das Geheimnis?» Eine Glocke wird aus Bronze gegossen. Bronze besteht aus Kupfer und Zinn. Nobody vermutete, dass diese Legierung auf irgendeine Art und Weise porös sei, aber, wie schon so oft, er konnte es nicht beweisen. «Man müsste die Geschichte der Glockengiesskunst durchforsten», dachte er sich. Man würde mit Sicherheit auf Unterlagen stossen, die belegten, dass Glocken auch aus anderen Legierungen gebaut wurden, dass sie nach einer gewissen Zeit nicht mehr geklungen haben und plötzlich im Nichts verschwunden sind oder dass der Kirchturm zusammenstürzte.

Dem Glockengiesser waren ähnliche Geschichten bekannt. Er erklärte, dass eine Glocke gut gelagert werden müsste, ansonsten sich die Vibrationen der Glocke auf die Mauern übertragen würden und sich dadurch die Glocke schon mal losreissen könnte. Sie würde im Kirchturm zu Boden fallen und zerschellen, aber dass eine plötzlich im Weltraum verschwunden wäre, sei ihm nicht bekannt.

Nobody füllte seine Pyramide mit Sägemehl. Nachdem die Pyramide schon halb voll war, fiel ihm auf, dass nach jeder Schaufel, die er dazugab, Sägemehl über der Öffnung nach oben geschleudert wurde. So, als ob ein Wind aus der Pyramide herausbliese. Am Anfang fiel ihm das nicht auf, erst allmählich, als die Pyramide halb gefüllt war. Er nannte dieses Zeichen den Alphaeffekt. Er wusste jetzt, es gab den Erdwind, und jedes Phänomen, das diesen Wind sichtbar machte, nannte er ab jetzt Alphaeffekt. Er konnte eine Handvoll Sägemehl auf die Öffnung werfen und erzielte damit jeweils den Alphaeffekt. Die Pyramide war nun voll gestopft mit Sägemehl. Neugierig hielt er seine Hand über die Öffnung der Pyramide und beobachtete, was passierte, als er die Hand über sie hielt.

Zuerst passierte nichts. Dann plötzlich, «aua!» Es hatte ihn etwas in die Hand gestochen. Aber man sah nichts. Es gab einen kleinen Stich, so wie wenn einem gelegentlich, ohne Vorwarnung, plötzlich etwas weh tut. Es konnte Zufall sein, aber der Stich war so schmerzhaft, dass er die Hand nicht mehr über die Pyramide halten wollte. Er stellte einen Plastikbecher, gefüllt mit Wasser, auf die Öffnung. Die Wasseroberfläche wurde leicht unruhig, so wie wenn sie auf eine mysteriöse Art leise kochen würde. Auch dies nannte er Alphaeffekt. Am nächsten Tag war ein Spinnennetz über die Öffnung gespannt und Tautropfen hingen im Netz. Das Spinnennetz war jedoch wie eine Linse nach oben gewölbt. Auch diese Beobachtung nannte er Alphaeffekt. Daraufhin inspizierte er das Sägemehl mit einer Taschenlampe. Er hatte vermutet, dass sich das Sägemehl innerhalb eines Tages setzen würde. Doch was sah er? Das Sägemehl hatte zur Eisenkonstruktion hin eine Gegenpyramide gebildet. Zwischen der Eisenplatte und dem Sägemehl hatte sich eine Spalte von 1 cm gebildet. Diese Spalte war immer genau gleich dick und war bis zuunterst vorhanden. Auch dieses Phänomen nannte er Alphaeffekt. Die negative Materie wurde also durch das Sägemehl abgebremst und danach durch die Eisenplatte fokussiert. Der Weg der negativen Materie führte jedoch genau den Eisenplatten entlang. Dadurch wurde die Sägemehlpyramide aufgebaut mit einer schönen Spitze zuoberst. Wäre keine negative Materie vorhanden gewesen, hätte sich das Sägemehl an der Spitze am meisten absenken müssen.

In immer rascherer Folge konnte Nobody Phänomene voraussagen. Er war überzeugt, dass er bald am Ziel sein würde. Es dauerte aber noch drei

Tage, bis die Metallkonstruktion perfekt war. Er brauchte noch einige Metallringe, danach konnte er die Glocke wieder darüber stellen.

Doch wo waren die Gedanken von Nobody? Er fragte sich, ob es so etwas wie Nobodium gebe. Die Periodenreihe müsste neu geschrieben werden, das war ihm klar: Jedes Atom hat spiegelbildlich ein negatives Gegenstück. Aber seine Frage lautete jetzt: Gibt es das Atom mit der Ordnungszahl Null? Dieses nannte er von jetzt an Nobodium[5]. Nobody war überzeugt, dass es Nobodium gebe. So wie bei der Temperaturmessung 0° C auch eine Temperatur ist, so gibt es ein Atom mit der Ordnungszahl Null, das Nobodium.

Noch mehr, es gibt ein positives und ein negatives Nobodium. Die Fusion von positivem und negativem Nobodium ergibt ebenfalls Energie. Doch hier kann vermutlich die Einstein'sche Energieformel kaum angewendet werden, weil keine Masse im Spiel ist. Nobody hatte keine Ahnung, nach welcher Formel hier Energie entstand. Da Nobodium kaum Masse oder jedenfalls ein vernachlässigbares Gewicht hat, kommen beide Atome, das positive wie das negative Nobodium, über die ganze Erde verteilt vor, auch in der Vakuumschicht im Innern der Erde und in der negativen Materie. Obwohl Nobodium ein vernachlässigbares Eigengewicht hat, ist es trotzdem an Materie, z.B. an die Erde, gebunden. Dies bedeutet, dass ein Vakuum auf der Erde ein anderes Vakuum ist als ein Vakuum im Weltall. Nobody vermutet, dass es im Weltraum weniger Nobodium gibt als auf der Erde. Man müsste somit einmal bei einem Flug von der Erde zum Mars einen Klumpen Eisen erhitzen und zentrifugieren. Nobody erscheint es möglich, dass das Eisen dadurch dichter würde. Somit wäre das spezifische Gewicht einer Substanz eine Funktion von der Dichte von Nobodium – doch davon später mehr.

Bei der Pyramide hatte Nobody nun Wasser eingefüllt. Dies führte dazu, dass sich das Sägemehl stark absenkte. Er musste Sägemehl nachfüllen. Doch dadurch verschwand der Alphaeffekt. Das Sägemehl wurde nicht mehr weggeblasen. «Aha», sagte er sich, «jetzt wird die negative Materie durch das nasse Sägemehl vollständig eingefangen. Irgendwann muss es herauskommen, und ich werde es einfangen. Egal, was da rauskommt, ich fange es ein.» Doch die Glocke deckte nicht mehr die ganze Öffnung der Pyramide ab, weil er die Öffnung zuoberst hatte vergrössern müssen, um so das Sägemehl besser einfüllen zu können.

Er stellte die Glocke über die mit nassem Sägemehl gefüllte Pyramide, aber es passierte nichts. Tagelang blieb die Glocke stoisch und störrisch ruhig, ohne dass etwas passierte. Nach einer Woche hob Nobody die Glocke

[5] Mehr dazu auch in Kapitel 19 c)

und schaute von unten in die Glocke hinein. Dort, wo die negative Materie sein sollte, hatte sich eine Spinne eingenistet. Es gefiel ihr dort, und sie war auch der leibhaftige Beweis, dass dort keine negative Materie sein konnte. Das Sägemehl war aber wieder zu einer inneren Gegenpyramide aufgetürmt. Von oben bis unten betrug der Abstand von der Eisenplatte zum Sägemehl etwa 1 cm. Diese Spalte zwischen der Eisenpyramide und dem Sägemehl interpretierte er als Fluchtweg der negativen Materie. Die negative Materie wurde abgebremst, von den Eisenplatten abgelenkt und floss danach den Eisenplatten entlang nach oben. So wie die negative Materie bei einem Vulkan einen Krater auf eine bestimmte Art und Weise freischaufelt, so bildete sie in der Pyramide diese Spalte. Die negative Materie konnte er zwar jetzt nachweisen und fokussieren, aber nicht einfangen.

Nobody hatte mehrere Fehler gemacht. Die Eisenkonstruktion war verschweisst. Bei Mose lagen aber die Metallplatten direkt auf den Teppichen. Dadurch konnte sich die negative Materie keinen Fluchtweg freischaufeln. Als Glocke hatte Nobody einen massiven Metallklotz genommen und unten eine Glocke konisch eingedreht, die Innenseite vergoldet. Der Metallklotz aus reinem Kupfer sollte mithelfen, die negative Materie abzufangen. Dieser Metallklotz hatte vielleicht negative Materie abgefangen, doch wurde diese wegen seines Gewichtes wieder hinaus gedrängt. Die Glocke musste somit ganz leicht sein, jedoch aus Gold und nicht klein, sondern gross. Und oben an der Pyramide durfte es kein Schlupfloch für die negative Materie geben. Die ganze Pyramide musste somit nochmals überdacht, geplant und neu gebaut werden.

12 Die mysteriösen Todesfälle

Wenn man negative Materie einfangen will, muss man im doppelten Sinne vorsichtig sein.

Einerseits können elektrische Entladungen entstehen, mit welchen wir aber dank isolierten Werkzeugen problemlos umgehen können. Andererseits reagiert die negative Materie nicht nur mit Metallen, sondern auch mit jeglicher Form von positiver Materie. Nobody war davon überzeugt, dass die negative Materie sehr stark abgebremst werden müsste, damit sie mit positiver Materie reagierte. Wenn negative Materie mit hoher Geschwindigkeit auf positive trifft, geschieht gar nichts, weil die negative Materie die positive durchschlägt. Wenn die negative Materie relativ langsam, mit einer kritischen Geschwindigkeit also, auf positive Materie trifft, könnte sie mit jedem Gegenstand reagieren, mit Holz oder Glas, mit einem Stein, mit Wasser oder einem Körperteil. Materie wird dabei aufgelöst und enorme Mengen von Energien werden freigesetzt.

Dabei verhält sich die negative Materie wie korpuskuläre Strahlung. Die korpuskuläre Strahlung ist mit Gewehrkugeln – also mit einem Gegenstand oder einem Körper – zu vergleichen. Wenn man verschiedene Holzbretter im Abstand von 1 m hintereinander aufstellte und mit einem Gewehr durch diese hindurch schösse, würde die Kugel durch die ersten Bretter nur wenig abgebremst, und sie gäbe dementsprechend nur wenig Energie ab, da sie noch viel zu schnell wäre. Dies ist auch der Grund, weshalb es bei den ersten Brettern nur ein kleines Loch gäbe. Doch durch jedes weitere Brett würde die Kugel mehr abgebremst, und plötzlich hätte sie eine kritisch langsame Geschwindigkeit erreicht, so langsam, dass sie mit einem Mal das nächste Brett nicht mehr durchschlagen könnte. Im Brett entstünde ein Riesenloch, die Kugel flöge danach nicht mehr weiter. Wir nehmen in diesem gedanklichen Experiment an, dass es das Brett Nummer 18 wäre, welches total zerfetzt würde.

Wenn man die Bretter nach diesem Experiment ersetzte und mit demselben Gewehr, also mit derselben Ausgangsenergie, erneut schösse, würde wieder genau das gleiche Brett, nämlich Nummer 18, zerfetzt, und die folgenden Bretter blieben, wie beim ersten Experiment, unberührt. Die korpuskuläre Strahlung lässt sich somit sehr gut mit Gewehrkugeln vergleichen.

Im Gegensatz dazu verhält sich die elektromagnetische Strahlung. Wenn man z.B. verschiedene Sonnenbrillen hintereinander aufstellen und mit einer Taschenlampe hindurch leuchten würde, würde jedes Brillenglas einen ganz bestimmten Teil des Lichtes absorbieren. Es gäbe keinen Punkt, an dem das Licht besonders viel Energie abgeben würde, und nach jedem Filter wäre das Licht zwar schwächer, aber immer noch vorhanden.

Die negative Materie verhält sich offenbar wie korpuskuläre Strahlung. Wenn sie einen Körper, z.B. einen Baum oder einen Menschen mit hoher Geschwindigkeit durchschlägt, passiert überhaupt nichts. Wenn sie jedoch einmal eine schwächere Geschwindigkeit hat – wir nennen diese gefährlich langsame Geschwindigkeit kritische Geschwindigkeit –, kann sie sich zusammen mit der positiven Materie in grosse Mengen von Energien umwandeln. Wenn die negative Materie einmal stillsteht, ist sie wiederum ungefährlich, wie eine Gewehrkugel, die man vom Boden aufgelesen hat.

Mit dieser Theorie könnten auch die spontanen Verbrennungen von Menschen erklärt werden. Spontane Verbrennungen werden immer wieder beschrieben, sie sind jedoch extrem selten.

Die spontane Verbrennung tritt plötzlich auf. Es entsteht dabei eine unglaublich hohe Temperatur. Ein Gliedmass versengt in der Zeit eines Bruchteils einer Sekunde. Glas- oder Metalltische, welche sich in der Nähe eines solchen Gliedmasses befinden, schmelzen einfach durch. Dennoch, obwohl enorme Mengen von Energien freigesetzt werden, entsteht kaum je ein Brand, weil für einen Feuerausbruch eine länger andauernde Hitze vorhanden sein müsste.

Ein Bein und das halbe Becken sind z.B. verbrannt und Teile des Körpers schwer angekohlt; trotzdem ist es möglich, dass der Rest des Körpers dabei unversehrt bleibt. In den meisten Fällen wird eine spontane Verbrennung von den Angehörigen und den Behörden totgeschwiegen, weil man unter Schock steht und das Geschehene nicht verstehen kann. Häufig wird eine spontane Verbrennung auch als Blitzschlag interpretiert. Ferner ist es so, dass bei einer spontanen Verbrennung nie eine Druckwelle entsteht. Wenn z.B. ausgeströmtes Gas in einer Wohnung plötzlich brennt, gibt es eine Explosion, alle Fenster der Wohnung werden aus dem Rahmen gedrückt und Tische und Kästen fallen um. Nicht so bei der spontanen Verbrennung, hier gibt es keine Druckwelle.

Nobody vermutet, dass die spontanen Verbrennungen nur Maximalvarianten eines alltäglichen Phänomens sind.

So wie die grossen Regentropfen im Wald erst nach dem Regen oder nach einer Regenpause in grossen Tropfen fallen, verlässt die negative Materie die Erde am Morgen, wenn die Sonne neu aufgegangen ist, in grösseren Ansammlungen. Diese grösseren negativen Kugeln verlassen somit am Morgen die Erde – vermutlich nach Sonnenaufgang bis etwa um 11 Uhr.

Man müsste daher darauf achten, zu welcher Tageszeit die plötzlichen gesundheitsbedrohenden Ereignisse auftreten.

Nicht die Todeszeit ist von Interesse, sondern der Zeitpunkt des Hirnschlages oder des Herzinfarktes. Auch wäre von Interesse, ob nach einem

Hirnschlag oder Herzinfarkt das Gewebe denaturiert, also verkocht ist oder ob es ganz einfach nur abgestorben ist. Wenn man die Hypothese aufstellt, dass die negative Materie für einen Teil der plötzlich eintretenden Krankheiten verantwortlich ist, müsste man postulieren, dass auch ganz gewöhnliche Muskelzerrungen zum Teil durch negative Materie verursacht sind und somit vermehrt in den Morgenstunden auftreten. Spontane Waldbrände müssten eher am Morgen auftreten, wenn es noch kühl ist und nicht dann, wenn die Sonne am heissesten brennt.

Insbesondere wenn unmittelbar unter einem Menschen Metalle vorkommen, müssten Hirnschläge und Herzinfarkte vermehrt auftreten. Warum werden dann gerade im Spital Metallbetten verwendet? Auch die Operationstische strotzen nur so von Metallen, und zudem wird meistens am Morgen operiert. Man müsste somit untersuchen, ob Herzinfarkte oder Hirnschläge bei Patienten während einer Operation überdurchschnittlich häufig vorkommen.

Eventuell gab es sogar schon spontane Verbrennungen auf einem Operationstisch, ohne dass man den Grund dafür fand, oder man hat einen Kurzschluss eines Apparates dafür verantwortlich gemacht.

Der heutige Mensch verbringt eine grosse Zeit seines Lebens im Auto; es müsste auch untersucht werden, ob im Auto Herzinfarkte oder Hirnschläge häufiger auftreten als sonst. Falls die Untersuchung eine positive Bilanz ergäbe, müsste man den Boden im Auto unterhalb der Passagiere aus Holz oder Plastik anfertigen.[6]

Aus der Statistik geht tatsächlich hervor, dass Herzinfarkte und Hirnschläge meistens am Morgen und zudem häufiger im Winter auftreten.

Weil im Winter weniger negative Materie gebildet wird, entstehen relativ grosse Tropfen. Diese Überlegungen könnten allenfalls erklären, weshalb am Morgen und in den Wintermonaten vermehrt Herzinfarkte und Hirnschläge auftreten.

Dabei geht es nicht um Patienten, die jahrelang an einer Angina pectoris litten und dann irgendwann einen Herzinfarkt bekamen. Es geht um Kinder, Jugendliche, Sportler und Kerngesunde, die unvorhergesehen plötzlich einen Herzinfarkt oder Hirnschlag oder eine Muskelzerrung bekommen.

Wie starben denn eigentlich die beiden Söhne Aarons? Wie steht es in der Bibel geschrieben? Wie heisst der Text im dritten Buch Mose? (Lev 10,1 – 10,20). «Da ging vom Herrn ein Feuer aus, das sie verzehrte, und sie kamen vor dem Herrn um.» Das Feuer verzehrte sie also, frass sie quasi auf?

6 Das Auto ist zwar ein Faraday'scher Käfig – ein solcher schützt wohl vor Blitzeinschlägen und Stromstössen, nicht aber gegen negative Materie: Diese hat eine ähnliche Wirkung wie Gewehrkugeln.

Ein gewöhnlicher Stromschlag hätte die beiden Brüder nur getötet, nicht verzehrt. Es handelte sich somit ganz klar um eine spontane Verbrennung. Danach sagte Mose: «Eure Brüder, das ganze Haus Israel, sollen über den Brand weinen, den der Herr entfacht hat.» Es handelte sich somit um einen Brand und nicht um einen Stromschlag. Und danach sagte er: «Lasst eure Haare nicht lose herunterhängen, und zerreisst nicht eure Kleider, sonst müsst ihr sterben.» Das heisst, die Haare dürfen nirgends herausragen, und die Kleider, der Faraday'sche Käfig, darf nirgends zerrissen sein, da man sonst sterben müsste. An dieser Stelle erklärte Mose nochmals allen die Schutzwirkung des Faraday'schen Käfigs. Er wusste offenbar noch nicht, dass der Faraday'sche Käfig vor spontaner Verbrennung nicht schützen kann. Offenbar hatten die beiden Söhne von Aaron eine Fehlmanipulation gemacht, denn es steht geschrieben: Sie «nahmen jeder seine Räucherpfanne. Sie legten Feuer auf, taten Räucherwerk darauf und brachten vor dem Herrn ein unerlaubtes Feuer dar, eines, das er ihnen nicht befohlen hatte. Da ging vom Herrn ein Feuer aus, das sie verzehrte, und sie kamen vor dem Herrn um.» Wenn nun geschrieben steht, «da ging vom Herrn ein Feuer aus», bedeutet dies, dass das Feuer von der negativen Materie ausging. Das heisst, nicht die bekannten Blitze, die während des Abfangens der negativen Materie entstehen, waren für den Tod der beiden Söhne Aarons verantwortlich, sondern abgefangene negative Materie.

Nach dem Tod der beiden Söhne erliess Mose neue Verhaltensregeln für den Dienst im Zelt. Er sagte: «Verlasst nicht den Eingang des Offenbarungszeltes, sonst müsst ihr sterben.» Dies ist ein Hinweis, dass die beiden Söhne mit ihren Räucherpfannen und mit negativer Materie das Offenbarungszelt verlassen hatten. Danach sagte der Herr zu Aaron: «Wenn ihr zum Offenbarungszelt kommt, dürft ihr, du und deine Söhne, weder Wein noch Bier trinken, sonst müsst ihr sterben.» Dies ist ein Hinweis dafür, dass die beiden Söhne betrunken gewesen waren. Somit kann angenommen werden, dass die Söhne vor das Zelt getreten waren und den Schaulustigen mit der negativen Materie hatten imponieren wollen. Möglicherweise hatte ihnen Mose einmal demonstriert, wie man kleinste Mengen von negativer Materie – gelagert in einem Blech oder einer Ledertasche – durch einen Hammerschlag zur Explosion bringen konnte. Sie nahmen aber für die Show eine zu grosse Menge der negativen Materie. Oder womöglich legten sie, weil sie betrunken waren, die ganze Räucherpfanne auf einen Stein und schlugen mit einem Hammer darauf.

Jedenfalls kann aus diesem Vorfall geschlossen werden, dass eine kleine Beschleunigung genügt, damit negative Materie zusammen mit positiver Materie zur Explosion gebracht werden kann. Die notwendige Beschleunigung kann ein Mann ohne weiteres, z.B. durch einen Hammerschlag, erzielen. Somit kann auch geschlossen werden, dass die negative Materie sehr stark abgebremst werden muss, damit man sie einfangen kann. Wenn die negative Materie die Erde verlässt, hat sie eine so grosse Geschwindigkeit, dass sie die positive Materie durchschlägt, ohne mit ihr zu interagieren. Wenn man negative Materie abfängt, kann es passieren, dass die abgebremste negative Materie mit der kritischen Geschwindigkeit daherkommt und sich an der Abfangglocke auflöst. Dadurch entstehen die vielen Blitze und elektrischen Entladungen an der Abfangglocke, aber auch Hitze und Röntgenstrahlen. Nur diejenige negative Materie, die sehr langsam kommt, kann abgefangen werden. Wenn die negative Materie stillsteht, kann man sie in die Hand nehmen und tragen wie einen Tennisball.

Nobody beschäftigte sich mit dem Todesfall eines Arztes. Der Arzt war etwa 40 Jahre alt gewesen und in seiner Praxis gestorben. Wie hatte sich das damals zugetragen? Um genauere Informationen über den Tod des Arztes einzuholen, telefonierte Nobody der Praxisassistentin, die damals mit dem Arzt zusammengearbeitet hatte. Sie erklärte, dass sich ihr Chef während einer kurzen Pause auf seinem Operationstisch ausruhen wollte. Und zwar war es morgens um ca. 10 Uhr. «Danach», fuhr sie fort, «stand er auf, war schneeweiss, machte noch ein paar Schritte, fiel um und war tot. Herzversagen war die Diagnose.» «Hatte er denn vorher je etwas mit seinem Herzen?», wollte Nobody wissen. Nein, soweit sie informiert sei, wäre ihr damaliger Chef vorher kerngesund und auch am Tage des Herzversagens völlig unauffällig gewesen, antwortete die Praxisassistentin.

Ein weiterer Fall, den Nobody selber miterlebte, ereignete sich ebenfalls an einem Morgen. Eine etwa 18jährige Frau war gerade mit ein paar Kolleginnen auf dem Weg zur Arbeit. Hundert Meter vor der Eingangstüre brach sie zusammen, atmete nicht mehr, hatte einen Herzstillstand. Sie war vorher nie ernsthaft krank gewesen, hatte keine Medikamente benötigt und sich angeblich völlig gesund gefühlt. Diese Frau konnte reanimiert werden, doch blieb sie zeitlebens im Koma.

Einen weiteren Todesfall kennt er nur aus der Zeitung. Ein junger, durchtrainierter Sportler brach während des Frühstücks zusammen. Er war sofort tot. Herzversagen; auch er war Nichtraucher, bis dato stets gesund.

Sicherlich gibt es Herzversagen, bei denen eine medizinische Ursache vorliegt. Aber wenn ein Herzversagen oder ein Hirnschlag morgens zwischen sechs und elf Uhr bei einer gesunden Person auftritt, muss die negative Materie als Ursache vermutet werden.

Es ist für Nobody erstaunlich, dass die hoch entwickelte Medizin das Phänomen der ungewöhnlichen Todesfälle, die meistens in den Morgenstunden auftreten, noch nie genauer untersucht hat.

Nobody vermutet, dass diese Todesfälle Minimalvarianten von spontanen Verbrennungen sind und Herzinfarkte oder Hirnschläge häufiger in der Nähe von Metallen auftreten.

Auch Erdbeben führt Nobody auf negative Materie zurück. Bei Erdbeben verlassen grössere Mengen von negativer Materie die Erde. Es fällt bei Erdbeben auf, dass jeweils viele Leute im Erdbebengebiet Herzinfarkte und Hirnschläge bekommen. Bis jetzt führte man dies auf die erhöhte psychische Belastung zurück. Bei den Erdbeben entstehen oft viele unerklärbare Brände. Alle diese Phänomene müsste man jedoch auf die negative Materie zurückführen.

Die negative Materie hat offenbar noch eine spezielle Wirkung auf den Menschen, nämlich auf seine Psyche. Daher verwundert es nicht, dass psychische Erregungszustände oder Amokläufe vorwiegend im Sommer auftreten. Es ist anzunehmen, dass auch der Mond negative Energien auf die Erde strahlt, so dass gerade bei Vollmond vermehrt negative Materie aus der Erde austritt. Dadurch könnte man die Mondsüchtigkeit erklären.

Da Nobody auch vermutet, dass Regentropfen negative Materie enthalten, kann er davon ausgehen, dass Regentropfen sowohl das sichtbare Licht der Sonne und des Mondes zurückhalten als auch deren negative Energien. Mondsüchtigkeit würde daher niemals unter bewölktem Himmel auftreten, und sie wäre somit in den Sommermonaten, bei klarem Himmel, am ausgeprägtesten. Menschen, die an solchen Tagen Neigung zur Tobsucht verspüren, könnte man im Sommer bei Vollmond auf hohe Berge schicken. Hier wäre der Austritt von negativer Materie geringer.

Nobody untersuchte einen weiteren Todesfall. Da war doch vor Jahren ein Mann, der von einem Blitz erschlagen wurde. Er starb an Blitzschlag, sagte man. Er liess sich den Fall nochmals erzählen.

Es hätte schon lange geregnet, und die Erde wäre nass und durchtränkt gewesen. Der Mann hätte in der Stube gesessen, wo auch seine Tochter zugegen war. Plötzlich hätte es einen Knall, Rauch und einen Lichtblitz gegeben. Der Mann sei sofort tot umgefallen. Am Bauch rechts hätte er ein Brandmal gehabt. Man vermutete dort den Eintritt oder Austritt des Blitzes.

«Von wo ist denn der Blitz gekommen?» erkundigte sich Nobody bei der Tochter. Sie war ob der Frage etwas erstaunt und antwortete: «Natürlich kam der Blitz von oben. Der Blitz hat das ganze Haus durchschlagen, aber nur den Vater getroffen, ich kam mit dem Schrecken davon.»

«Aha, so war das», sagte Nobody. «Vermutlich war danach das Dach und die Decke im Wohnraum völlig zerstört?»

«Nein, eben nicht, das Dach und das ganze Haus blieben beim Unglück völlig intakt», sagte sie. Woher sie denn wisse, dass es ein Blitzschlag gewesen sei? fragte Nobody. «Um das abzuklären, kamen Experten, die mir versicherten, dass es wirklich ein Blitzschlag gewesen sei. Auch die Polizei war da, und später wurde der Leichnam sogar autopsiert», erklärte sie.

«Aber», fragte Nobody weiter, «gibt es denn tatsächlich Blitze, die ein Dach und im Haus mehrere Decken durchschlagen können, ohne daran Schaden anzurichten, dafür aber irgendwo im Haus einen Menschen tödlich treffen können?»

Die Befragte wurde mittlerweile leicht unruhig. «Es waren doch die Experten, die erklärten, dass so etwas möglich sei!», entfuhr es ihr. «Ein Blitz ist doch Strom», sagte sie, «der müsste doch am Metall, z.B. an der Dachrinne entlang, in den Boden sausen können. Aber der Blitz, von welchem ich spreche, hat das Haus geradlinig durchschlagen, hat nirgends Energie abgegeben, nirgends etwas beschädigt und trotzdem den Vater getötet und auf seinem Bauch ein Brandmal hinterlassen! Du bist der erste,» sagte sie, «der mich überhaupt danach fragt, woher der Blitz gekommen und wohin er gegangen sei. Das ist doch eine wichtige Frage. Weshalb haben die Experten mich das nie gefragt? Jedenfalls hat mich dieses Ereignis bis heute immer wieder beschäftigt», gab sie zu. «Aber wenn du denkst, dass es kein Blitz war, der meinen Vater tötete, dann bitte sag mir, woran ist er denn deiner Meinung nach gestorben?»

«Du musst wissen», sagte Nobody, «Experten sind gescheit. Wenn sie nicht gescheit wären, wären sie keine Experten. Wenn nun die Experten festgestellt haben, dass er an Blitzschlag gestorben ist, dann ist er halt wohl an Blitzschlag gestorben.»

«Aber du glaubst es nicht, oder», fragte sie verunsichert, «ich sehe dir doch an, dass du das nicht glaubst.» «Was glaubst du denn, was passiert ist?» fragte Nobody zurück. Sie überlegte – dann sagte sie: «Es muss ein Blitzschlag gewesen sein, ich hörte doch den Knall, ich sah das Feuer, danach lag der Vater tot da, und es war Brandgeruch im ganzen Haus. Was ausser einem Blitz könnte es denn noch gewesen sein?»

«Vielleicht wird es einmal ein Buch geben zu diesem Thema. Wenn du dann dieses Buch gelesen hast, wirst du wissen, woran dein Vater gestorben ist», dachte sich Nobody.

Nobody untersuchte einen weiteren Todesfall. Da wurde einer auf offenem Felde beim Heuen, unter blauem Himmel und bei Sonnenschein von einem Blitz erschlagen. Es hatte keine Wolken, und es gab kein Gewitter weit und breit. «Das war ein trockener Blitz», sagten die Experten. «Die trockenen Blitze sind noch gefährlicher als die nassen Blitze», erklärten sie.

Weshalb bekommen hauptsächlich alte Leute Herzinfarkte und Hirnschläge, und warum trifft es Kinder seltener? Diese Frage beschäftigte Nobody lange. Vermutlich liegt der Grund darin, dass das Gewebe im Alter viel mehr Metalle eingelagert hat. Das Fettgewebe, die Muskulatur, die Knochen und das Hirn lagern während des Alterns dauernd Schwermetalle ein. Dies führt dazu, dass immer mehr Zellen durch die negative Materie abgetötet werden. Möglicherweise ist dies teilweise für den Hirnabbau und den Alterungsprozess verantwortlich. Man müsste somit rein experimentell Kinder, die an Progerie, also vorzeitiger Vergreisung leiden, auf einer Höhe von 3000 m über Meer leben lassen.

Möglicherweise ist auch die Alzheimerkrankheit eine reine Metallkrankheit. Möglicherweise gibt es Metallkrankheiten, die je nach Metall auf eine zu grosse Ablagerung von Gold, Kupfer, Eisen, Aluminium, Quecksilber usw. im Hirn zurückzuführen sind. Auch müsste man statistisch untersuchen, ob Leute, die Implantate haben, z.B. künstliche Hüftgelenke, vermehrt Hirnschläge und Herzinfarkte bekommen und ob sie im Vergleich einen schnelleren Hirnabbau haben. Nobody glaubt auch, dass Frauen, die menstruieren sowie Leute, die oft Blut spenden, viel weniger anfällig für Herzinfarkte und Hirnschläge sind, weil sie mit den Blutzellen Schwermetalle und Eisen ausscheiden können. Nobody glaubt auch, dass das Blutspenden die beste Prophylaxe gegen solche Krankheiten und gegen Alzheimer ist. «Es ist doch schon auffällig, dass in unserer Gesellschaft die alten Leute verblöden und im Sozialstatus zuunterst stehen», sagte er zu sich selber.

Dies war in früheren Zeiten und bei Naturvölkern nicht der Fall. Früher kannte man den Dorfältesten, und der Rat der Ältesten ist bei Naturvölkern immer noch sehr gefragt. Das Wort «Senat» stammt von den Römern und erinnert an die Zeit, wo die Älesten den Staat massgebend mitbestimmten. Nobody ist überzeugt, dass die Frauen naturbedingt und die Männer früher durch ihre Arbeit, Jagd und Krieg, regelmässig Blut verloren und dadurch die Schwermetalle ausgeschieden werden konnten. Weil in der heutigen Gesellschaft dieser Ausscheidungsweg von Giftstoffen kaum mehr auf natürliche Weise geschehen kann, erleiden Männer vermehrt Herzinfarkte und Hirnschläge. Sie sterben in der Regel früher und verblöden eher. Diese Krankheiten treten bei Frauen erst ca. 20 Jahre nach dem Klimakterium auf.

Wieder starb ein Freund von Nobody auf eine eigenartige Weise. Er war 47 Jahre alt und eigentlich kerngesund. Er nahm an einer Fuchsjagd hoch zu Pferde teil (dabei handelte es sich um einen Wettkampf mit Pferden, bei dem Füchse keine Rolle spielten). Es war an einem Sonntagmorgen, um 9 Uhr. Plötzlich legte er seinen Kopf auf die Mähne seines Pferdes, rutschte seitlich vom Rücken, fiel zu Boden und war tot. Für Nobody war der Fall klar. Ein kleines Korn von negativer Materie durchschlug das Pferd und wurde dabei immer mehr abgebremst. Danach durchschlug es den Körper des Reiters und irgendwann, in der Nähe des Herzens, hatte es die kritische Geschwindigkeit erreicht. Die negative Materie löste sich, zusammen mit einem kleinen Teil Materie des Reiters, auf. Dabei wurde ein Stromstoss freigesetzt, der einen Herzstillstand auslöste. Wenn zutrifft, was Nobody glaubt, wäre der Mann, wenn er mit seinem Pferd nur einen Meter neben seinem eingeschlagenen Pfad geritten wäre, noch am Leben, und ein anderer Reiter, der sich vielleicht gerade dort befunden hätte, wäre an seiner Stelle tot.

Ein Zeitungsartikel machte ihn stutzig. Da hatte der Sohn eines Fabrikanten auf dem Fabrikareal eine brennbare Flüssigkeit abgefüllt. Obwohl niemand gleichzeitig auf dem Areal war und der Sohn kein Feuer entfachte, begann die Flüssigkeit explosionsartig zu brennen. Der Sohn musste nach diesem Vorfall mit leichten Verletzungen hospitalisiert werden. Der wissenschaftliche Dienst der Polizei ging davon aus, dass eine statische Entladung die brennbare Flüssigkeit entzündete. Das war genau die Sichtweise, von der Nobody überzeugt ist.

Er argumentiert immer wieder, dass es in der Natur Entladungen gebe und Blitze nur die grossen, sichtbaren Varianten davon seien. Nobody telefonierte mit dem wissenschaftlichen Dienst der Polizei und wollte von ihren Erfahrungen mit diesen plötzlichen Entladungen mehr wissen. Doch die Wissenschaftler glaubten nicht daran, dass es sich um eine plötzliche, spontane Entladung gehandelt habe. Vielmehr waren sie davon überzeugt, dass der Sohn mit den Kleidern durch Reibung eine statische Entladung provoziert habe. «Weshalb gibt es denn plötzliche Waldbrände?», wollte Nobody wissen. «Waldbrände», lautete die Antwort, «entstehen durch Brandstiftung oder durch Blitzschläge.» So einfach sehen die das.

Bei einem anderen Fall hat sich ein Auto, das in einer Tiefgarage stand, selbst entzündet. Brandstiftung konnte nicht nachgewiesen werden. Im abschliessenden Communiqué des Wissenschaftlichen Dienstes der Polizei hiess es, dass sich das Auto vermutlich wegen eines technischen Fehlers selbst entzündet habe.

Nobody vernahm, dass in einer Nachbargemeinde vor Jahren ein Mann von einem Blitz getroffen worden war. Er setzte sich erneut mit den Behörden in Verbindung und wollte wissen, wie sich alles abgespielt habe. Man sagte ihm, dass der Mann auf dem Balkon seines Hauses gestanden habe und es bewölkt gewesen sei, aber es habe noch nicht geregnet. Er habe sich auf dem Metallgeländer abgestützt und plötzlich sei ein Blitz eingefahren. Der Mann habe seither eine Verbrennungsnarbe vom Ohr über den Hals bis zur Hand, mit welcher er sich auf dem Geländer abgestützt habe.

In diesem Falle war die Situation nicht klar. Da er draussen gestanden hatte, könnte ein echter Blitz von oben gekommen sein. Es könnte aber auch ein kleines Stückchen negative Materie von unten auf dem Metallgeländer aufgeschlagen haben und so stark abgebremst worden sein, dass es die kritische Geschwindigkeit erreichte und beim weiteren Flug ständig Energie abgab. Auf die Frage, ob der Blitz von oben oder von unten gekommen sei, wurde er beinahe ungehalten abgefertigt, «Blitze kommen ja bekanntlich immer von oben!» Die Experten erklärten ihm, dass der Blitz beim Ohr eingeschlagen, den Hals, den Vorderarm und danach die Hand des Opfers verletzt habe, um dann im Metallgeländer abgeleitet zu werden. Es sei gut, dass der Mann das Metallgeländer berührt habe, denn so konnte der Blitz abgeleitet werden, erklärte der Wissenschaftler. Gerade bei diesem Mann, der das Geländer berührt hatte, wäre es durchaus möglich gewesen, dass er tatsächlich von einem gewöhnlichen Blitz von oben getroffen wurde.

Nobody kennt einen weiteren Fall, wo ein Mann mit dem Auto anhielt und aussteigen wollte. Im selben Moment verspürte er einen Stich im Bauch, es wurde ihm schwarz vor den Augen, und er stürzte hilflos zu Boden. Der Getroffene erholte sich rasch wieder. Er schaute sich seinen Bauch an und entdeckte eine ca. 2 cm grosse Verbrennungsmarke mit einem kleinen, zentralen Punkt. Der Punkt sah aus wie ein Einstich mit einer Nadel. Der Mann wurde zur Untersuchung in eine Klinik überwiesen. Dort blieb er nur für einen Tag, da alle Untersuchungsresultate unauffällig waren und er sich schnell bestens erholte. Im Austrittsbericht wurde die Verbrennungsmarke mit keinem Wort erwähnt.

Es gibt in der Medizin ein Gesetz; man könnte es das kognitive Gesetz nennen. Es lautet: «Man kann nur sehen, was man kennt.»

Der Fall einer spontanen Verbrennung, der immer wieder aufgerollt wird, betrifft den Tod von Dr. John Lea Irving aus Pennsylvania USA aus der Ortschaft Coudersport. Wenn man im Internet unter «Dr. John Lea Irving» sucht, findet man Hunderte von Meinungen und Interpretationen zu diesem Todesfall. Am Morgen des 5. Dezembers 1966 wollte Herr Gosnell bei ihm zu Hause den Gasometer ablesen, doch wurde er wegen eines seltsamen Verbrennungsgeruches gestört. In der Folge suchte er den Hausbesitzer, aber als er ihn fand, lag dieser völlig verbrannt am Boden; nur ein Unterschenkel blieb unversehrt. Auf dem Boden unter der Asche war ein Loch, und man sah Leitungen und Metallarmierungen. In diesem Fall hatte man einen Hinweis, dass Metalle, die sich unterhalb des Betroffenen befanden, für die spontane Verbrennung verantwortlich hätten sein können.

In vielen anderen Fällen werden Metalle gar nicht erwähnt, obwohl sie vermutlich in allen Fällen für die Unfälle verantwortlich sind. Als offizielle

Todesursache von Dr. John Lea Irving wurde «Erstickung» angegeben, obwohl nur noch ein Unterschenkel vorhanden war. Man muss aber dem Arzt, der den Totenschein auszufüllen hatte, zugute halten, dass er ja irgendeinen Grund angeben musste.

Vom Chirurgen Merille aus Caen wird ein weiterer Fall einer spontanen Verbrennung beschrieben. Es geht um den Tod der Dame Thaurs, geschehen am 3. Juli 1782. Der Chirurg beschreibt: «Der Schädel der Toten befand sich 35 cm vom Feuer entfernt, der übrige Körper lag schräg vor dem Kamin, vollständig zu Asche zerfallen. Selbst die härtesten Knochen hatten ihre Form und Konsistenz verloren. Der rechte Fuss war bis auf eine verkohlte Stelle oberhalb des Gelenkes unversehrt geblieben, der linke war schwer verbrannt.» Dabei ist anzumerken, dass sich Knochen erst ab Temperaturen über 1000° C verbiegen.

Laut den Angaben von Lars A. Fischinger ist der erste glaubwürdig überlieferte Fall einer spontanen Verbrennung in der Beschreibung vom Tod der Gräfin Cornelia Bandi aus der Umgebung von Verona festgehalten. Am 4. April 1731 wurde sie von ihrer Zofe gefunden: «Das ganze Gemach der Gräfin war mit Asche und Russpartikeln erfüllt, die sich auf allen Gegenständen niederliessen. Vier Fuss vom Bett entfernt lag ein Aschenhaufen, aus welchem zwei Beine ragten, unversehrt, noch mit Strümpfen, dazwischen der Kopf, das Gehirn, die hintere Hälfte der Schädelschale und das Kinn. Ansonsten war alles zu Asche verbrannt, lediglich drei schwarz verkohlte Finger liessen sich noch mit Mühe identifizieren.»

Für Nobody ist eine spontane Verbrennung ein Unglück, wie wenn jemand unter eine Lawine gerät oder bei einem Hauseinsturz getötet wird. Ein Unglück, das eintritt, wenn jemand zur falschen Zeit am falschen Ort steht.

Wenn die Zofe und die Gräfin für einen Tag ihren Schlafplatz gewechselt hätten, wäre die Zofe und nicht die Gräfin verbrannt. Auch ist der Tod der Gräfin eigentlich nicht der erste schriftlich überlieferte Fall einer spontanen Verbrennung. Die erste spontane Verbrennung, die schriftlich überliefert worden ist, betrifft den Tod der beiden Söhne Aarons. Auch hier handelt es sich um ein Unglück; jedoch trat das Unglück durch eine Fehlmanipulation ein. Wenn ein anderer diese Fehlmanipulation gemacht hätte, wäre dieser andere vom Feuer verzehrt worden. Und wenn die beiden Söhne die Fehlmanipulation nicht gemacht hätten, wären sie auch nicht spontan verbrannt. Aber es heisst: «Sie (...) brachten vor dem Herrn ein unerlaubtes Opfer dar, eines, das er ihnen nicht befohlen hatte.» (Lev 10,1).

13 Der Urknall

Nobody schaute sich seine Maschine an, die er in seinem Garten aufgebaut hatte. Sie stand einfach da, stoisch, und es geschah nichts. Er sass auf einem Stein und schaute sich seine Maschine an. Die Maschine inspirierte ihn auf eine eigentümliche Art. Zudem hatte er kaum noch geschlafen. Beim Essen, beim Lesen, wenn er im Bett lag, wenn er etwas arbeiten sollte, seine Gedanken kreisten nur noch um die Frage, wie man negative Materie einfangen könnte. Stundenlang lag er im Bett und gedanklich baute er seine Maschine um, baute sie wieder neu zusammen, und wenn er für einen Moment eingeschlafen war, erwachte er nach kurzer Zeit wieder, weil er geträumt hatte, er habe negative Materie eingefangen. Doch jetzt sass er im Garten auf einem Stein und schaute sich seine Maschine an. Wie nur konnte er negative Materie einfangen? Plötzlich verfiel er in eine Art Trance. Es war ein Zustand, in dem er extrem schnell denken konnte. Seine Umgebung konnte er wahrnehmen, doch alles lief wie in Zeitlupe ab. Das Plätschern des nahen Baches schien wie aus weiter Ferne. Hätte ihn jetzt jemand angesprochen, hätte er alles verstanden, aber sicherlich Minuten gebraucht, bis er hätte antworten können.

Man hätte diesen Zustand auch intensiven Tagtraum nennen können. Dabei traf er ein virtuelles Volk auf einem virtuellen Planeten. Der Planet hatte keinen Tag/Nacht-Rhythmus, aber einfachheitshalber nehmen wir an, die Zeitrechnung sei auch in Tagen mit 24 Stunden erfolgt. Der Häuptling des Volksstammes hiess Mister Pi.

Mister Pi war ein Kreis- und Kugelfanatiker. Wenn er über die Wiesen wanderte, hörte man ihn häufig mit sich sprechen: «Alles ist Kreis, und alles ist Kugel.» Eines Tages rief er seinen Stamm zusammen und eröffnete seine Rede: «Alles ist Kreis, und alles ist Kugel, somit ist unser Planet eine Kugel. Lasst uns die Kugel ausmessen, und zwar auf die einfachste Art und Weise. Wir nehmen 20 junge, kräftige Männer. Jeder von diesen Männern wandert nun immer gerade aus und jeder in eine andere Richtung. Jeder muss täglich genau 100 km zurücklegen. Irgendwann treffen die Männer wieder bei uns ein. Dann nehmen wir das Mittel der Wanderzeit, und schon haben wir den Umfang unseres Planeten.»

Gesagt, getan. Man bildete einen Kreis mit 20 Männern, den Rücken jeweils zur Mitte. In der Mitte stand Pi und gab das Kommando: «Auf die Plätze, fertig, los!» Und alle marschierten gleichmässig ab, jeder in seine Richtung. Pi rannte jedem nochmals nach und rief hinterher: «Nicht vergessen, immer gleichmässig und täglich 100 km und immer in die gleiche Richtung!»

Pi hielt alle Tage Ausschau. Genau nach 400 Tagen kamen die Männer zurück, er sah zuerst einen, dann zwei, dann alle.

Pi stellte sich am selben Ort wieder auf. Alle 20 Männer kamen gleichmässig und im Gleichschritt auf ihn zu. Und, wie eine Ballettgruppe nach jahrelangem Training, bildeten sie wieder, sekundengenau, synchron, in perfekter Choreographie, einen Kreis um ihn. Derjenige, der nach rechts abmarschiert war, kam von links und derjenige, der nach unten gegangen war, kam von oben. Mister Pi erschrak und wurde schneeweiss. «Was hast du?» fragten ihn seine Männer. «Wir hatten 400 Tage, also ist der Umfang unseres Planeten 40 000 km», rechneten sie ihm laut vor. Pi sprach mit jedem einzeln. Jeder freute sich, doch Pi sinnierte. «Etwas kann nicht stimmen. Ihr müsst nochmals gehen», sagte Pi, «etwas stimmt nicht.» Die Männer sagten, dass ihnen der Marsch gefallen habe und dass sie so oder so wieder gehen wollten. Man stellte sich also wieder auf. Pi war wieder in der Mitte des Kreises und hatte ein Feuer angezündet. Doch dieses Feuer war mit einer Decke rundherum abgedeckt. Pi sagte: «Diesmal gebe ich kein Kommando. Sobald ich die Hüllen um das Feuer fallen lasse, soll das Licht für euch das Startzeichen sein.»

Also machte man es so. Nach 200 Tagen trafen sich diesmal zwei Männer auf der Gegenseite. Für den einen kam der andere von rechts, und für den anderen kam jener von links. Sie begrüssten sich und jeder hatte dasselbe Ziel, jedoch eine andere Meinung bezüglich Marschrichtung. Sie schlossen sich zusammen und gingen von diesem Augenblick an zusammen des Weges. Als zukünftigen Weg wählten sie das Mittel ihrer beiden Marschrichtungen. Genau nach 400 Tagen kamen wieder alle zurück, jeder alleine, nur zwei waren zusammen. Pi stellte sich wieder in der Mitte auf. Wieder kamen alle im Gleichschritt daher und bildeten um ihn einen Kreis. Gleichzeitig wurde Pi für jeden sichtbar, da von allen Seiten von einem Licht angeleuchtet.

Pi befragte wieder jeden. Als die zwei angaben, dass sie sich vor genau 200 Tagen am Gegenpol getroffen hätten, sagte Pi, «dies wundert mich nicht, mich wundert, dass ihr euch nicht alle am Gegenpol getroffen habt.» Pi merkte, dass er dem Geheimnis des Urknalles auf der Spur war. Seinen Standpunkt, das Ziel und den Start also, nannte er ab jetzt F1 und den Gegenpol F2. «Am Gegenpol trifft sich niemals die gesamte Materie, nur in F1», sagte er zu sich – «und zwar zeitgleich.» Nach einer Weile gestand einer der Männer, dass er sich vor dem letzten Start eine Verletzung zugezogen hatte. Er habe nichts gesagt, weil er unbedingt starten wollte. Er konnte aber nur 50 km pro Tag gehen. Er hatte sich ausgerechnet, dass er ein Meeting versäumen, jedoch am darauf folgenden wieder dabei sein werde. Doch offenbar hatte er nichts verpasst. Auch er war 400 Tage lang gewandert, aber nur 50 km täglich, und war mit den anderen zur richtigen Zeit wieder zurück. Nun sagte Pi: «Wisst ihr noch, als ihr zum ersten Mal zurückgekehrt seid, damals bin ich erschrocken. Vor dem ersten Start sagte ich, auf die

Plätze, fertig, los! Und als ihr zurückkehrtet, hörte ich meine eigene Stimme wieder. Ich hörte: ‹Auf die Plätze, fertig, los!› Die Stimme war euch vorausgeeilt und dennoch war sie gleichzeitig wieder zusammen mit euch hier. Beim zweiten Start gab ich das Startzeichen mit einem Lichtschein. Das Licht pflanzte sich mit Lichtgeschwindigkeit fort, es hat somit einen riesigen Bogen beschrieben, aber es war zur richtigen Zeit wieder hier. Alles ist fliessend, nur die Zeit bleibt konstant, nur an die Zeit kann man sich halten, die geht unbarmherzig vorwärts, die läuft gnadenlos ab.»

Nobody hörte sich Pis Überlegungen an, konnte dann aber nicht mehr länger schweigen und fragte ihn: «Kennst du denn die Relativitätstheorie nicht? Die Zeit ist abhängig von der Geschwindigkeit, je schneller ein Körper, desto träger läuft für ihn die Zeit ab.» Pi antwortete: «Die Zeit ist das Einzige, was konstant ist, dies ist meine Weltanschauung, ich kann somit keine andere These gutheissen. Ich verstehe jedoch deinen Einwand. Ein Missverständnis bleibt bis zu seiner Aufdeckung Wahrheit. Und wenn du schon sagst, alles sei relativ, dann musst du halt auch die Relativitätstheorie etwas relativieren.» «Aber es gibt Messungen», erwiderte Nobody, «mit verschiedenen Atomuhren, die eine blieb auf der Erde, die andere wurde mit dem Flugzeug um die Erde geflogen. Dabei konnten nach der 10. Kommastelle einer Sekunde Unterschiede nachgewiesen werden.» Pi blieb dabei: «Wenn sich zwei Gegenstände trennen, läuft für beide die Zeit genau gleich, ob sich der eine schneller oder langsamer bewegt, das spielt keine Rolle. Und wenn sie sich wieder treffen, sind beide Gegenstände gleich alt und es gibt keinen Zeitunterschied. Wenn jemand etwas anderes behauptet, ist er ein Betrüger und ein Scharlatan.»

Dies war deutliche Sprache, Nobody entschloss sich, zu schweigen und nahm diesbezüglich keine Stellung mehr ein.

Also sagte Pi zu den 20 Männern: «Die Zeit ist immer konstant, nur der Raum, den einer umwandert, ist relativ und abhängig von der Geschwindigkeit. Ihr habt euch beim Gegenpol, bei F2, nicht getroffen, weil jeder von euch eine individuelle Geschwindigkeit hatte, der eine legte pro Tag 101 km zurück, der andere 98,5 und ein anderer 100,3 km usw., und somit hat jeder von euch eine eigene Bahn wie die Flugbahn eines Himmelskörpers umwandert.

Jetzt wollen wir diese These bestätigen. Jeder bekommt eine individuelle Geschwindigkeit. Der eine muss täglich 5 km gehen, der andere 10, einer 50 und ein anderer 120 und noch einer gar 200 km pro Tag zurücklegen. Am 399. Tag sah Pi schon von weitem den Rückkehrer, der 5 km im Tag gehen musste. Es sah so aus, als ob dieser jetzt gewinnen würde. Doch nach und nach tauchten andere auf und zuletzt jener, der 200 km täglich ging. Alle trafen gleichzeitig bei Pi ein. Pi hatte 400 Tage gewartet, und jeder war 400

Tage gegangen, und jeder hatte, je nach Geschwindigkeit, eine eigene Bahn umwandert; der Schnelle eine grosse, der Langsame eine kleine.

«Versteht ihr», sagte nun Mister Pi, «der Urknall wiederholt sich immer wieder. Die Materie wird durch grosse Energie weggeschleudert, und danach nimmt sie, je nach Geschwindigkeit, eine grosse oder kleinere Flugbahn ein, und alles, das Licht, die Schallwellen, alle Strahlung und die ganze Materie, kommt synchron, alles miteinander an den Ursprung zurück. Dabei rast die Materie auf F1 zu – auf den Startpunkt also, löst sich auf, wandelt sich in Energie um, um danach wieder in Materie umgewandelt zu werden und von neuem auf die Reise zu gehen. Diejenige Materie, die nach rechts weggeht, kommt danach von links zurück, und diejenige, die nach links weggeht, kommt später von rechts zurück. Nach der Halbzeit ist die Gefahr gross, dass sich die Materie trifft und frontal, mit grosser Geschwindigkeit, aufeinander prallt. Diese Halbzeit ist zwar sehr gefährlich, doch kann man diese Phase mit Glück überleben. Aber das Ende eines Rundlaufes, den Zielpunkt, dort wo ich stehe, Pi Point also, überlebt niemand, weil hier alles aufgelöst wird. Somit muss eine Menschheit, falls sie überleben will, ihre Erde verlassen und eine neue suchen.»

Als erster schaltete sich wieder Nobody ein: «Also Mister Pi, in welcher Phase befindet sich denn nun die Erde mit all ihren Menschen? Wie viele Tage haben wir schon zurückgelegt, und haben wir die Halbzeit, den Punkt F2 also, schon überschritten?» Pi erklärte: «In der ersten Phase, unmittelbar nach der Explosion, bewegen sich alle Himmelskörper von Pi Point weg. Während der ersten Phase gibt es niemals Meteoriten. Nach einer Explosion gibt es niemals Zusammenstösse einzelner Fragmente. Jeder Körper bewegt sich vom Zentrum weg. Erst bei Halbzeit, bei F2, kollidieren die Körper, weil die einzelnen Himmelskörper frontal aufeinander zufliegen. In dieser Zeit gibt es den grossen Meteoritenhagel. Jetzt fallen pro Tag und pro Fussballfeld mehrere tausend Meteoriten nieder. Danach gibt es immer weniger Meteoriten, sogenannte Querschläger, und die gibt es nur nach der Halbzeit. Am Schluss, gegen F1 zu, nimmt die Zahl der Meteoriten wieder stark zu, und die Materie rast auf einen einzigen Punkt zu. Dann verwandelt sich die Materie in Energie, und danach gibt es erneut einen Urknall, und die Materie macht sich wiederum von neuem auf ihren Weg.

Es gibt noch weitere Anhaltspunkte um herauszufinden, in welcher Phase man ist. Wenn die Erde z.B. einen Trabanten, einen Mond ohne Atmosphäre, hat, ist die Sache einfach. Nach der Halbzeit gäbe es Spuren im Sand. Die Mondoberfläche wäre von Tausenden von Kratern durchsetzt; der Mond würde aussehen wie ein alter, vernarbter Krieger. Weisst du nun, in welcher Phase die Erde ist?» fragte Pi. «Ja, wir müssen in einer Phase nach der Halbzeit sein. Dies bedeutet aber», sagte Nobody, «dass unsere Astrophysiker glauben, unser All dehne sich weiterhin aus, in Wirklichkeit aber rasen wir geradezu auf Pi Point, d.h. den Weltuntergang zu.» «So ist es», sagte Pi, «nur ihr habt noch ein paar Millionen Jahre Zeit.» «Dies bedeutet auch, dass alle Weltuntergangsreligionen einen wahren Kern haben.» «So ist es», sagte Pi erneut kopfnickend.

Nehmen wir an, die Erde würde bei Halbzeit, bei F2 also, von einem grossen Meteoriten getroffen. «Was würde geschehen?» fragte Nobody. «Nun, wenn ein grosser Meteorit auf der Erde aufschlagen würde, würde er zuerst die positive Hülle des Erdmantels durchschlagen und danach auf den negativen Kern treffen. Ein grosses Stück dieses Kernes zusammen mit dem innersten Mittelkern, der wiederum aus positiver Materie besteht, würde auf der Gegenseite die Erde wieder verlassen. Die negative Materie im Zentrum jedoch wäre danach noch wochenlang unruhig. Dauernd würde negative Materie die positive Schicht durchschlagen. Diese negative Materie würde massenhaft Wasser in die Atmosphäre mitschleppen, der grosse Regen würde beginnen. Pausenlos, tagsüber und nachts, wochenlang und auf der ganzen Welt, würde es regnen. Der Wasserspiegel stiege auf der Erde um mehrere hundert Meter an. Dies geschähe jedoch nicht als Folge des Dauerregens, denn hier wäre die Bilanz ausgeglichen; d.h. die negative Materie schleppte etwa gleich viel Wasser in die Atmosphäre wie gleichzeitig wieder herunterfiele. Aber durch den Verlust eines grossen Teiles der negativen Materie vom Erdinneren würde die Erde wesentlich kleiner, was eben dazu führte, dass das Wasser auf eine viel kleinere Fläche verteilt würde und somit hunderte von Metern anstiege. Der äussere positive Mantel der Erde würde dicker, und zusätzlich stiege durch den Verlust der negativen Materie die Gravitation schlagartig immens an.

Ist so etwas Ähnliches auf der Erde schon einmal passiert?», erkundigte sich Pi. «Ja», sagt Nobody, «bei Noach. Und vor 65 Mio. Jahren sind die Dinosaurier auf der Erde ausgestorben.» Nun sagte Pi, «das Ereignis vom Gegenpol von F1, von F2 also, und die Geschichte Noachs sowie der Tod der Dinosaurier fallen zeitlich zusammen, stellen also die Halbzeit seit dem Urknall dar. Bei Halbzeit gibt es den grossen Meteoritenhagel. Das nächste grosse Ereignis für die Erde wird somit Pi Point oder das Treffen bei F1 sein.»

«Immer wenn grosse Mengen von negativer Materie freigesetzt werden», fuhr Pi fort, «beginnt der grosse Regen. Dies geschieht z.B. auch nach Ausbruch eines Vulkans oder nach einem Erdbeben. Somit werden Erdbebengeschädigte immer noch zusätzlich von Überschwemmungen heimgesucht. Der Sonnenstand reguliert den Austritt der negativen Materie und somit auch den Regen. Dies führt aber dazu, dass die Erdmasse im Winter, wenn die Tage kürzer werden, immer mehr mit Feuchtigkeit angereichert wird. Im Frühling, wenn die Tage länger werden, schleppt die austretende negative Materie Wasser in die Atmosphäre. Dies wiederum führt zu einem Anstieg der Regenmenge und in gewissen Gebieten eben zur Regenzeit.

Zu Zeiten der Dinosaurier war die Gravitation auf der Erde viel geringer, dafür aber die Regentropfen viel grösser. Die Regentropfen hatten damals Durchmesser von ca. 2 cm. Aus diesem Grunde gab es damals auch nie einen Regenbogen, denn nur wenn die Regentropfen klein sind und die Sonne in sie hineinscheint, gibt es einen Regenbogen.» «Dies bedeutete», wandte Nobody ein, «dass die Dinosaurier nie einen Regenbogen sahen und auch dass es auf der Erde nur entweder Dinosaurier oder Regenbögen gegeben hat.» «Ja», bestätigte Mister Pi, «es gab niemals beides zusammen, erst unmittelbar nach dem Einschlag des Meteoriten, zum Untergang der Dinosaurier also, begannen die Regenbögen zu leuchten.»

Mister Pi fuhr fort: «Beim Urknall wird die ganze Materie in Energie aufgelöst und hernach wieder in Materie umgewandelt.

Es ist wie bei einer Margerite auf dem Felde. Im Herbst wandelt sie sich in Komposterde um, und aus der Komposterde entsteht wieder eine Margerite. Beim Urknall spielt Nobodium eine grosse Rolle, denn positives und negatives Nobodium bilden die interatomare Substanz, beeinflussen den Abstand der Positronen zu den Elektronen und entscheiden über das spezifische Gewicht der Materie. Beim Urknall ist es so wie beim Squash: Der Spieler schlägt den Ball weg, aber dieser kommt wie ein Bumerang wieder zurück.

Nach dem Urknall gibt es eine Phase, in der sich alle Raumkörper voneinander entfernen. Anschliessend nähern sie sich wieder, und es gibt Gegenverkehr. D.h., zwei Körper vom selben Urknallsystem, die sich immer vorwärts bewegen, können jetzt plötzlich frontal aufeinander treffen.

Aus dem Urknallsystem gibt es kaum ein Entrinnen. Man stelle sich vor, zwei Körper bewegten sich auf ein gemeinsames Ziel zu. Wenn zwei Körper mit demselben Ziel vor dem Ziel zusammenprallen, ist das Mittel der beiden Ziele immer noch das Ziel.

Unsere Sonne hat z.B. dasselbe Ziel wie die Planeten. Man könnte sich nun der Planeten entledigen und den Mars, Jupiter und Saturn usw. opfern, uns von diesen Planeten abstossen und zusammen mit der Sonne einen anderen Weg einschlagen. Dadurch änderte zwar die Erde zusammen mit der Sonne die Bahn, aber das Ziel bliebe dasselbe. Man würde zuletzt wieder mit allen Planeten am selben Punkt zu einem neuen Urknall zusammenkommen.

Somit gibt es im Weltall kaum andere intelligente Wesen ausser dem Menschen, weil jegliches Leben irgendwann wieder zerstört wird. Wenn ein intelligentes Lebewesen im Weltall einmal begriffen hat, was zu machen wäre, ist es schon zu spät. Weil beim Menschen das Wissen durch Mose relativ früh zur vollen Reife kam, hätte der Mensch als erstes Wesen im Weltall die Chance, zu überleben.»

«Pi, du sagtest, wer deinen virtuellen Planeten begriffen habe, der habe auch den Urknall begriffen. Also ist dein Planet nur ein Gleichnis», sagte Nobody. «Bitte erkläre mir endlich, wie sich das mit dem Urknall in Wirklichkeit abspielt!

So, wie ich es begriffen habe, werden beim Urknall die Raumkörper weggeschleudert und bewegen sich dauernd vorwärts, wie in einer Röhre», sagte Nobody. «Wenn nun während des Fluges jemand die Röhre drehen würde", fuhr Nobody fort, «träfe er am Ende wieder auf seinen Startpunkt und dies, obwohl der Körper selber immer vorwärts ginge. Raumkörper selber sind jedoch träge wie ein Geschoss, die kann man nicht einfach ohne Geschwindigkeitsverlust drehen. Also muss sich der Raum drehen.»

Pi schüttelte nur den Kopf. «Nein, nein, nein», sagt er. «Ich bin Pi, ich bin der Meister der Kreise, der Ellipsen und der Kugeln, und ich sage dir, niemals lässt sich ein Raum, eine Flugbahn oder das Weltall biegen oder gar drehen. So wie man die Zeit nicht biegen oder dehnen kann, so kann man auch den Weltraum nicht drehen oder biegen. Also, ich erkläre dir den Urknall.»

Er setzte sich und begann geduldig mit seinen Ausführungen. «Nehmen wir an, es ist Pi Time, d.h. es ‹urknallt› gerade. Der ganze Weltraum ist leer. Es gibt keine Gravitation und kein Licht im leeren Raum, oder die nächsten Urknalle sind so weit weg, dass sie unseren Urknall nicht beeinflussen. Jetzt musst du wissen, dass der Urknall ausgerichtet ist, so wie ein Magnetstab; d.h. er hat einen Nord und einen Südpol, er hat also eine Achse. Die nach dem Urknall neu entstandene Materie besteht zu gleichen Teilen aus positiver und negativer Materie. Die Hälfte der Materie verlässt Pi Point am Nordpol, der andere Teil der Masse am Südpol des gedachten Magnetstabes. Die Materie nimmt genau die Flugbahn von gedachten Feldlinien ein. Die Materie entfernt sich blumenstraussartig nach vorne und nach hinten. Weil sich die Materie ausdehnt, sind Meteoriten in dieser Phase niemals möglich. Jeder Raumkörper kann von sich aus sehen, dass sich jeder andere Körper von ihm entfernt. Die schnellsten Körper sind zuvorderst. Jeder Körper bewegt sich in zwei verschiedene Richtungen. Einerseits entfernt er sich von Pi Point, andererseits von der Urknallachse weg. Sobald Materie da ist, ist auch Gravitation da, d.h. jeder Körper aus positiver Materie zieht jeden anderen Körper aus positiver Materie an, und dasselbe machen die negativen Körper unter sich. Die positive und die negative Materie stossen sich zwar ab, doch dies spielt nur bei nahen Distanzen eine Rolle. Diese Abstossung kann daher vernachlässigt werden. Die Gravitation wirkt auf die schnellsten Körper am stärksten, weil sie alle Materie hinter sich lassen und somit von allen anderen Körpern zurückgezogen werden. Auf mich, Mister Pi, wirkt nie Gravitation, weil ich mich in der Mitte aller Materie befinde. Auf einen Körper mit geringer Geschwindigkeit wirkt nur geringe Gravitation, weil er wie ich rundherum von Masse umgeben ist. Die Gravitation wird dadurch zu einer Funktion der Geschwindigkeit.

Lass uns nun annehmen, ein Viertel der Rundreise sei abgeschlossen. Hat die Masse einmal diesen Punkt erreicht, entfernt sie sich in der Längsrichtung nicht mehr, d.h. sie entfernt sich nicht mehr weiter von Pi Point weg. Von mir aus gesehen steht die Masse jetzt still. Die Materie hat nun ihre maximale Entfernung von mir erreicht.» Etwas müde rieb sich Mister Pi die Augen, um dann mit seinen Erklärungen fortzufahren.

«Auf dem virtuellen Planeten wären die Wanderer jetzt 100 Tage lang unterwegs gewesen und diesen Punkt nennen wir ab jetzt Punkt A. Die Gravitation ist jedoch immer noch vorhanden und beschleunigt die Masse weiterhin, doch jetzt hat die Bewegungsrichtung gedreht. Einerseits beschleunigt die Materie nun von neuem wieder auf mich zu, gleichzeitig aber bewegt sie sich immer noch von der Urknallachse weg. Je weiter entfernt ein Körper ist, desto stärker wirkt die Gravitation, d.h. die Gravitation ist jetzt auch eine Funktion der Entfernung von Pi Point. Es ist so, wie wenn ein Körper an einem Gummiband befestigt wird: Je weiter entfernt man den Körper vom Befestigungsknoten wegzieht, desto stärker wird er nach dem Loslassen vom Befestigungspunkt angezogen.

Wenn man von der Seite auf die Urknallachse schaut, schliesst sich die Materie zu einer Scheibe zusammen. Die gesamte Materie des Urknalls sieht jetzt aus wie ein Rad um die Urknallachse mit Mister Pi als Nabe. Damit ist der Punkt F2 erreicht.

Viele Kollisionen und ein unbändiger Meteoritenhagel werden folgen. Jetzt beginnt die Zeit Noachs, gefolgt vom Sauriersterben.

Nach F2 entfernt sich die Materie nicht mehr weiter von der Urknallachse weg, hingegen wird sie sich wieder von Pi Point entfernen. Nach drei Vierteln der Rundreise erreicht die Materie wieder die maximale Entfernung von mir aus. Auf dem virtuellen Planeten wären die Wanderer jetzt 300 Tage lang unterwegs und diesen Punkt nennen wir ab jetzt Punkt B. Wenn man ein solches Urknallsystem bei Punkt A und bei Punkt B fotografieren könnte, wären die beiden Punkte identisch. Nach Punkt B kommt noch die Zielgerade, und danach urknallt es wieder.

Die Flugbahn eines Raumkörpers entspricht exakt einer Feldlinie eines gedachten Stabmagneten. Und noch etwas», ergänzte Mister Pi, «ein solches Urknallsystem ist identisch mit einer Galaxie.»

«Aha», sagte Nobody ziemlich erschlagen, «so ist das. Aber wie kann man das Urknallsystem verlassen? Du hast gesagt, man könne sich von einem Raumkörper des eigenen Urknallsystems niemals so abstossen, dass man an ein anderes Ziel käme. Du hast gesagt, wenn die Menschheit die Planeten opfern würde, könnten sie zusammen mit der Sonne einen anderen Weg einschlagen, doch käme sie genau gleich, nicht zu früh und nicht zu spät, zum grossen Meeting bei Pi Point an.»

«Richtig», sagte Pi, «wenn man sich von einem Gestirn abstösst, das zum eigenen Urknallsystem gehört, schlagen beide Gestirne andere Wege ein, aber sie treffen genau gleichzeitig zum Urknall bei Pi Point ein. Man darf sich deshalb auf keinen Fall von einem Gestirn abstossen, das zum selben Urknallsystem gehört.» «Nun», sagte Nobody, «du hast aber gesagt, dass der Urknall im leeren Raum stünde und kein anderes Gestirn und keine andere Gravitation auf den Urknall einwirken würden, und jetzt behauptest du, man müsse sich halt von einem anderen Gestirn abstossen.»

«Nobody, Nobody, ich muss dir, wie einem kleinen Kind, alles erklären», sagte Pi, den Kopf schüttelnd. «Der Urknall ist nicht ein einziger Knall, sondern ist immer ein Doppelknall. Stell dir vor, beim ersten Knall gibt es einen Teil der Materie, die nicht von der Urknallachse abweicht. Diese Materie trifft sich nach 200 Tagen nicht bei Punkt F2, sondern bei Pi Point. Während ein Teil der Materie den Weg von magnetischen Feldlinien beschreibt, trifft sich ein Teil wieder bei Pi. D.h., während es bei Noach regnete, knallte es gleichzeitig bei Pi.

Bei Punkt B muss man somit umsteigen oder sich von einem Gestirn abstossen, das den langen Weg noch vor sich hat. Ich habe dir gesagt, dass es in der ersten Phase eines Urknalls keine Meteoriten gibt. Dies ist nur bedingt richtig. Es stimmt, dass in dieser Phase zwei Raumkörper vom gleichen Urknall nicht zusammenstossen können. Während dieser Phase kann es jedoch sehr wohl Kollisionen mit Raumkörpern vom zweiten Urknall geben.» «Aha.»

«Hör zu Nobody, der Urknall ist mit einer Bodenstation einer Bergbahn zu vergleichen. Von hier startet die Materie. Auf halber Höhe gibt es zwei Mittelstationen, eine rechts und eine links vom Berghang. Oben bei der Bergstation ist Regenzeit und Sauriersterben, und unten urknallt es; d.h., oben ist Noach Time und unten ist Pi Time. Wenn man nun mit dem Zug nach oben fährt, macht man eine Rundreise. Entweder rechts oder linksherum. Nach der Mittelstation kommt man in die Bergstation. Dieser Punkt ist auch F2 und bedeutet die Halbzeit des Urknalls. Danach fährt man mit dem Zug zur nächsten Mittelstation hinunter. Hier muss man umsteigen, auf einen Zug, der nach oben fährt. In der Mittelstation selbst kann man jedoch nicht erkennen, welche Züge nach oben und welche nach unten fahren. Man muss die Züge deshalb schon vor der Einfahrt in die Station beobachten, damit man beurteilen kann, ob sie nach oben oder nach unten fahren.» «Aber wenn wir umsteigen, erleben wir Noachs Zeit erneut?», fragte Nobody unsicher.

«Das schon», erwiderte Pi, «aber dies ist immer noch besser als meine Bekanntschaft zu machen!» «Mister Pi, was wäre in diesem Fall jetzt zu tun, was müsste die Menschheit unmittelbar machen?» Pi antwortete: «Die Astrophysiker müssten mit ihren Computern möglichst rasch herausfinden, welche Raumkörper zu welchem Urknallsystem gehörten. Denn je näher Punkt B kommt, desto weniger genau kann dies berechnet werden. Wenn eine neue Erde gefunden würde, könnte man während einigen tausend Jahren einen Shuttle betreiben und umsteigen. Trotzdem würden niemals alle Menschen auf die neue Erde umziehen wollen, vielleicht weil sie dies alles gar nicht glauben würden, sei es aus religiösen Gründen, weil sie zu alt sind, weil sie an der Erde hängen oder weil sie einfach zuwenig über die neue Erde wissen.

Sie würden Tausende von Gründen anführen, warum sie nicht auf die neue Erde gehen wollten. Und wenn trotzdem einmal eine Milliarde mutiger Menschen auf dem neuen Planeten wohnhaft wären, wollten die gar nicht, dass noch mehr kommen. Konflikte wären somit vorprogrammiert.»

«Aber Pi, was passiert genau am Pi Point, wenn es urknallt?» «Ich verstehe es auch nicht genau», gestand Pi. Die Masse wird wahrscheinlich unheimlich stark komprimiert, daher vermute ich, dass Nobodium in Energie umgewandelt und die Masse wieder auseinander geschleudert wird. Nobodium liegt zwischen den Atomen und zwischen den Atomkernen und den Elektronen und reguliert den Abstand, die Grösse der einzelnen Atome und deren Hohlraum. Nobodium ist somit für das spezifische Gewicht einer Substanz verantwortlich.»[7]

«Da auch das Licht in einem riesigen Bogen wieder zum Punkt seines Urknalls zurückkehrt,» erklärte Mister Pi, «könnte es passieren, dass man eine Galaxie nicht sieht, wenn man zu weit entfernt ist. Aus diesem Grunde hat man den Eindruck, dass das Weltall endlich sei, also, dass es irgendwo aufhöre. Es ist so, wie wenn man von einem Wachturm auf das Meer schaut. Man sieht vielleicht 20 km weit und hat dann das Gefühl, dass dort beim Horizont das Ende sei. Wenn man aber an diesem Punkt angelangt ist, sieht man, dass es ohne Ende weitergeht.

Ein Urknall geschieht immer in der Mitte einer Galaxie. Jede Galaxie hat somit ihren eigenen Urknall und schickt ihre Materie immer wieder aufs Neue auf die Reise. Auch die Achse des Urknalls dreht sich. Diese Achse bewegt sich in allen drei Dimensionen; d.h. sie rotiert, sie dreht sich in einer Ebene wie ein Uhrzeiger und hat zudem eine Flugrichtung. Und jetzt kommt noch dazu, dass der erste und der zweite Urknall eines Urknallsystems nicht

[7] Das Nobodium wird definiert und weiter erläutert in Kapitel 19 c)

die gleiche Rotation haben, und dadurch unterscheiden sich ihre Flugbahnen. Wenn man eine Galaxie anschaut, entsteht der Eindruck von einem Riesenchaos, und trotzdem hat man das Gefühl, man könne überall Symmetrieachsen hineinlegen.»

«Nun verstehe ich das Weltall überhaupt nicht mehr», entgegnete Nobody niedergeschlagen. «Ich war bis jetzt der Ansicht, dass es im All nur einen einzigen Urknall gab, und seither entfernt sich alle Materie von diesem Punkt weg!» «Nein», sagte Mister Pi, «so ist es eben nicht. Es stimmt zwar, dass die irdischen Astrophysiker glauben, dass sich alle Himmelskörper von der Erde und von einem zentralen Punkt entfernen, doch dies unterliegt einer Sinnestäuschung. Aber darauf kann ich nicht mit wenigen Worten eingehen.

Der eigentliche Urknall, oder besser gesagt, die Urknalle, also diese Ereignisse, wo aus Energie Materie entsteht, geschehen jeweils in der Mitte einer Galaxie. Ihr kennt doch von euren Astrophysikern die Schwarzen Löcher, auch Black Holes genannt?» fragte Mister Pi. «Die Astrophysiker behaupten nun, dass in diesen schwarzen Löchern die Gravitationskraft dermassen gross sei, dass das Licht nicht mehr emittieren könne. Die Schwarzen Löcher heissen so, weil sie eben schwarz sind oder weil man in ihrem Zentrum nichts sieht. Trotzdem sieht man, dass die Gestirne auf diesen Punkt zurasen. Man spricht auch von Weltraumstaubsaugern, die alle umliegende Materie aufsaugen. Die Schwarzen Löcher sind in Wirklichkeit schwarz, weil dort tatsächlich nichts ist, und weil das so ist, kann man dort auch nichts sehen. Die Schwarzen Löcher entsprechen dem Pi Point einer Galaxie, und die Materie, die auf diese zentralen Punkte zu rast, deutet an, dass die letzte Phase eines Urknalls begonnen hat. Lass dir doch einmal die Photographie eines Schwarzen Loches zeigen oder frage einen Astrophysiker!» schlug Pi vor. «Alle Schwarzen Löcher sind immer im Zentrum einer Galaxie. Ein Urknall ist wie eine Blume, die blüht. Nach der Blütezeit verwelkt die Blume, und erst im Frühling entsteht aus derselben Zwiebel wieder eine neue Blume.

Es ist noch besser, eine Galaxie mit einem Blumenstock zu vergleichen, an dem jeweils zwei Blumen blühen. Die eine Blüte hat sich frisch geöffnet, hat die Zukunft noch vor sich. Die andere Blüte hat ihre Hochform erreicht und beginnt bereits langsam zu welken. Und dieser Prozess des Entstehens und Vergehens wiederholt sich immer wieder. Die Menschheit falls sie überleben will muss wie eine Biene von der alten Blume jeweils auf die frische Blume umsiedeln. Dieses Umsteigen wird viele Probleme mit sich bringen. Ein Problem ist, dass die Menschen, die dieses Umsteigen wagen, eine wunderschöne Erde verlassen und eine neue, unwirtliche Welt betreten werden, eine Welt, in der man möglicherweise das Wasser und den Sauerstoff selber machen muss.»

Nobody hätte noch gerne mit Mister Pi weiter diskutiert, doch er erwachte aus seinem Traum und schaute wieder seine Pyramide mit der störrischen Glocke an.

Er war vermutlich nur für wenige Minuten eingenickt. Er wusste nicht, was mit ihm geschehen war. Ob das wohl Visionen waren oder nur ganz gewöhnliche Träume eines Übernächtigten? Oder hatte es mit dem latenten Wissen zu tun, das ihm Barbara einst vermittelt hatte, er aber damals nicht verstehen konnte?

Nie zuvor hatte er sich weder mit dem Urknall beschäftigt noch an der Urknalltheorie gezweifelt. Er hatte sie einfach so akzeptiert, wie sie von den Astrophysikern gelehrt wird.

Einzig mit dem Regenbogen von Noach hatte er sich lange Zeit auseinandergesetzt. Wenn aber die Theorie vom Urknall, so wie sie von Mister Pi vertreten wurde, stimmte, dann hätte Noach zweifellos den Einschlag eines grossen Meteoriten beschrieben. Der lange Dauerregen würde passen. Der Anstieg des Meeresspiegels mit Überschwemmung sämtlicher Bergspitzen könnte nur dadurch erklärt werden, dass die Erde schlagartig kleiner wurde. Auch dies würde gut passen. Und erst der Regenbogen: Das ist ein starkes Beweisstück. Wenn Noach eine Sage wäre, wieso wusste man dann, dass es vor Noach keinen Regenbogen gegeben hatte?

Ist es denkbar, dass Noach vor 65 Mio. Jahren lebte? In der Bibel steht über die Sintflut geschrieben: «In jenen Tagen gab es auf der Erde die Riesen.» (Gen 6,4). Sind hier etwa die Dinosaurier gemeint? Es steht geschrieben: «An diesem Tag brachen alle Quellen der gewaltigen Urflut auf, und die Schleusen des Himmels öffneten sich.» (Gen 7,11). Man könnte dies so verstehen, dass nicht nur der Regen, sondern auch die Quellen zur Sintflut führten. Weiter steht: «Das Wasser war fünfzehn Ellen über die Berge hinaus angeschwollen und hatte sie zugedeckt.» (Gen 7,20). Aufgrund dieser Angabe kann man davon ausgehen, dass es weit mehr als eine gewöhnliche Überschwemmung war. Später steht: «Das Wasser aber schwoll hundertfünfzig Tage lang auf der Erde an.» (Gen 7,24). Auch dies ist ein Hinweis auf eine aussergewöhnliche Flut. Dann schloss Gott mit Noach einen Bund und versprach, dass das Wasser nie wieder zu einer solchen Flut werde, und als Zeichen des Bundes gab Gott den Lebewesen dieser Erde den Regenbogen (Gen 9,12).

Dies ist ein klarer Hinweis dafür, dass es vor der Sintflut keine Regenbögen gab.

Es musste ein gewaltiges Erlebnis gewesen sein, als der erste Regenbogen am Himmel stand. Nobody stellte sich vor, wie die ganze Natur staunend innehielt. Er sinnierte, dass es wohl selbst dem Regen vor Andacht die Stimme verschlug, dass er zu trommeln aufhörte und nur noch still und leise vor sich hin rieselte.

Und falls Noach vor 65 Mio. Jahren gelebt hatte, müsste man sich fragen, wie denn bloss diese Geschichte aus so alter Zeit hatte überliefert werden können.

14 Das Experiment, 2. Teil

Schon seit drei Monaten experimentierte Nobody. Aber es passierte nichts Neues. Die negative Materie schoss sich der Eisenwand entlang eine Öffnung frei. Nobody musste daher immer wieder neues Sägemehl nachstopfen. «Irgendwann muss die Pyramide ja voll sein», dachte er sich. Schon zum x-ten Mal öffnete er wieder einen neuen Plastiksack voll mit Sägemehl. Der Sack hatte schon seit sechs Wochen dagestanden. Die Feuchtigkeit konnte wegen des Plastiks kaum entweichen, und somit sollte das Sägemehl noch feucht sein. Doch erstaunlicherweise war im Sack nur die oberste Schicht nass und das Sägemehl darunter trocken. Die negative Materie hatte offenbar die gesamte Feuchtigkeit nach oben getragen. Wäre keine negative Materie im Spiel, müsste das Sägemehl unten auch feucht sein. Auch dieses Phänomen bezeichnete er als Alphaeffekt.

Die Glocke, die Nobody bis jetzt gebraucht hatte, war aus einem Stück Kupfer gedreht worden. Die hohle Seite war konisch, d.h. sie wurde nach oben kegelförmig enger. Nobody vermutete, dass er wahrscheinlich mit dieser Glocke zwar negative Materie abfangen konnte, aber zugleich hatte er auch den Verdacht, dass diese sich auch wieder aus der Glocke entfernte, gerade weil sie konisch war. Durch die gegenseitige Abstossung der positiven und negativen Materie wurde die negative Materie wieder aus der Glocke gedrückt.

Das alles erschien einleuchtend. Er baute deshalb eine neue Glocke. Die neue Glocke war aus Aluminium, 1 mm dick, innen vergoldet. Von der Form her erinnerte sie ihn an eine geöffnete Nahrungsmittelbüchse: 10 cm im Durchmesser und 10 cm hoch. «Endlich, jetzt wird dann die eingefangene negative Materie nicht wieder aus der Glocke befördert werden. Jetzt muss es klappen!», ermunterte er sich. Doch die Glocke blieb wieder eine Woche lang stoisch und störrisch stehen. Und wieder hatte sich auf der Innenseite der Pyramide eine Gegenpyramide aus Sägemehl aufgetürmt, schön regelmässig, mit einem Abstand von 1 cm zu den Eisenplatten.

Plötzlich erinnerte er sich, wie er als Bub hacken musste. Dem Vater musste er auf dem Kartoffelacker und der Mutter im Garten hacken helfen. Rund um den Kabis musste man immer wieder die Erde lockern, hiess es; dies sei besser als Dünger. Tatsächlich, je mehr man hackte, desto besser gedieh das Gemüse. Nobody testete es selber einmal, weil er glaubte, das Hakken entspräche einem Aberglauben. Er hatte einen Abschnitt im Kartoffelfeld nicht gehackt, sondern nur das Unkraut mit einer Schere geschnitten. Von weitem konnte niemand den Unterschied sehen. Doch im ungehackten Teil gediehen weniger Kartoffeln, und diese waren erst noch kleiner. «Wieso nur?» fragte er sich damals.

Doch jetzt, seit der Beschäftigung mit seiner Theorie der negativen Materie, schien ihm das Hacken sinnvoll zu sein. Bei der unbearbeiteten Erde nämlich entstehen Spalten, durch welche die negative Materie die Erde verlässt. Weil durch das Hacken diese Fluchtwege der negativen Materie verschlossen werden, gelangt mehr davon an die Wurzeln der Pflanzen, und dadurch können diese besser gedeihen. Da ist aber noch die Frage, weshalb trockene Erde Risse bekommt? Wenn sie austrocknet, könnte sie doch einfach in sich zusammensinken; aber nein, sie bekommt Risse. Auch das könnte ein Alphaeffekt sein. «Aha», murmelte er zu sich selbst, «so wie man die Erde hackt, so muss man das Sägemehl mehrmals täglich umrühren und Wasser dazu geben.» Doch auch das ständige Rühren des Sägemehls führte zu nichts. Er schaffte es einfach nicht, die negative Materie einzufangen.

Er studierte die Bibel nochmals genau an dieser Stelle, wo der Aufbau der Maschine beschrieben war. Vielleicht hatte er etwas verpasst oder übersehen. Aber nein, diese Bibelstelle kannte er ja bereits auswendig.

Nobody war der Verzweiflung nahe. Er konnte die negative Materie fokussieren, sie nachweisen, alle ihre Fluchtwege abdichten, doch er schaffte es nicht, sie einzufangen. «Sie muss die Glocke durchdringen, oder die Form der Glocke stimmt einfach nicht», dachte Nobody laut vor sich hin. «Ich muss wohl nochmals eine neue Glocke machen; nur: Wie sollte sie beschaffen sein?»

Wenn Nobody mit Mose einen Termin hätte abmachen können und ihn nur zu einem Thema hätte befragen dürfen, wären für ihn die Fragen bis zum heutigen Tag klar gewesen: «Ist dir in deiner Jugend auch die Türe zur Chimärkörperphysik aufgegangen? Hast du auch mit Eiern experimentiert und den Unterschied von Wasser- zu Regentropfen erkannt?»

Aber jetzt, nach all seinen Misserfolgen, würde er ihn fragen: «Wie nur, um Gotteswillen, hast du deine Glocke gebaut?»

Zerknirscht kehrte er wieder zu seiner Pyramide zurück, zog isolierende Gummihandschuhe an und nahm die Glocke weg. Welch ein Hohn, auf der Innenseite der Glocke hatten sich Wassertropfen gebildet.

Nobody hatte sich schon vor langer Zeit überlegt, wie er kleine Mengen von negativer Materie nachweisen wollte. Er hatte dafür eine Vogelfeder zur Seite gelegt. Wenn nur ein kleiner Tropfen von negativer Materie in der Glocke wäre, könnte er sie damit nachweisen. Denn die Feder würde etwas Unsichtbarem ausweichen. Wenn mehr negative Materie darin wäre, könnte er seine Hand hineinhalten, und sie würde blutleer und wäre danach weiss wie Schnee. Er könnte auch seine nasse Hand hineinhalten, und das Wasser würde zurückweichen und die Finger wären danach trocken. Doch jetzt hatte es dort, wo die negative Materie sein sollte, Wassertropfen, die ihn höhnisch anschauten!

Er drehte die Glocke und achtete darauf, ob er einen Gewichtsunterschied feststellen konnte. Nein, beim besten Willen gelang es ihm nicht, einen Gewichtsunterschied festzustellen – aber Ozongeruch stieg in seine Nase. Es war, als ob die Glocke Ozon enthielte. Kann Ozon überhaupt in einer Glocke eingefangen werden? Ozon ist dreiwertiger Sauerstoff und dürfte somit schwerer sein als zweiwertiger Sauerstoff. Wie nur sollte also Ozon in der Glocke gewesen sein? Er hatte sich vermutlich getäuscht.

So wie Nobody es versteht, hatte Mose zuerst mit den goldenen Kugeln die negative Materie fokussiert, um sie danach mit goldenen Glocken abfangen zu können. Wenn er von den goldenen Kugeln sprach, nannte er sie jeweils goldene Granatäpfel.

Falls Mose goldene Kugeln mit einem Durchmesser von 6 cm benutzte, wog eine Kugel bereits mehr als zwei Kilo. Weshalb nur brauchte Mose diese Kugeln, und weshalb nur brauchte Nobody bis jetzt diese Kugeln nicht? Mose brauchte diese Kugeln wohl, um die negative Materie zu fokussieren. Nobody hingegen konnte die negative Materie zur Genüge mit seiner Pyramide fokussieren.

Aber Mose hatte doch auch eine Pyramide, und trotzdem brauchte er noch zusätzlich diese goldenen Granatäpfel. Moses Pyramide war in Zeltform mit vielen Lagen von Teppichen und Tüchern gebaut, und darüber waren Goldfolien. Also konnte er die negative Materie auch mit einer Pyramide fokussieren. Und trotzdem benützte er noch zusätzlich goldene Granatäpfel. Im Zentrum der Maschine baute er einen Tisch. Dieser Tisch war eingelassen und mit Gold umfasst. Auf dem Tisch schichtete er Brote auf. Täglich wurden Tiere geopfert, und ihr Blut wurde auf diesem Tisch vergossen. Sollten diese Brote die negative Materie nochmals abbremsen? Sollte das Blut der Tiere die negative Materie noch zusätzlich abfangen? Wie steht es in der Bibel geschrieben?

Der Herr sagte zu Mose: «Folgendes sollst du auf dem Altar darbringen: Tagtäglich und ständig zwei männliche, einjährige Lämmer.» (Ex 29,38). «Es soll von Generation zu Generation ein immerwährendes Brandopfer am Eingang des Offenbarungszeltes vor dem Herrn sein, wo ich mich offenbare, um mit ihm dort zu reden.» (Ex 29,42).

Ausserdem spielten Feinmehl, Öl, Brot und Wein eine wichtige Rolle. Könnte es etwa sein, dass Blut speziell geeignet ist, negative Materie abzufangen? Eine Blutzelle in Flüssigkeit wirkt eindeutig wie ein funktioneller Chimärkörper. Zudem enthält die Blutzelle Hämoglobin und ist somit selber ein funktioneller Chimärkörper. Das Hämoglobin enthält im Zentrum Eisen und ist daher auf molekularer Ebene gesehen ebenfalls ein funktioneller Chimärkörper. Wäre es also möglich, dass Blut die Chimärkörperfunktion im dreifachen Sinne unterstützte? Dies würde auch erklären, weshalb gewisse Hausfrauen auf Blutzugabe zur Erde bei Topfpflanzen schwören. Falls Blut hilft, negative Materie abzufangen, würde dies erklären, weshalb Topfpflanzen damit besser wachsen. Könnte dies auch erklären, wie Pflanzen negative Materie abfangen: Nämlich mit grossen Molekülen, die positive Metallatome tragen?

Über dem Opfertisch schwebten goldene Ringe. Sollten diese Ringe die negative Materie nochmals fokussieren? So etwas soll einer begreifen!

Später entwickelte Mose den siebenarmigen Leuchter. Die Arme trugen mandelblütenförmige Kelche. Der ganze siebenarmige Leuchter war ein Talent schwer. Das sind 3600 Schekel und somit 41 kg Gold. Es bestand ein grosser qualitativer Unterschied zwischen den Glocken mit den Granatäpfeln und seiner Neuentwicklung. Bei den Glocken fokussierten die Granatäpfel die negative Materie und lenkten sie auf die Glocken hin. Beim siebenarmigen Leuchter sollte die negative Materie hingegen auf die goldenen Stempel im Zentrum der Knospen prallen, um danach von den goldenen, mandelblütenförmigen Kelchen abgefangen zu werden. So stellte sich jedenfalls Nobody dies vor.

Doch bevor Nobody sich an die Ausführung seines neuen Plans machen konnte, musste er sich vergewissern, wie denn eigentlich eine Mandelblüte aussieht. Und dann war da noch die Frage, weshalb er bis anhin so sicher gewesen war, dass die goldenen Granatäpfel zum Fokussieren der negativen Materie da waren. Vielleicht waren sie auch zum Abbremsen der negativen Materie gedacht. Dies gäbe der ganzen Maschine einen neuen Aspekt. Man könnte die negative Materie so gut als möglich abbremsen, danach würde man sie auf einen goldenen Granatapfel fokussieren. Dieser würde die negative Materie stoppen, und man könnte sie einfach mit goldenen Glocke einfangen! Das könnte die Lösung sein.

Zu Moses Zeiten wurden gleichzeitig mit dem siebenarmigen Leuchter noch weitere Geräte verwendet: Es waren dies Räucherpfannen und Dochtscheren aus purem Gold. Der Sinn der Pfannen war Nobody klar: Diese platzierte man umgekehrt über dem siebenarmigen Leuchter, um die negative Materie zu lagern. Wenn man negative Materie in der Pfanne lagerte, entstand über der Pfanne eine Wolke. War die Pfanne gefüllt, konnte man sie wegnehmen und mit einer leeren austauschen. Aber wozu brauchte man Dochtscheren aus purem Gold? Hoffentlich hatte Nobody nichts übersehen! Es machte ihn irgendwie nervös, dass er die Funktion der goldenen Dochtscheren nicht verstehen konnte.

Eine goldene Kugel mit dem Radius von 3,333 cm wiegt 3 kg, eine Kugel aus Gold mit 10 cm Durchmesser wiegt 10 kg.

Nobody war bald klar, dass seine nächste Konstruktion viel Gold benötigen würde. Beim Bau von Moses Konstruktion wurden 29 Talente und 730 Schekel Gold verarbeitet (Ex 38,24). Ein Talent hat 3'600 Schekel und entspricht etwa 41 kg. Somit wurde für den Bau des Offenbarungszeltes 1'197 kg Gold eingesetzt. Ferner wurden 100 Talente und 1'775 Schekel Silber verarbeitet; dies entspricht 4'120 kg Silber. Das Kupfer, welches verarbeitet wurde, wog 70 Talente und 2'400 Schekel; das sind 2897 kg Kupfer.

Die oben aufgeführte Aufzählung beinhaltet aber nur das Gewicht der Metalle, die verarbeitet wurden. Dazu kommen noch die endlosen Teppiche. Zudem stelle man sich das Gewicht des Holzgestelles vor, das die Teppiche und die verwendeten Metalle tragen musste. Das Zelt bestand aus Zelttüchern, die 28 Ellen lang und 4 Ellen breit waren (Ex 26,2). Wenn man eine Elle als 45,8 cm annimmt, betrug die Länge einer Zeltbahn und vielleicht des Zeltes 12,5 m. Wenn man einen quadratischen Grundriss annimmt, betrug dieser mehr als 150 Quadratmeter. Der Vorhof war laut Bibel 100 Ellen lang, 50 Ellen breit und 5 Ellen hoch. In einem solchen Falle wäre die Grundfläche mehr als 1'000 m^2 gewesen (Ex 27,18).

Nobody hatte eine phantastische Idee. Warum sollte er nicht einfach negative Materie nehmen, die schon gestoppt worden war?

Er hatte sich früher stets gewundert. Wenn man einen Baum fällt, kann es sein, dass aus der Rinde des Baumes Schaum austritt. Der Schaum kann sowohl aus der Rinde des Wurzelstockes als auch aus der Rinde des Baumstammes austreten. Wieso Schaum? Schaum kann doch nur entstehen, wenn ein Gas in einer Flüssigkeit gelöst wird. Aber im Baum ist doch kein Gas gelöst worden. Früher wollte er einmal den Schaum mit einem Streichholz anzünden, doch es war ein nicht brennbares Gas. «Doch wie, wenn der Schaum wegen der negativen Materie entsteht?» fragte er sich. Die Schaumblasen wären demnach Chimärkörper. In der Blase würde sich kein Gas, sondern ein Vakuum befinden, und im Zentrum der Schaumblasen wäre negative Materie. Nobody plante, einen Baum zu fällen, über den abgesägten Stamm eine Glocke zu stülpen und den Baum verkehrt herum aufzuhängen, so dass die Glocke oben wäre.

Noch am selben Tag führte er sein Baum-Experiment durch. Doch nichts. Keine negative Materie. Er konnte alles einfach nicht verstehen. Möglicherweise war seine Glocke nicht geeignet, oder die negative Materie konnte entweichen, oder in gewissen Bäumen kann die negative Materie nicht zurückfliessen.

Warum nahm Mose zum Abfangen der negativen Materie Gold, warum nahm er nicht ein gewöhnliches Metall?

Die positive und die negative Materie stossen sich erst am Schluss stark ab, also erst bei ganz kurzem Abstand. Somit ist klar, dass es eines Metalls mit grosser Ordnungszahl bedurfte, um negative Materie abzufangen. Aber dies ist nicht der einzige Grund. Gold ist weich. Gold hat deshalb die Eigenschaften eines funktionellen Chimärkörpers. Gold verhält sich beim Abfangen der negativen Materie einerseits wie Wasser, andererseits wie ein Metall von hoher Ordnungszahl.

Aber so betrachtet, wäre eventuell Quecksilber noch besser geeignet gewesen, um negative Materie abzufangen. Quecksilber ist sogar flüssig und hat eine hohe Ordnungszahl. Aber Quecksilber ist giftig, und es ist schwieriger, Quecksilber zu erhalten. Gold kann man bei jeder Bank kaufen – sofern man Geld hat.

Was geschähe wohl, wenn Nobody ein Gefäss mit Quecksilber in den negativen Strahl stellen und dieses explodieren würde? Die ganze Umgebung wäre quecksilberverseucht. «Nein, nein, die nächste Glocke, die Nobody bauen will, wird aus viel Gold bestehen.»

Entsteht denn eigentlich Ozon, der Industriesmog, wegen der negativen Materie? Ozon besteht aus drei Sauerstoffatomen, ist somit dreiwertiger Sauerstoff und entsteht vor allem im Sommer, wenn die Sonne stark scheint. Man nimmt an, dass Ozon wegen der UV-Strahlung entsteht: nämlich dort, wo UV-Strahlung auf verschmutzte Luft trifft. Aber immer dort, wo die Sonne stark scheint, hat es auch vermehrt negative Materie. Also wäre es sehr gut möglich, dass Ozon nicht wegen der UV-Strahlung, sondern wegen der negativen Materie entstünde. Am Morgen, am Abend und während der Nacht entsteht wenig Ozon. Dies ist ein Argument sowohl für die UV-Strahlung als auch für die negative Materie als Ursache. Wenn die Luft feucht ist, entsteht kaum Ozon. Wenn die Luft feucht ist, kommt auch kaum UV-Strahlung durch die Luft; aber feuchte Luft fängt eben auch negative Materie ab. Somit liesse sich dieses Phänomen wiederum sowohl mit der UV-Strahlung als auch mit der negativen Materie erklären.

Grosse Ozonmengen entstehen im Sommer über Städten, die tief liegen; in der Höhe, in den Bergen, entsteht zwar auch Ozon, aber niemals in diesen grossen Mengen. Dies ist ein klarer Beweis dafür, dass die negative Materie für die Entstehung von Ozon verantwortlich ist: Wären die UV-Strahlen für die Ozonbildung verantwortlich, müssten hauptsächlich in den Bergen grosse Mengen Ozon entstehen, dort, wo eine grosse Menge UV-Strahlen vorkommt. Aber der Sommersmog kommt in Städten vor, die tief gelegen sind. Vielleicht ist es so: Ozon in der Ozonschicht entsteht wegen der UV-Strahlung und das Ozon in den Städten – der Sommersmog – wegen der negativen Materie. Vielleicht entsteht Ozon nur dort, wo negative Materie stark abgebremst wird. Vielleicht bremsen Wolkenkratzer die negative

Materie so ab, dass Ozon entsteht. Dann gäbe es also nur in Städten mit Wolkenkratzern oder mindestens hohen Häusern das Problem des Sommersmogs.

Nobody schaffte es auf keine Art und Weise, die negative Materie abzufangen. Er stellte sich eine Topfpflanze vor, die in nur 10 cm Erde steckt. Innerhalb dieser kurzen Strecke muss die Pflanze fähig sein, die negative Materie abfangen zu können. Oder noch extremer: Ein Samenkorn mit einer Grösse von 1 mm: auch dieses kleine Korn muss ebenfalls negative Materie abfangen können.

Nobody vermutete, dass dies wahrscheinlich nur durch spezielle Proteine möglich sei, Proteine, die zentral ein Metallion eingelagert haben. «Ja, das könnte zutreffen», bestätigte er sich. Es gibt keine Nahrungsmittel, die so viele Metallionen enthalten wie Samenkörner. Dies gilt z.B. für Nüsse, Bohnen, Roggen, Weizen und viele mehr. Diese Metallproteine müssten beweglich sein, d.h. sie müssten in einer Flüssigkeit gelöst sein. Dies trifft ebenfalls zu, denn keine pflanzliche Materie enthält so viel Öl wie ein Samenkorn, und zudem beginnen Samenkörner erst zu wachsen, wenn sie sich in einer feuchten Umgebung befinden, also zum Beispiel in der Erde stecken. Dies bedeutet, dass durch die Aufnahme von Flüssigkeit Bewegung in die Metallproteine kommt und sich ein Samenkorn erst durch die Wasseraufnahme in einen funktionellen Chimärkörper verwandelt.

Falls bis zu diesem Punkt alles zutrifft, könnte man mit Samenkörnern und Öl negative Materie abfangen, d.h., man müsste Samenkörner zerreiben und die Proteine in Öl auflösen. Wahrscheinlich ist es das, was Mose machte.

Er nahm täglich das Blut von zwei Lämmern, «dazu ein Zehntel Feinmehl, das mit einem Viertel Hin Öl aus gestossenen Oliven vermengt» war (Ex 29,40). Die Ausdrücke Zehntel und Hin sind alte Hohlmasse. Ein Zehntel entspricht etwa 4 Litern und ein Hin etwa 6,5 Litern. Vermutlich hatte Mose die negative Materie mit den Tüchern der Pyramide abgebremst und danach eine Art Biobremse, bestehend aus Lammblut und in Olivenöl gelöstem Mehl, hergestellt. Neben Blut, Mehl und Öl verwendete er auch noch Wein: «und als Trankopfer ein Viertel Hin Wein» (Ex 29,40). Doch für Nobody ist die Funktion des Weines ebenso wenig klar wie die Rolle, welche die aufgeschichteten Brote spielten (Ex 40,23). Diese Schaubrote wurden wöchentlich ersetzt. Was machte Mose bloss mit all diesen Geräten und Nahrungsmitteln? «Sobald man hinter dieses Geheimnis käme, müsste man wohl fähig sein, negative Materie abzufangen und danach ein Ufo zu bauen», dachte sich Nobody.

Und schon plagen ihn wieder neue Fragen: «Wieso wird das Blut eines Lamms genommen und nicht das einer Kuh oder eines Pferdes?»

Das Blut der verschiedenen Tiere ist qualitativ verschieden. Der Hämoglobingehalt ist etwa bei allen Tieren gleich. Hingegen variiert die Grösse der roten Blutzellen und somit die Zahl der Erythrozyten pro Volumen. Die roten Blutzellen der Schafe sind viel kleiner als jene der anderen Tiere. Dadurch gibt es pro Volumen viel mehr rote Blutzellen. Aus der Sicht der Chimärkörperphysik ist somit das Blut von Schafen besser geeignet, negative Materie einzufangen als Blut von Kühen oder Pferden. Unter diesem Aspekt wäre das Blut von Ziegen gleichwertig gewesen. Auch Ziegen haben kleine Erythrozyten. Tatsächlich wird das Wort Lamm an anderer Stelle nicht nur für junge Schafe, sondern auch für die Jungen einer Ziege verwendet (Ex 12,5), so dass durchaus auch Ziegenblut gemeint sein könnte.

Nobody begann langsam die Maschine von Mose zu durchschauen. Der Bremsakt der negativen Materie liess sich letztlich in drei Stufen einteilen. Zuerst wurde die negative Materie mit feuchten Teppichen gebremst und mit Goldfolien fokussiert. Die Teppiche wurden jeweils in der Nacht befeuchtet. Danach folgte die Biobremse. Zuerst prallte die fokussierte negative Materie auf die Paste aus Olivenöl und Mehl und danach auf Brote, die mit Lammblut durchtränkt waren. Die dritte Stufe dann, die Bremsung mit dem 41 kg schweren siebenarmigen Leuchter, musste wohl die letzte gewesen sein.

Nobody überlegte sich sorgfältig, wie denn nun sein nächster Prototyp der Maschine aussehen müsste. Er entschied sich, die erste grobe Abbremsung der negativen Materie wie bis anhin mit feuchtem Sägemehl vorzunehmen. Gleichzeitig fokussierte er die negative Materie mit der Eisenpyramide auf die Öffnung oben hin. Anschliessend wollte er eine erste Biobremse mit in Olivenöl getränktem Mehl einbauen, gefolgt von einer weiteren mit Schafblut. Zuletzt würde die Bremsung mit Gold kommen und anschliessend würde er die negative Materie mit einer neuen, goldenen Glocke abfangen.

Nach all diesen theoretischen Überlegungen wurde sich Nobody klar darüber, dass er noch einige Zeit in die Planung und anschliessend in den Bau der Geräte würde stecken müssen.

Mose liess auf dem Opfertisch im Offenbarungszelt täglich das Blut von zwei männlichen, einjährigen Lämmern vergiessen. Dieses Blut diente vermutlich dazu, negative Materie abzufangen. Die Erythrozyten können am besten negative Materie abfangen, wenn sie beweglich sind. Doch wie schaffte es Mose, die Gerinnung des Blutes zu verhindern?

Auf dem Opfertisch befanden sich auch die Schaubrote. Diese Schaubrote waren geschichtet und wurden wöchentlich ersetzt. «Enthält etwa Brot eine Substanz, welche die Gerinnung verhindert?», fragte er sich. Nobody machte wieder ein Experiment. Er wollte die Gerinnung von Blut in Anwesenheit von Brot untersuchen. Er nahm vier Plastikbecher. In einen Becher gab er zerriebenes Brot, in den zweiten Mehl, in den dritten Paniermehl, und den vierten liess er leer. In jeden Becher gab er etwa 10 ml vom eigenen Blut. Gespannt beobachtete er, was geschah.

Das Gegenteil von dem, was er erwartet hatte, passierte. Das Blut mit dem Brot gerann intensiver, und das geronnene Blut zog sich zu einem kleinen Klumpen zusammen. Man hätte meinen müssen, dass das Brot sich mit Serum durchtränkte und es im Becher mit Brot am wenigsten Serum gäbe, aber das Gegenteil war der Fall. Dort, wo Brot drin war, gab es am meisten Serum. Der Blutkuchen hatte sich somit zu einem kompakten, kleinen Klumpen zusammengezogen. Vielleicht waren die Schaubrote ja dazu da, um die Gerinnung zu fördern, so dass ein dichter Blutklumpen entstand? Das Serum wurde eventuell gar nicht benötigt. Vielleicht war dies die Lösung! Das Blut musste dicht sein. Der kompakte Blutklumpen war immer noch leicht beweglich, also blieben die Erythrozyten ebenfalls beweglich. Er musste sich das alles noch einmal durch den Kopf gehen lassen. «Die Erythrozyten müssen ganz eng zusammen liegen, damit die negative Materie gestoppt werden kann», ermutigte er sich.

15 Sodom und Gomorrha

Nobody beschäftigte sich mit der Frage, weshalb sich eine Menschengruppe veranlasst sehen könnte, auf der Innenseite der Erde zu wohnen.

Weshalb nur konnte man eine Welt mit vielen Pflanzen und Blumen, eine mit Sonne durchflutete und vom Mond erhellte Welt, mit Jahreszeiten, die für Abwechslung sorgen, gegen eine öde Welt ohne Tiere und Pflanzen, einer Steinwüste ähnlich, eintauschen? Weshalb ging man von einer abwechslungsreichen in eine leere Welt? Was für eine Motivation könnte ein Mensch haben, dies zu tun?

Nobody hatte sich schon viele Möglichkeiten durch den Kopf gehen lassen, diese und jene Variante erwogen, dann aber wieder verworfen, weil er merkte, dass das Negative stärker war.

Keine Lösung schien ihm richtig. Immer wieder stellte er sich dieselbe Frage, nämlich, was wohl die treibende Kraft gewesen sein könnte, dass jemand auf die Innenseite «auswanderte» und dort blieb? Bald schon hatte Nobody wieder eine neue Lösung parat. Seine Lösungen waren jedoch rein spekulativ. Es gab keinen einzigen objektiven Grund für deren Annahme.

Nachdem Mose schon gestorben war und sein Volk das Land ihrer Väter erobert hatte, kam die Aufteilung. Vorher war man ein geeintes Volk gewesen, jetzt jedoch ging es um die Aufteilung der Beute. Die Menschen wurden zu Hyänen. Die negative Materie war unnötig geworden. Die konnte man nur als Waffe im Krieg brauchen. Die Spezialisten verloren daher ihre Arbeit, sie wurden nicht mehr gebraucht und genossen nicht mehr den Respekt, den man ihnen zuvor gezollt hatte. Sie, die alles ermöglicht hatten, verloren ihr Ansehen. Im Gegenteil, man sagte ihnen: «Ihr müsst die Maschine warten und ihr bekommt kein Land. So wie es auch für Aaron gilt – ihr geht leer aus.» Aaron hatte gemerkt, dass der Dienst im Offenbarungszelt gefährlich war und man dafür nur spezialisierte Leute einsetzen konnte. Er erklärte den Leuten, die im Zelt arbeiteten, immer wieder, dass sie sich an die für das ganze Zelt geltende Ordnung halten müssten. Den heiligen Geräten und dem Altar dürften sie sich nicht nähern, sonst müssten sie sterben (Num 18,3). Dann erklärte er seinem Stamm, den Leviten, dass nur sie im Zelt arbeiten und dafür keinen erblichen Besitz halten dürften. Das Volk müsse dafür einen Zehnten abliefern (Num 18,20 – 18,24). Doch jetzt, als das Land der Väter erobert war, herrschten Missgunst und Streit. Jeder glaubte, der andere habe ein besseres Stück Land bekommen, und es gab Unruhe. Wie also sollten die Spezialisten ernährt werden in einer Phase, wo jeder mit jedem zerstritten war? Von wem sollten sie jetzt ernährt werden, in einer Phase, wo jeder seinen eigenen Vorteil suchte? Und wie sollten die Spezialisten Anerkennung finden, wenn man sie plötzlich nicht mehr brauchte? Nun kam eine fromme Gruppe zu den Spezialisten und äusserte den Wunsch, auf die Innenseite der Erde ziehen zu dürfen. «Wir wollen mit diesen Hyänen nichts mehr zu tun haben, wir wollen zum Grab Moses gehen und dort verharren.» Die Spezialisten wussten sofort, dass das Leben auf der Innenseite ohne Maschine niemals möglich wäre. Auf der Innenseite wären sie daher unentbehrlich und hätten wieder den gebührenden Respekt.

Somit taten sich die Intelligenz und die Frömmigkeit aus dem Volk zusammen und bevölkerten die Innenseite der Erde. In der Innenwelt fand eine rasante technische und industrielle Entwicklung statt. Am Anfang kehrten die Abtrünnigen noch einige Male zurück, um weitere Gebrauchsgegenstände, Tiere und Pflanzen zu holen. Auf den ersten Seiten des Buches Ezechiel ist zu lesen, wie gross der technische Unterschied innert Kürze geworden war. Aber der Durchtritt war gefährlich. Man musste über eine Landkarte der Aussen- und der Innenwelt verfügen, und selbst dann war es noch sehr gefährlich.

Mose hatte gesagt, dass er im Tal gegenüber von Bet-Pegor beerdigt werden möchte. Also war Bet-Pegor eine allen bekannte Ortschaft, und auf der Gegenseite von Bet-Pegor musste ebenfalls Land und nicht Meer liegen, und zudem bedeutete dies, dass sich an dieser Stelle eine Durchtrittsstelle befand. Gesamthaft gesehen jedoch war es von Mose sehr mutig gewesen, den Durchtritt überhaupt zu wagen. Weil der Durchtritt bei diesem tiefen Stand der Technik sehr gefährlich war, wurde der Kontakt zwischen den beiden Welten irgendwann ganz unterbrochen. Erst durch die Atombombe wurden die Menschen der Innenwelt wieder auf die Aussenwelt aufmerksam.

Aufgrund der Texte in der Bibel war das Volk Moses in seinen Eroberungszügen äusserst erfolgreich, doch plötzlich gab es einen abrupten Abbruch dieses Erfolges; dies scheint vorerst unerklärlich.

Wenn man die Geschichte der Israeliten vom Auszug aus Ägypten bis zur Eroberung des Landes der Väter verfolgt, fällt auf, wie das Volk völlig unbesiegbar war. Jede Schlacht konnte mit Leichtigkeit für sich entschieden werden. Doch irgendwann, in der Zeit um den Tod von Josua, kam die abrupte Wende. Als Beispiel der militärischen Überlegenheit sei der Midianiterkrieg erwähnt. Mose nahm damals aus jedem der zwölf Stämme des Volkes tausend Krieger und zog gegen Midian (Num 31,5). Midian war aber eine riesige Stadt mit verschiedenen Tochterstädten, einem Siedlungsgebiet und Zeltdörfern und dürfte um die 100'000 Einwohner gehabt haben (Num 31,10). Im Kampf gegen Midian töteten die Israeliten alle männlichen Personen samt fünf Königen und machten eine riesige Kriegsbeute (Num 31,32). Nach diesem Sieg stellte sich das Siegesheer auf und die Heerführer sagten zu Mose: «Deine Knechte haben die Krieger gezählt, die unter unserem Befehl standen; kein einziger Mann wird vermisst.» (Num 31,49). Aus dieser Aussage kann die Überlegenheit des Volkes im Krieg abgeschätzt werden.

Auch als Josua, der Nachfolger von Mose, die Führung übernahm, sagte ihm Gott als erstes: «Niemand wird dir Widerstand leisten können, solange du lebst.» (Jos 1,5). Und tatsächlich, Josua eroberte das ganze Land zwischen dem Jordan bis zum Meer, und keiner von all ihren Feinden konnte ihnen Widerstand leisten (Jos 21,44). An einer anderen Stelle sagte er zu seinen Kriegern: «Ein einziger von euch kann tausend verfolgen; denn der Herr, euer Gott, kämpft selbst für euch, wie er es euch versprochen hat.» (Jos 23,10). Einmal rückte ein grosses Heer mit einer grossen Menge von Pferden und Wagen gegen Josua vor (Jos 11,4). Josua aber lähmte ihre Pferde und steckte ihre Wagen in Brand (Jos 11,9). Wie er die Pferde lähmte, steht nicht geschrieben, aber wenn man im Besitz negativer Materie ist, ist es einfach, Pferde zu lähmen. Dies hatte Mose schon mit dem Esel des Sehers Bileam gemacht (Num 22,27). Man muss nur mit negativer Materie in ihre Nähe kommen, und schon sind die Pferde blockiert, und wenn man ihnen noch näher kommt, gehen sie mit den Vorderbeinen in die Knie.

Bei einer anderen Schlacht floh das fremde Heer. Auf der Flucht warf der Herr grosse Steine auf sie vom Himmel, bis nach Aseka hin, so dass viele umkamen (Jos 10,11). Für ein Volk, das negative Materie besitzt, ist es einfach, Steine vom Himmel zu werfen. Dem würde man heute Artillerie sagen. Josua konnte noch nicht alle fremden Volksstämme aus dem versprochenen Land vertreiben, doch kurz vor seinem Tod gab es Differenzen zwischen dem Engel des Herrn und dem Volk. Der Engel bemängelte, dass das Volk einen Bund mit den fremden Völkern schloss, dass das Volk sich mit den Fremden vermischte und fremden Göttern huldigte. Danach prophezeite er: «Ich werde sie nicht vor euren Augen vertreiben, sondern sie sollen euch Widerstand leisten, und ihre Götter sollen euch zu Fall bringen.» (Ri 2,3). Als der Engel des Herrn das zum Volk gesagt hatte, brachen alle Israeliten in lautes Weinen aus.

Nach dem Bruch zwischen den Engeln und dem Volk war es mit der Unbesiegbarkeit abrupt vorbei. Sooft sie auch in den Krieg zogen, die Hand des Herrn war gegen sie, und sie hatten kein Glück, wie der Herr es gesagt und ihnen geschworen hatte (Ri 2,15). Und Gott sagte, er werde «auch kein einziges der Völker mehr vor ihren Augen vertreiben, die Josua bei seinem Tod noch übrig gelassen hat.» (Ri 2,21). Von da an war es mit der Unbesiegbarkeit vorbei, die von Mose bis zu diesem Moment gedauert hatte, also bis zu dem Punkt, als die Engel sich erzürnten und sich verabschiedeten. Es ist auch auffällig, dass Josua keinen Nachfolger bestimmt hatte, denn das hochtechnisierte Wissen hätte doch von Spezialisten an neue Spezialisten weitergegeben werden müssen.

Es muss vermutet werden, dass sich der vorgesehene Nachfolger – wahrscheinlich ein Sohn von Josua – mit dem Offenbarungszelt verabschiedete. Das Offenbarungszelt, das bis anhin bei jeder Schlacht eine entscheidende Rolle gespielt hatte, wird von diesem Moment an plötzlich nicht mehr erwähnt. Auch wird mit keiner Silbe erklärt, wieso Josua keinen Nachfolger ausgewählt hatte. Erst zu einer viel späteren Zeit wird in den Bibeltexten die Bundeslade bei Samuel wieder erwähnt: Doch die Bundeslade von Samuel konnte man auf einen Karren laden und mit zwei Kühen ziehen (1. Sam 6,7). Das Offenbarungszelt von Mose aber hatte viele Tonnen gewogen, und mit diesem Zelt hatte man den ganzen Jordan stauen können. Das Zelt von Mose ist also nicht zu vergleichen mit der Bundeslade von Samuel. Aus den Bibeltexten geht auch hervor, dass Samuel gar nicht wusste, wofür die Bundeslade eigentlich gedacht war. Zudem hatte sich die Wolke, die dem Volk in der Wüste immer vorausgegangen war, seit Josua nie mehr gezeigt.

Aber wer weiss, vielleicht war alles noch ganz anders. «Nobody, lass deinen Gedanken ungezügelten Lauf! Kombiniere, prüfe Tausende von Möglichkeiten und verwirf mindestens wieder so viele!» ermunterte er sich selbst.

Ja, vielleicht gibt es noch eine andere Möglichkeit: Mose entdeckte die Innenwelt und wusste nicht, ob der leuchtende Kern der Erde Gott war oder nicht. So oder so, das innere Land war für ihn ein heiliges Land, und er sagte zu sich: «Gott hat mir ein neues Land gezeigt. Es ist ein heiliges Land und ein gelobtes Land. Wir sind das auserwählte Volk Gottes. Gott hat nur uns das Wissen gegeben, und Gott hat nur uns das neue, unbewohnte Land gezeigt. Gott will, dass wir daraus etwas machen.»

Weiter sah Mose die ständigen Streitereien im Volk und die Stammesrivalitäten. «Was wird wohl passieren, wenn ich einmal nicht mehr da bin?», musste er sich gefragt haben. «Und was passiert wohl, wenn das Volk eine unüberschaubare Grösse angenommen hat? Was, wenn das Wissen zu den Feinden gelangt, durch einen Verräter oder durch einen Spion? Im Friedenszustand wird die negative Materie nicht benötigt. Was aber, wenn einmal fünfzig Jahre lang Frieden herrschte und das Wissen plötzlich verloren ginge?» Er sinnierte lange über die Zukunft seines Volkes. «Wie kann ich garantieren, dass mein Volk das Wissen nie verlieren wird und somit jeden Krieg auf ewig gewinnen kann?»

Nach langer Kontemplation und nach langem Abwägen hatte er die Lösung gefunden. Es schwebte ihm eine Art Zweikammersystem vor. «Ich teile das Volk in zwei gleichberechtigte Körperschaften auf, so dass jede Körperschaft der anderen gleichwertig ist, aber so, dass beide voneinander abhängig sind. Die verschiedenen Stämme erhalten das zurückeroberte Land der Väter. Mein Nachfolger und künftiger Führer des Volkes wird Josua sein. Doch der Führer des Innenlandes und mein Nachfolger im Innenland soll

Kaleb, der Sohn von Josua, sein, und das Innenland soll das Offenbarungszelt zusammen mit einer Gruppe von Spezialisten erhalten.» «... sie alle werden das Land nicht zu sehen bekommen, das ich ihren Vätern mit einem Eid zugesichert habe. Keiner von denen, die mich verachtet haben, wird es zu sehen bekommen. Meinen Knecht Kaleb aber, der anders denkt und treu zu mir hält, ihn werde ich in das Land bringen. Er darf es betreten, und seine Nachkommen sollen es erben.» (Num 14,23).

Durch das besagte Zweikammersystem wäre gewährleistet gewesen, dass das Wissen niemals verloren ginge, weil in der Innenwelt ohne dieses Wissen niemand hätte überleben können. Ferner waren die beiden Körperschaften völlig voneinander abhängig. Da in der Innenwelt keine Pflanzen wuchsen, brauchte die innere Körperschaft Nahrungsmittel von aussen. Umgekehrt benötigte die äussere Körperschaft das innere Partnervolk als Lieferanten der negativen Materie für die Kriege.

Nehmen wir also an, das Volk sei nach der Eroberung des Landes der Väter so aufgeteilt und es sei vereinbart worden, dass das Innenvolk dem Aussenvolk monatlich einen Besuch abstattete.

Wenn das so gewesen wäre, hätte Mose zwei Fehlüberlegungen gemacht. Erstens war die Innenwelt sehr wohl für Pflanzen geeignet. Möglicherweise hatte das Innenvolk sehr schnell gemerkt, dass man die Pflanzen nur speziell beleuchten musste. Und zweitens konnte Mose nichts von genetischen Mutationen wissen. Weil Darwin noch nicht geboren war, konnte er nicht wissen, dass zwei Völker, die in völlig anderer Umgebung leben, sich rasch auseinander entwickeln. Nur in einem Punkt hätte sich Mose nicht geirrt: In der Innenwelt konnte man ohne dieses Wissen nicht überleben.

Wir nehmen also an, es sei so gewesen. Wie war nun aber der weitere Verlauf? Vielleicht besuchte zuerst das Innenvolk das Aussenvolk regelmässig. Bei jedem Kontakt herrschte grosse Freude. Im weiteren Verlauf merkten die Innenmenschen aber vielleicht, dass sie die Aussenmenschen gar nicht so stark benötigten. Zudem hielten die Aussenmenschen die vertraglich abgemachten Vereinbarungen nicht ein. Die Innenmenschen argwöhnten – es steht geschrieben: «... ihr dürft keinen Bund mit den Bewohnern dieses Landes schliessen ... Deshalb sage ich euch jetzt: ... sie sollen euch Widerstand leisten ... » (Ri 2, 2-3) Die Aussenmenschen sollten sich also nicht mit den fremden Völkern mischen (Dtn 7, 3), damit sie weiterhin auf Hilfe in den Kriegen zählen konnten. Und so gab es immer häufiger Streitereien.

Schon nach wenigen Generationen beklagen die Innenmenschen Tote beim Besuch der Aussenwelt. Nachdem die Mannschaft in die Innenwelt zurückgekehrt war, mussten sie vor dem König des Innenvolkes erscheinen. «Was ist geschehen?» fragte dieser. Der Kapitän der Mannschaft berichtete: «Lieber König, wir wissen schon lange, dass wir uns verändern. Die Aussenwelt ist für uns unwirtlich geworden. Wir können unser Erdschiff auf der Aussenwelt erst nach Sonnenuntergang verlassen, weil uns die Sonne blendet. Mitten in der Nacht sehen wir weniger als die Aussenmenschen, weil wir nicht mehr an diese Dunkelheit gewöhnt sind, und wir benötigen Taschenlampen. Am Morgen müssen wir vor Sonnenaufgang wieder in unserem Gefährt sein. Ferner sind uns der Tag zu warm und die Nacht zu kalt geworden. Zudem haben wir uns körperlich verändert. Aufgrund unseres Aussehens und unserer Bekleidung fallen wir überall sofort auf und sind zum Gespött geworden. Wenn wir unsere Brüder auf der Aussenwelt auf ihre Sünden aufmerksam machen, entsteht Streit, und wir werden der Einmischung bezichtigt. Doch diesmal war es am schlimmsten. Wir gingen wie immer unbewaffnet auf eine Stadt zu und wurden schon von weitem mit Hohn begrüsst. Danach stürzte sich die Meute mit Stock und Stein auf uns und wir mussten, wie die Kundschafter in Jericho, fliehen. Sie riefen: Ihr Schmarotzer! Und auf unserer Seite gab es Tote. Nur ein Stadtbewohner hat zwei von uns aufgenommen. Doch der aufgebrachte Mob entdeckte diese zwei und versammelte sich vor seinem Haus. Mit Stock und Stein wurde nun das Haus angegriffen, und erst jetzt konnten die zwei unser Basislager informieren. Wir konnten sie in letzter Minute orten und das aufgebrachte Volk blenden und so den Pogrom stoppen.» Der König zerriss seine Kleider vor Trauer und schrie: «Wir haben kein Brudervolk mehr! Unser eigenes Volk hetzt uns, so wie unsere Kundschafter in Jericho gehetzt wurden!» Möglicherweise verbot darauf der König per Verdikt jeden weiteren Kontakt mit der Aussenwelt. Nach längerer Zeit hatte sich der König wieder gefasst und fragte den Kapitän: «Was habt ihr danach getan?» «Wir machten dasselbe, was wir in Jericho taten», antwortete der Kapitän. «Wir retteten den einzigen Helfer mit seiner ganzen Verwandtschaft und vernichteten alle unsere Peiniger mitsamt der ganzen Stadt, allen Pflanzen und allen Tieren. Wir brachten am Morgen früh den Helfer mit seiner Verwandtschaft – es folgten ihm jedoch nur seine Frau und seine zwei Töchter – an einen sicheren Ort. Danach warfen wir eine E-Bombe (= Einstein'sche Energie-Bombe) auf die Stadt. Beim Kontrollflug danach sahen wir, dass alles vernichtet war. Doch auf einer Anhöhe sahen wir die Frau des Helfers. Vermutlich glaubte sie uns nicht, oder sie wollte der Vernichtung zusehen.» «Wie sah sie aus?», fragte der König. «Du weisst ja, die enorme Wärmestrahlung», sagte der Kapitän beinahe entschuldigend, «sie trocknete zu einer Mumie aus, bevor sie zu Boden fallen konnte».

Es stimmt, es ist die Geschichte von Sodom und Gomorrha. Doch Sodom und Gomorrha wurden zerstört, bevor Mose auf der Welt war, da dies zur Zeit Abrahams geschah. Möglicherweise stimmt in der Bibel der chronologische Zeitablauf nicht, oder es handelte sich um einen anderen Mann, der zufällig auch Abraham hiess. Denn, falls je einmal ein Mensch auf dieser Welt zu einer Salzsäule erstarrte, dann geschah dies angesichts einer E-Bombe. Natürlich könnte ein Mensch angesichts einer Atombombe zu einer Salzsäule erstarren, dies hatte man bei Tierversuchen gesehen. Doch bei der Atombombe folgte nach der Hitzestrahlung eine Druckwelle, die nachher jede ausgetrocknete Gestalt zu Staub zermalmte.

Jeder Explosion auf dieser Welt, die mit Sprengstoff, also positiver Materie, verursacht wird, folgt eine Druckwelle. Einzig bei der E-Bombe wird keine Materie weggeschleudert, im Gegenteil, es wird Materie aufgelöst, weil bei ihr Energie in Form von elektromagnetischer Strahlung ohne grosse Druckwelle erzeugt wird. Und nur bei der E-Bombe kann ein Mensch zu einer Säule erstarren.

Bei einem Blitz zum Beispiel gibt es auch keine Druckwelle. Aber hier ist es klar, weshalb: Ein Blitz entsteht ebenfalls aus Einstein'scher Energie und entspricht somit einer kleinen E-Bombe.

Doch wie lautet der Text dieser Bibelstelle genau: «Zwei Engel kamen am Abend nach Sodom. Lot sass im Stadttor von Sodom. Als er sie sah, erhob er sich, trat auf sie zu, warf sich mit dem Gesicht zur Erde nieder und sagte: Meine Herren, kehrt doch im Haus eures Knechtes ein.» (Gen 19,1). Auffällig an diesem Text ist, dass die Engel am Abend kamen, also nach Sonnenuntergang, und das würde gut zu Innenmenschen passen. Weiter fällt auf, dass Lot sie mit «meine Herren» ansprach. Echte Engel wären asexuell, also weder weiblich noch männlich. Aber für Lot war es offenbar klar, dass es sich um Männer handelte. Und selbst wenn es weibliche und männliche Engel gäbe, könnte der Mensch kaum den Geschlechtsunterschied auf Anhieb erkennen. Hätte es zudem wirklich weibliche und männliche Engel gegeben, hätten die Engel eine Sexualität gelebt, und dies dürfte wohl jeder Kleriker verneinen. Falls aber die beschriebenen Engel ausserirdische Wesen waren, stellt sich hier wiederum die Frage, ob denn Ausserirdische zweigeschlechtlich seien. Doch wie hätte Lot bei Ausserirdischen erkennen können, ob es männliche oder weibliche Ausserirdische waren? Nicht zu vergessen, Lot sprach sie mit «meine Herren» an. Dies scheint ein starkes Argument dafür, dass es sich tatsächlich um Männer handelte.

Die beiden Engel kehrten dann bei Lot ein, und er bereitete ihnen ein Mal. Danach umstellten die Einwohner von Sodom das Haus und riefen: «Wo sind die Männer, die heute Abend zu dir gekommen sind?» (Gen 19,5) Bei dieser Textstelle fällt es wieder auf, dass alle Leute sofort sahen, dass es sich um Männer handelte. Ferner verwundert es, dass Engel irdische Nahrung zu sich nehmen müssen oder können. Im weiteren Verlauf gab es ein Handgemenge zwischen Lot und den Stadtbewohnern. Darauf schlugen die Engel die Leute vor dem Haus mit Blindheit, so dass sie sich vergebens bemühten, den Eingang zu finden (Gen 19,11). Danach sagten die Engel-Männer zu Lot, dass sie die Stadt vernichten würden und er seine Frau, seine beiden Töchter und seine beiden Schwiegersöhne mitnehmen solle. Doch die Schwiegersöhne wollten nicht mitgehen (Gen 19,12). Als die Morgenröte aufstieg, drängten die Engel Lot zur Eile (Gen 19,15).

Auch diese Stelle ist wieder auffällig. Bei Tageslicht hätte man doch besser sehen können, was man zerstören wollte, aber sie drängten zur Eile. Dies ist ein Hinweis darauf, dass sie das Sonnenlicht nicht ertrugen. Lot floh also in die kleine Stadt Zoar. Ein Engel sagte noch: «Schnell flieh dorthin; denn ich kann nichts unternehmen, bevor du dort angekommen bist.» (Gen 19,22).

Aus dieser Textstelle geht klar hervor, dass die Männer etwas unternehmen mussten, damit die beiden Städte Sodom und Gomorrha untergingen. «Und als die Sonne aufgegangen und Lot in Zoar angekommen war, liess der Herr auf Sodom und Gomorrha Schwefel und Feuer regnen, vom Herrn, vom Himmel herab.» (Gen 19,23). Aus dieser Textstelle geht klar hervor, dass das Unheil, das auf die beiden Städte traf, vom Himmel fiel. Da die beiden Engel eindeutig angaben, dass sie die Städte zerstören würden, muss man annehmen, dass sie in irgendeiner Form ein Fluggerät besassen und etwas abgeworfen hatten.

Die beiden Städte wurden bis auf die Grundmauern zerstört. Aber auch alle Menschen, die Tiere und alles, was auf den Feldern wuchs, wurde zerstört. Lots Frau, die zurückblickte, erstarrte zur Salzsäule (Gen 19,26).

Wenn sich Lot den Engeln gegenüber als gottesfürchtiger Ehrenmann erwies, indem er sie vor dem unzüchtigen Ansinnen der Männer aus der Stadt schützte, und jene als wirklich echte Engel des Herrn die beiden Städte zerstörten, müsste man also meinen, dass Lot, der Beherberger der Engel, danach unter den Mitmenschen ein hohes Ansehen geniessen konnte. Es wäre zu vermuten, dass ihm die Mitbürger von Zoar zeitlebens Hochachtung entgegen gebracht hätten. Aber das Gegenteil war der Fall. Lot musste sich in der Stadt Zoar fürchten, und er wurde wie ein Verräter behandelt. Er musste mit seinen Töchtern ins Gebirge fliehen, und kein Mann begehrte eine der beiden, so dass sie mit ihrem Vater Inzest begehen mussten, damit sie Kinder gebären konnten (Gen 19,30-38).

Auch dürfte man erwarten, dass die Engel sich im weiteren Verlauf erkenntlich gezeigt hätten. Man dürfte doch hoffen, dass der allwissende Gott, der sie aus Sodom rettete, dafür gesorgt hätte, dass sie einen würdigen Lebensabend in Ruhe und Zufriedenheit hätten geniessen können. Aber nichts davon traf ein.

Die Engel erschienen nie mehr. Nobody vermutet, dass Lots Engel gewöhnliche Innenmenschen waren, welche den Kontakt mit den Aussenmenschen nach dieser misslungenen Begegnung mieden.

16 Die Induktion eines Blitzes

Bei einem Gewitter wird immer wieder beobachtet, dass ein Blitz weitere Blitze auslösen kann. Es kann sein, dass es minutenlang nicht blitzt und plötzlich: ein Blitz rechts, dann einer links, und dann wird die ganze Landschaft aus dem Dunkel heraus erleuchtet.

Wenn man von einem Satelliten aus ein Gewitter beobachtet, sieht man, dass Blitze über viele Kilometer hinweg andere Blitze auslösen können. Es kann sein, dass ein Blitz im Umkreis von hundert Kilometern mehrere Blitze zugleich auslöst. Dieses Phänomen wird bis heute nicht verstanden. Mit der Chimärkörperphysik kann man diese Induktion von neuen Blitzen aber relativ einfach erklären.

Wie bereits im Kapitel 7 «Die Supernova» erläutert, geht Nobody davon aus, dass Regentropfen wegen ihres Kernes aus negativer Materie leichter sind als gleich grosse Wassertropfen. Wenn sie viel negative Materie enthalten, sind sie superleicht, und bei etwas Aufwind schweben die Regentropfen in der Luft. Einen Regentropfenverband können wir sehen und nennen ihn Wolke.

Wenn nun zwei Regentropfen zusammenprallen, geschieht dasselbe wie bei einer Supernova: Die Regentropfen explodieren richtiggehend, und die positiven und die negativen Atome und Moleküle führen chaotische Bewegungen aus. Dabei prallen positive und negative Materien mit der kritischen Geschwindigkeit aufeinander, lösen sich auf und wandeln sich in Energie um. Dadurch entsteht an einem kleinen Ort eine kleine Menge positive und negative Energie. Die negative Energie kann die negative Materie in den umliegenden Regentropfen erhitzen, und die positive Energie macht dasselbe mit dem Wasser der Regentropfen. Dadurch steigt die Wahrscheinlichkeit, dass auch bei den umliegenden Regentropfen Masse in Energie umgewandelt wird, und nun entsteht eine Kettenreaktion, die in einem grossen Blitz endet.

Ein grosser Blitz emittiert grosse Mengen von positiver und negativer Energie. Die positive Energie sehen wir als Licht, hören wir als Donner und können wir als Wärme fühlen. Die negative Energie erwärmt über weite Strecken hinweg den negativen Kern anderer Regentropfen. Dadurch kann die negative Materie in einem Regentropfen in grosser Entfernung die kritische Geschwindigkeit erreichen, und die Entwicklung eines Blitzes beginnt von neuem. Durch einen Blitz werden die Regentropfen dermassen erschüttert, dass sie einen Teil ihres negativen Kernes verlieren. Danach beginnen die Regentropfen zu fallen. Ein heftiger Blitz von einem Sommergewitter kann die Regentropfen dermassen durchschütteln, dass sie alle oder fast alle negative Materie verlieren. Dadurch prasseln die Regentropfen wie Wassertropfen zur Erde und klatschen relativ stark auf der Haut auf. Bei einem Herbstregen hingegen werden die Regentropfen immer grösser, weil sich Wasser anlagert, bis die Erdanziehung überwiegt. Bei diesem Vorgang werden keine Blitze ausgelöst. Die Regentropfen, die jetzt fallen, haben immer negative Materie im Kern und fallen deshalb langsamer zur Erde. Sie werden nicht als klatschend auf der Haut empfunden.

Regentropfen sind positive Chimärkörper, d.h. sie haben eine Hülle aus positiver Materie, und im Kern befindet sich negative Materie. Weitere positive Chimärkörper sind z.B. Pflanzen und die Erde selbst. Wenn jemand einmal negative Materie hat, kann er positive Chimärkörper machen, indem er die negative Materie in Metallkugeln lagert.

Solche Kugeln könnte man z.B. aus grosser Höhe fallen lassen, so dass die negative zentrale Materie mit kritischer Geschwindigkeit auf die positive Metallwand prallte, und es entwickelten sich riesige Mengen von Energien. Wenn sich nun in der Nähe eine zweite Kugel befände, würde sich diese ebenfalls in Energie umwandeln, weil durch die negative Energie der ersten Kugel die Explosion in der zweiten Kugel induziert würde. Eine Explosion eines solchen Chimärkörpers könnte somit ohne Zündschnur und ohne Erschütterung durch eine erste Explosion ausgelöst werden.

Diese Eigenschaft wurde vermutlich bei der Sprengung der Stadtmauer von Jericho ausgenützt. Zu jener Zeit war Mose schon gestorben und sein Nachfolger, Josua, war Führer geworden. Nachdem das Volk den Jordan trockenen Fusses überschritten hatte, stand es vor den verschlossenen Stadtmauern von Jericho. Das Volk zog sieben Tage mit dem Offenbarungszelt um die Stadt, und am siebten Tag gab Josua das Zeichen, damit das Volk das Kriegsgeschrei erhob; die Widderhörner wurden geblasen und – so wie es Josua vorausgesagt hatte – stürzte die Stadtmauer in sich zusammen (Jos 6).

Nobody vermutet, dass man beim Umzug um die Stadt überall positive Chimärkörper in die Ritzen der Stadtmauer legte. Danach konnte man durch eine einzige Explosion die Mauer überall und gleichzeitig sprengen. Es ist jedoch unklar, wie die initiale Zündung eingeleitet wurde, weil davon nirgends auch nur die leiseste Andeutung gemacht wird. Vermutlich musste sich jemand opfern und mit einem Hammer auf eine solche Kugel schlagen, oder jemand warf eine solche Kugel wie eine Handgranate an die Stadtmauer.

Knallt ein Chimärkörper, entstehen riesige Mengen von Energien, jedoch kaum eine Druckwelle. Somit ist anzunehmen, dass die Sprengwirkung solcher Chimärkörper nicht allzu gross war. Man sieht jedoch immer wieder, dass beim Einschlag eines Blitzes Bäume oder auch Hausdächer zerfetzt werden. Vermutlich ist es so, dass bei der Explosion eines Chimärkörpers die Sprengwirkung nur auf kurze Distanz gross ist. Folglich müsste man solche Chimärkörper in einer Mauer extrem gut abdichten, damit man die gewünschte Sprengkraft erreichen könnte.

Die Induktion von solchen Explosionen spielte vermutlich auch bei Mose eine Rolle, als 250 Träger von Räucherpfannen miteinander starben. Es steht geschrieben: «Vom Herrn ging ein Feuer aus und frass die zweihundertfünfzig Männer, die den Weihrauch dargebracht hatten.» (Num 16,35).

Es gab damals einen Diadochenkampf (vgl. auch Kapitel 8): Korach, Datan, Abiram und On traten zusammen mit 250 Männern vor Mose hin und wollten ihm seine Führungsqualität absprechen (16,1). Mose versuchte es mit verschiedenen Schlichtungsversuchen, doch die jungen Männer gaben keine Ruhe und wollten ihn stürzen. Da sagte Mose, der Herr habe ihn gesandt. «Wenn der Herr etwas ganz Ungewöhnliches tut, wenn die Erde ihren Rachen aufreisst und sie verschlingt, mit allem zusammen, was ihnen gehört, wenn sie also lebend in die Unterwelt hinabstürzen, dann werdet ihr erkennen, dass diese Leute den Herrn beleidigt haben.» (Num 16,30).

Diese Stelle erklärt die Absicht Mose. Er wandte die Chimärkörperphysik an und liess mit ihr die Aufmüpfigen in der Erde verschwinden.

Wäre jemand auf diese Art und Weise in der Erde verschwunden, hätte er keine Chancen gehabt zu überleben. Er hätte im Zentrum der Lavaschicht verharrt, und die schützende negative Materie hätte sich verflüchtigt. Sein Körper wäre dann in Dampf aufgegangen.

Dem Bibeltext weiter folgend, findet man nachstehende Beschreibung: «Kaum hatte er (Mose) das gesagt, da spaltete sich der Boden unter ihnen, die Erde öffnete ihren Rachen und verschlang sie samt ihrem Haus, mit allen Menschen, die zu Korach gehörten, und mit ihrem ganzen Besitz. Sie und alles, was zu ihnen gehörte, stürzten lebend in die Unterwelt ab. Die Erde deckte sie zu und sie waren aus der Gemeinde verschwunden.» (Num 16,31-34).

Man muss sich vorstellen, dass sich die Erde in der näheren Umgebung ziemlich bewegte. Man kann annehmen, dass der Boden für die Zuschauer mehr schüttelte als bei einem schweren Erdbeben. Es ist auch anzunehmen, dass Mose den Räucherpfannenträgern nicht genau erklärt hatte, was passieren würde. Vermutlich hatten sie nicht gewusst, worauf sie sich da eingelassen hatten. Wahrscheinlich wurde einer angestossen, und dieser löste darauf das grosse Feuer aus, das zweihundertfünfzig Männer auffrass. Danach sagte Mose zum Priester Eleasar, er solle die Räucherpfannen aus der Asche herausnehmen, denn sie seien heilig (Num 17,2).

Beim ganzen Unterfangen passierten Mose jedoch einige Fehler. Mose hatte angekündigt, dass alle Menschen, die zu Korach gehörten, in der Erde verschwinden würden, doch zwei Söhne von Korach überlebten

(Num 26,11). Auch murrte das ganze Volk über Mose und Aaron, weil so viele Männer gestorben waren (Num 17,6).

Im weiteren Verlauf musste Mose das Pflanzenzeichen machen. Er wies jeden Stamm an, ihm einen Stab zu geben, und Gott würde dann an diesem Stab ein Zeichen anbringen: «Dann wird der Stab dessen, den ich erwähle, Blätter bekommen.» (Num 17,20). Und wie erwartet, bekam der Stab Aarons die besagten Blätter (Num 17,23).

17 Wie misst man die negative Energie der Sonne?

Wie schon mehrmals in diesem Buch erwähnt, besteht der äussere Mantel aller Planeten unseres Sonnensystems und auch der Sonne selber aus positiver Materie. Diesen äusseren Mantel bezeichneten wir im Kapitel 10 «Die negative Energie der Sonne» als «erstes Blatt». Das erste Blatt der Sonne strahlt positive Energie ab. Diese Energie sehen wir als Licht und fühlen wir als Wärme. Eben diese Energie ist bei den Pflanzen für die Photosynthese verantwortlich. Dabei werden Pflanzenproteine aufgebaut und Sauerstoff produziert. Dadurch entstehen etwa 5% des Sauerstoffes unserer Atmosphäre.

Das zweite Blatt der Sonne strahlt die negative Energie der Sonne ab. Die negative Energie interagiert nicht mit der positiven Materie, sondern durchstrahlt sie, so wie ein Lichtstrahl eine Fensterscheibe durchdringt. Bei der heissen Lavaschicht trifft die negative Energie jedoch auf positive Energien. Hier entsteht aus einem Teil der negativen und einem Teil der positiven Energie negative und positive Materie. Durch diesen Vorgang wird die Lavaschicht abgekühlt, weil positive Energie verbraucht wird. Die negative Materie will sich jedoch von der positiven Materie trennen und sucht sich einen Weg durch die positive Materie. Diese Aktion löst Reibungs- und Impulsenergien aus. Insgesamt fällt die Energiebilanz positiv aus, da durch die Entstehung von Materie weniger positive Energie verbraucht wird, als später wieder als Reibungs- und Impulsenergie entsteht. Somit wärmt letztlich die negative Energie der Sonne die Lavaschicht der Erde auf.

Wenn man die negative Energie der Sonne messen könnte, wie würden wohl die Messresultate aussehen?

Während die Sonne scheint, ist die negative Energie vorhanden. Wenn die Sonne dann am Horizont untergeht, trifft sie tangential auf die positive Lavaschicht des ersten Blattes der Erde. Da die Lavaschicht dadurch in der Längsrichtung getroffen wird, wird die negative Energie für den Beobachter weitgehend absorbiert. Das Messresultat wäre somit sehr klein. Doch nach einer gewissen Zeit dreht sich die Sonne mehr auf die Rückseite der Erde, und die negative Energie müsste wieder ansteigen, weil sie nämlich die Lavaschichten nun geradlinig durchdringt und somit weniger absorbiert wird.

Im weiteren Verlauf verschwindet die Sonne plötzlich hinter dem negativen Kern der Erde. Dadurch wird die negative Energie der Sonne gleich Null; nicht beinahe Null, sondern ganz Null. Und plötzlich wird sie wieder messbar.

Aufgrund der Zeit, in der die negative Energie nicht mehr messbar ist, könnte man auf den Kilometer genau den Durchmesser des negativen Kernes der Erde ausmessen. Nur, wie misst man die negative Energie der Sonne?

Bei der Lavaschicht sehen wir, dass die negative Energie der Sonne von der positiven Energie der Lavaschicht absorbiert wird. Aus den beiden Energien entstehen dadurch die beiden Materien (positive und negative). Es wird also der Lavaschicht Energie entzogen, und man erwartete, dass sie dadurch abgekühlt würde. Bei der Trennung der beiden Materien entsteht aber durch Reibung und Impuls so viel neue Energie, dass die Energiebilanz positiv ausfällt und die Lavaschicht dadurch aufgeheizt wird.

Diese Reaktion müsste somit auch im kleinen Format messbar sein. Nobody postuliert also, dass das Erhitzen von einem Liter Wasser im Haus am Kochherd bei Sonnenschein weniger Energie benötigt als für den gleichen Prozess in der Nacht, wenn die Sonne hinter dem negativen Kern der Erde steht – dies natürlich bei sonst gleichen Bedingungen, d.h. die Raumtemperatur muss bei beiden Experimenten gleich sein, und die Menge des Wassers muss auch genau gleich sein.

Dieses Phänomen der unterschiedlichen Absorption von negativer Energie zu verschiedenen Tageszeiten müsste in einer Eisengiesserei aufgefallen sein, da hier mit sehr hohen Temperaturen gearbeitet wird. Man hört immer wieder von Unfällen in Eisengiessereien. Interessant wäre zu erfahren, wie die Unfälle geschahen. Man müsste postulieren, dass solche Unfälle am Abend nach Sonnenuntergang weniger häufig auftreten, dass es in der Nacht kaum je Unfälle gibt und im Sommer mehr Unfälle passieren als im Winter.

Nobody telefonierte mit einer Eisengiesserei; er interessierte sich für Unfälle und Unfallverhütung und wurde mit dem Werkleiter verbunden. Er informierte sich zuerst darüber, wie der eigentliche Arbeitsablauf sei und wie die Unfälle jeweils passierten.

Der Werkleiter erklärte, dass man zuerst eine Schale, also eine Gussform, herstelle. Danach werde das Eisen erhitzt, in einen Kessel gegossen und mittels eines Krans zur Gussform transportiert. In dieser schwierigen Phase wären die Arbeiter 150%ig konzentriert. Gefährlich im Arbeitsgang würde es, wenn der Kessel nicht dicht sei oder plötzlich durchbreche. Es könne dann passieren, dass heisses Eisen zu Boden falle und in alle Richtungen wegspritze. Der wichtigste Mann während einer solchen Phase sei der Mann, welcher im Kran sitze. Er müsse bei einem solchen Vorfall den Kessel sofort aus der Gefahrenzone schwenken.

Hatte Nobody richtig verstanden: Der Kessel kann plötzlich durchbrechen? «Ja, es ist zwar selten, aber wenn der Kessel durchbricht, bricht er innerhalb eines Bruchteiles einer Sekunde durch», war die bestätigende Antwort. «Es ist also nicht so, wie wenn ein Damm, der Wasser zurückhält, langsam aufbricht, indem er plötzlich leicht, dann immer mehr rinnt und am Schluss als reissender Fluss zu Tale stürzt. Nein, beim Eisengiessen ist es so, dass der Kessel plötzlich durchbricht», dachte sich Nobody. «Während des Giessaktes besteht also die Hauptgefahr», sagte Nobody und fragte dann: «Geschehen denn mehr Unfälle am Morgen, am Mittag oder am Abend? Oder anders gefragt: Gibt es eine Tageszeit, in der Unfälle besonders häufig auftreten?» Diese Frage konnte der Werkleiter nicht beantworten. Er erklärte, dass bei ihnen die Arbeit jeweils nach dem Mittagessen, also etwa um 13:30 Uhr, beginne. Als erstes würden die Formen hergestellt, dann das Eisen erhitzt, und am Abend würde gegossen. «Das ist aber interessant», sagte Nobody, «ihr habt einen ganz eigenen Tagesablauf!» Weiter wollte er wissen, ob denn nun vor oder nach Sonnenuntergang gegossen werde? «Das ist unterschiedlich, manchmal wird schon um 16 Uhr nachmittags gegossen, manchmal erst um 22 Uhr in der Nacht.»

«Ein eigenartiger Tagesrhythmus», dachte sich Nobody und fragte: «Weshalb nur beginnt die Arbeit in der Giesserei erst nach dem Mittagessen?» Das wisse er nicht genau, erklärte der Leiter. Das hätte sich einfach so ergeben. Irgendwie sei es für alle Beteiligten die beste Lösung, und zudem sei es am Abend weniger heiss. «Wann gibt es denn nun mehr Unfälle, im Winter oder im Sommer?» fragte Nobody hartnäckig weiter. Diese Frage habe er sich noch nie gestellt, erwiderte der Werkleiter, er erinnere sich nur an Unfälle, die sich jeweils im Sommer zugetragen hätten. «Aber warum gibt es im Sommer mehr Unfälle?», wollte Nobody wissen. Der Werkleiter überlegte kurz und antwortete dann, man müsse sich das folgendermassen vorstellen: «Die Arbeiter tragen normalerweise Schutzkleider: Schutzschuhe, Schutzhosen und vor dem Gesicht einen Schutzschild. Da es aber im Sommer in der Giesserei sehr heiss wird – am kühlsten Ort kann es mehr als 40° warm werden –, neigen die Arbeiter bei dieser Wärme dazu, die Schutzkleider nicht mehr vorschriftsgemäss zu tragen. Dies dürfte der Grund sein», mutmasste der Werkleiter weiter. «Aha», sagte Nobody, «so ist das also.»

Nobody dachte sich erneut ein Experiment aus. Wenn die negative Energie in Giessereien eine Rolle spielt, müsste das Experiment auch im Kleinen möglich sein. Er müsste die negative Energie auch mit einem Mikrowellenofen nachweisen können, zum Beispiel, indem er ein kleines Stück Brot bei maximaler Energie erhitzte und dann beobachtete, nach wie vielen Sekunden das Brotstück zu rauchen beginnen würde. Die Zeit vom Start des Mikrowellenofens bis zum ersten Rauch könnte er mit einer Stoppuhr messen und so die verschiedenen Zeiten miteinander vergleichen. Die Zeit bis zum Rauch müsste während des Tages am kürzesten sein; nach Sonnenuntergang müsste sie vorübergehend ansteigen und danach, wenn die Sonne hinter dem negativen Kern verschwunden wäre, sogar stark ansteigen.

Er plante den Beginn des Experimentes auf Null Uhr am 1. Juli 1996. Er telefonierte mit dem meteorologischen Dienst der ETH Zürich: «Die Sonne wird heute um 05:32 Uhr auf- und um 21:25 Uhr untergehen.»

Um Null Uhr am 1. Juli 1996 sass Nobody parat. Er hatte vor sich einen riesigen Berg mit kleinen, geschnittenen Brotwürfeln, so als ob er gerade ein Fondue essen wollte; nur waren seine Brotwürfel alle regelmässig geschnitten, alle waren gleich gross. Genau um Mitternacht legte er das erste Stück Brot in den Mikrowellenofen und stellte den Temperaturwähler auf 800 Watt. Er startete und mass die Zeit, bis der erste Rauch aufstieg. Es dauerte genau 24 Sekunden. Nun wiederholte er das Experiment in regelmässigen Abständen. Es dauerte immer zwischen 23 und 24 Sekunden.

Es gelang ihm nicht, den negativen Kern der Erde zu erfassen, da es bei ihm Sommer war und Nobody sich auf dem 47. nördlichen Breitengrad befand!

Betrachtet man die Sonnenstrahlen als parallel, drehte sich Nobody in der Nacht vom Kern der Erde weg. Auch wenn der negative Kern der Erde noch so gross wäre, würde er nie in den Schatten des negativen Kernes gelangen. Aber am Morgen, bevor die Sonne sichtbar würde und bevor sie aufginge, müsste er einen Unterschied feststellen können; dann, wenn die Sonne tangential auf die Lavaschicht träfe.

Und tatsächlich! Um 5 Uhr morgens dauerte es 26 Sekunden. Diese Zeit stieg auf 30 Sekunden an und betrug um 05:30 Uhr – also zu einem Zeitpunkt, wo die Sonne schon leicht sichtbar wurde – immer noch 28 Sekunden. Um 6 Uhr mass er wieder 23 Sekunden und danach, während des ganzen Tages, nur noch 22 Sekunden.

Es fiel ihm noch etwas auf. In der Zeit, in der das Brot länger brauchte, bis es verkohlte – also während der Zeit mit geringer negativer Energie –, sangen die Vögel in voller Lautstärke; dies war weder vorher noch nachher der Fall. «Ist es möglich, dass die Vögel die negative Energie der Sonne registrieren können?», fragte sich Nobody. Oder anders gefragt: «Kräht der Hahn am Morgen, weil es hell wird, oder würde er auch krähen, wenn man ihm die Fenster verdunkeln würde?» Nobody konnte diese Frage zu diesem Zeitpunkt nicht überprüfen.

Es irritierte ihn noch etwas anderes. Falls er wirklich negative Energie messen konnte, müsste doch das Abfallen der negativen Energie eine oder eine halbe Stunde vor dem Sonnenaufgang messbar sein, dann nämlich, wenn die Sonne tangential durch die Lavaschicht schiene. Aber so, wie seine

Resultate bis jetzt waren, dauerte der Abfall der negativen Energie länger an, nämlich bis die Sonne aufgegangen war. Dies würde bedeuten, dass die warmen Erdschichten die negative Energie der Sonne gegen das Zentrum hin ablenkten.

Seine weiteren Messungen müssten ihm eigentlich Klarheit darüber geben. Während des Tages dauerte die Messung immer zwischen 22 bis 24 Sekunden.

Um 20 Uhr legte Nobody wieder ein Stück Brot in die Mikrowelle. Es dauert 29 Sekunden, bis es verkohlte und zu rauchen begann. «Was ist bloss geschehen?» Laut meteorologischem Dienst sollte die Sonne noch nicht ganz untergegangen sein, und daher dürfte es eigentlich nicht so lange dauern! Es war, wie wenn vorzeitig die negative Energie der Sonne nachgelassen hätte. Nobody schaute unvermittelt aus dem Fenster und wollte sich die Sonne ansehen. Doch der Himmel war mit tiefschwarzen Wolken verhangen. Nun war ihm alles klar. Die Wolken enthalten in den Regentropfen negative Materie. Negative Materie ist am besten geeignet, negative Energie aufzufangen. Somit gelangte die negative Energie nicht bis zu seinem Mikrowellenofen, und deshalb dauerte es länger bis zur Verkohlung des Brots. 40 Minuten später, um 20:40 Uhr, setzte ein Platzregen ein. Sofort legte Nobody wieder ein Stück Brot in den Ofen. Es dauerte lange: Die Rekordzeit von 36 Sekunden wurde erreicht, bis das Stück zu rauchen begann, obwohl laut Angaben der ETH Zürich die Sonne noch nicht hinter dem Horizont verschwunden war.

Dies interpretierte Nobody so, dass er während des Platzregens völlig von Regentropfen und somit von negativer Materie umgeben war, so dass alle negative Energie der Sonne absorbiert wurde und nicht bis zu ihm gelangte. Um 21:25 Uhr, also in der Minute, in der die Sonne unterging, legte er wieder ein Stück Brot in den Mikrowellenofen; es dauerte 28 Sekunden. Dies stimmte, aus Symmetriegründen, mit dem Wert vom Morgen überein. 10 Minuten später dauerte sein Experiment bereits 31 Sekunden und danach, während einer halben Stunde, jeweils noch 28 Sekunden. Dann ging die Zeit wieder auf 24 Sekunden zurück. Um 22 Uhr setzte wieder ein starker Regen ein. Spontan ging Nobody zum Mikrowellenofen und legte erneut ein Stück Brot ein. Es dauerte 24 Sekunden.

«Wieso dauert es jetzt plötzlich, obwohl es regnet, nur noch 24 Sekunden?» Doch die Antwort war ihm sofort klar. Nach dem Sonnenuntergang kam die negative Energie von unten, durch die Erdschicht, weil die Sonne jetzt von unten her negative Energie strahlte; und eben, die Sonne strahlte nicht durch die Gewitterwolken. Somit spielten in der Nacht die sichtbaren Wolken und der Regen gar keine Rolle mehr.

Doch das Wetter auf der Gegenseite der Erde dürfte eine Rolle gespielt haben. Nobody war daher überzeugt, dass er die negative Energie der Sonne mit einem gewöhnlichen Mikrowellenofen nachweisen konnte. Mit dem Mikrowellenofen ist es also ebenfalls möglich, das Wetter der Gegenseite der Erde zu bestimmen, und im Winter könnte man den negativen Kern der Erde, das zweite Blatt also, ausmessen.

18 Das Experiment, 3. Teil

Nobody plante seinen nächsten Versuch, um negative Materie einzufangen. Zuerst bearbeitete er die Eisenpyramide, welche mit feuchtem Sägemehl gefüllt war. Die Öffnung oben an der Pyramide war 8 cm gross. Auf diese Pyramide folgten die beiden Biobremsen. Dafür benötigte er zwei Ringe aus 2,5 cm dickem Stahl. Diese Ringe, die 10 cm hoch waren und einen Innendurchmesser von 8 cm aufwiesen, stellte er zuoberst auf die Pyramide. Am Boden der Stahlringe legte er je einen Plastikdeckel so ein, dass zwei Gefässe entstanden. Da der Plastikdeckel im Metall eingelassen war, hatten die Gefässe Metallkontakt zur Pyramide. Ein Gefäss füllte er mit Weizenmehl und Olivenöl. Das Verhältnis wählte er so, wie die Anweisung in der Bibel geschrieben steht: Ein Zehntel Feinmehl vermengte er mit einem Viertel Hin Öl. (Ex 29,40). Das Verhältnis war also 4 Liter Mehl zu 1.6 Litern Olivenöl. Diese «71%ige Mehl-in-Öl-Mischung» ergibt eine zähflüssige Paste.

Danach folgte die zweite Biobremse. Dazu nahm er das zweite Gefäss. Dieses stellte er auf das erste, so dass wieder Metallkontakt bestand. Ins zweite Gefäss mischte er Schafblut und Brot.

Danach folgte die Goldbremse. Mose nahm zuerst goldene Granatäpfel zum Stoppen und später, beim siebenarmigen Leuchter, grosse, goldene Knospen. Nobody wollte die negative Materie jedoch mit einem goldenen Ei stoppen. Die Form eines Eies war ihm sympathischer. Ein Kilogramm Gold hat ein Volumen von 51,7 ml; «aber wie berechnet man das Volumen eines Eies?»

Nobody fand keine passende Formel, daher mass er die Eier mittels Wasserverdrängung in einem Kolben aus. Das kleinste Hühnerei, das er gefunden hatte, verdrängte immerhin 54 ml Wasser; d.h., mit 1 kg Gold konnte er nicht einmal ein ganzes Ei herstellen. Aber er brauchte auch kein ganzes Ei, es genügte, wenn die spitzere Seite des goldenen Eies – jene Seite also, die gegen den negativen Strahl gerichtet wird – richtig gestaltet war.

Um das goldene Ei zu kreieren, kaufte er einen Kilobarren Gold und versuchte, mit einem Hühnerei eine brauchbare Form herzustellen. Der Versuch glückte nicht zu seiner vollen Zufriedenheit, einerseits, weil die Form des Eies zu wünschen übrig liess, und andererseits gelang es ihm nicht, das ganze Kilo Gold gleichzeitig zu schmelzen. Sein goldenes Ei war somit leicht unförmig, aber grosso modo erinnerte es an ein Ei. Zudem war das Gold durch die Erhitzung schwarz geworden, eine Veränderung, die er sich vorher nicht hatte vorstellen können. Sein goldenes Ei erinnerte ihn nun stark an eine faule Kartoffel. Aber es beruhigte ihn, dass er ein goldenes Ei hatte, das ein Kilogramm wog und das nicht glänzte und von niemandem als Gold erkannt wurde. Danach formte er einen Eierständer aus einem Holzbrett und legte dieses zu oberst auf die Öffnung der beiden Biobremsen. Über das

Ei stülpte er die Einfangglocke, die ihrerseits ebenfalls aus purem Gold bestand. Die Glocke hatte wiederum die Form einer Konfitürenbüchse, war jedoch oben abgerundet, etwa 10 cm hoch und ca. 10 cm im Durchmesser. Die Dicke des Goldbleches betrug 2 mm. Gerne hätte er eine dickere Goldglocke gemacht, doch seine Glocke wog so schon 1,5 kg.

Endlich hatte er fast alle Gegenstände für den neuen Versuch beisammen. Er musste nur noch auf die fertige Goldglocke und das Schafblut warten. Das Schafblut bestellte er in Zürich in einer Metzgerei, bei der regelmässig Schafe geschlachtet werden. Um das Blut transportieren zu können, nahm er mehrere leere 1-Liter Coca-Cola-Plastikflaschen. Bevor er die Flaschen zur Metzgerei brachte, füllte er EDTA (Äthylendiamintetraessigsäure) in die Flaschen ab. Diese Substanz bindet das Calcium im Blut und verhindert so die Gerinnung. Sobald er jedoch das Einsetzen der Gerinnung wünschte, müsste er nur Calcium dazugeben, und die Gerinnung würde einsetzen.

Nobody begann erneut mit Blut und der Gerinnung zu experimentieren. Er schichtete in einem kleinen Milchsieb Brotbrocken auf, so wie das Mose mit den Schaubroten gemacht hatte.

Danach liess er Wasser auf das Brot tropfen und fing die ersten Tropfen unterhalb des Siebes wieder ein. Nun gab er solche Tropfen dem Blut bei, und er beobachtete wieder: Die Gerinnung lief verstärkt ab, und der Blutkuchen zog sich kompakter zusammen; genauso, wie wenn er geriebenes Brot zum Blut gegeben hätte. Das Brot enthielt also einen Gerinnungsfaktor, welchen er mit Wasser extrahieren konnte.

Das Brot musste daher gar nicht im Strahl der negativen Materie platziert werden, sondern lieferte nur den Brotgerinnungsfaktor. Dieser Faktor war für Nobody neu. Davon hatte er noch nie etwas gehört. Aber es war ihm auch klar, weshalb. In der Medizin sucht man Medikamente, die eine Gerinnung verhindern und nicht solche, die eine Gerinnung fördern. Mit Wein konnte man diesen Faktor auch extrahieren; genau gleich wie mit Wasser.

Doch Nobody wunderte sich: «Weshalb nahm Mose Wein, um diesen Faktor zu extrahieren, wenn es mit Wasser auch gegangen wäre?» Mit Sicherheit hatte dies eine Bedeutung, doch welche?

Er begann nochmals. Er nahm zwei Milchsiebe und schichtete bei beiden Brot auf. Bei einem Sieb extrahierte er den Gerinnungsfaktor mit Wasser und beim anderen mit Weisswein. Er hatte sich vorgenommen, die Extraktion eine Woche lang täglich durchzuführen. Am nächsten Tag wollte er denselben Vorgang wiederholen. Doch, siehe da! Dort, wo der Faktor mit Wasser herausgelöst wurde, waren die Brote völlig verschimmelt. Mit Wasser hätte man die Brote nur einmal brauchen können. Obwohl die aufgeschichteten Brote nebeneinander auf einem Tisch lagen, war das Brot, das mit Wein behandelt wurde, völlig intakt, und man konnte es auch noch essen. Der Wein muss somit ein natürliches Fungizid enthalten. Wahrscheinlich benötigte Mose Wein, damit die Brote und letztlich die Maschine nicht verschimmelten. Den Gerinnungsfaktor benötigte er, damit die Blutzellen möglichst dicht beieinander lagen. Doch in der heutigen Zeit kann man das Blut zentrifugieren. Dadurch hat man eine kompakte Masse von Blutzellen. «Somit», sagte er zu sich, «benötige ich weder die Brote noch den Gerinnungsfaktor.»

Endlich besass Nobody alle Utensilien, um das neue Experiment durchzuführen. Aber dann machte ihm das Wetter einen Strich durch die Rechnung. Es blieb ihm nichts anderes übrig, als auf einen schönen, sonnigen Tag zu warten, was nicht einfach war, da eine Schlechtwetterperiode vorherrschte.

Er machte einen Spaziergang im Regen, ohne Schirm und ohne Regenschutz. Er wollte die Natur und den Regen geniessen. Er fragte sich, ob seine Gedanken ihn in die Irre führten und ob er sich getäuscht habe. Doch dann schaute er die Natur an und sah, dass alles lebte und von negativer Materie durchsetzt war. Er betrachtete einen Baum und fragte sich, was wohl zuerst gewesen war, das Herz oder der Kreislauf?

Diese Frage mag auf den ersten Blick dumm erscheinen, aber die Entstehung eines Herzens macht nur Sinn, wenn auch ein Kreislauf mit Blutgefässen da ist.

Es erschien ihm unmöglich, dass beide gleichzeitig miteinander entstanden sein konnten. Also war eines der beiden vorher da, das Herz oder der Kreislauf. Mit Sicherheit war der Kreislauf zuerst da und dieser musste durch die negative Materie angetrieben worden sein. Dies bedeutete, dass die ersten Lebensformen auf der Erde Pflanzen waren. Der Kreislauf fliesst nur, wenn die Lebensform mit der Erde verwachsen ist, d.h. Wurzeln hat. Dies wiederum bedeutet, dass es in einer Pflanze Gefässe haben muss, in denen der Pflanzensaft nach oben fliesst und solche, in denen er nach unten fliessen kann.

Dieser Kreislauf wird nur im Sommer angekurbelt, was heisst, dass auch Zimmerpflanzen im Winter weniger gut wachsen und so oder so nur im Sommer blühen. Somit sind Pflanzen Lebewesen wie Tiere, es sind immobile, mit der Erde verwachsene Lebewesen.

Zudem plante er noch immer in Gedanken an seinem Ufo weiter. Die Form, die Stabilisierungskreisel, das Anbringen der negativen Materie, das alles war ihm klar.

Er vermutete, dass negative Materie in einem Metallbehälter keinen Auftrieb bewirken würde. Würde man jedoch den Metallbehälter unten öffnen, so wie die Blende eines Fotoapparates, dann könnte man den Auftrieb wahrscheinlich aufbauen. Die negative Materie würde so wie der Strahl eines Düsenflugzeuges Auftrieb geben, und je nachdem, in welche Richtung man diesen Strahl richtete, könnte man die Flugrichtung wählen.

Da die negative Gravitation aber nur im nahen Erdbereich zur Wirkung kommt, kann geschlossen werden, dass ein Ufo nicht als Weltraumflugkörper geeignet ist. Man könnte somit mit einem Ufo nicht einmal zum Mond fliegen, weil man den Mond nicht anpeilen kann. Man würde den Mond verpassen, an ihm vorbeifliegen und sich heillos im Weltraum verirren.

Die Innenwelttechnik ist eine phantastische Technologie, aber die Aussenwelttechnik ist auch nicht ohne. Die ideale und somit die zukünftige Technik ist die Kombination der Innen- und der Aussenwelttechnologie.

Am Freitag, 16. August 1996, war die Wetterprognose sehr günstig. Es wurde auf den folgenden Samstag ein sonniger Tag versprochen. Nobody begann am Samstag, 17. August 1996, um 4 Uhr seine Maschine aufzubauen. Weil es so früh am Morgen war, vermutete er, dass kaum negative Materie vorhanden sei. Es sollte somit kaum gefährlich sein, trotzdem arbeitete er mit Gummihandschuhen.

Zuerst rührte er das zuvor befeuchtete Sägemehl um. Danach stellte er das Gefäss mit der Mehl-in-Öl-Mischung darauf. Auf dieses Gefäss dann stellte er das zweite Gefäss. Er zentrifugierte Schafblut, goss das Plasma ab und füllte mit den komprimierten Schaferythrozyten das zweite Gefäss. Danach folgte das Holzbrett, welches die Funktion eines Eierständers hatte. Darauf stellte er das ein Kilo schwere Goldei auf das Brett und darüber die goldene Glocke. Über die goldene Glocke stülpte er zur Tarnung eine Plastikeinkaufstasche. Er schaute sich die aufgebaute Maschine an und freute sich auf den weiteren Verlauf. «Was mache ich eigentlich, wenn etwas passiert?», fragte er sich plötzlich. «Aber ich will ja, dass etwas passiert!», beruhigte er sich im selben Augenblick. «Aber falls etwas Aussergewöhnliches passieren sollte und es zu einem Menschenauflauf mit Polizei und Feuerwehr käme – was dann?», sinnierte er weiter. «Egal, was passiert, ich werde jeder Situation gewachsen sein», beschwichtigte er sich selbst.

Gesetzt den Fall, es gäbe einen Knall, der einen riesigen Krater hinterliesse, würde er den Behörden mitteilen, dass er eine Maschine gebaut habe, die Meteoriten anziehen könne und dies nun offensichtlich zum ersten Mal funktioniert habe. Dann würde er noch sagen, dass es sich um einen Auftrag der NASA handle und alles dem Militärgeheimnis unterliege. Während der folgenden Verwirrung würde er alle wichtigen Utensilien wegräumen und danach das Feld den Experten überlassen. «Aber was mache ich, wenn sich über der Maschine eine stehende Wolke bildet und die Maschine beginnt, Funken zu sprühen?», fragte er sich.

Auch mit dieser Situation würde Nobody umgehen können. Er würde erklären, dass es sich bei seiner Maschine um ein Erdtelefon handle. Mister Akira Kittamura, an der Mainstreet 135 in Osaka in Japan lebend, habe in seinem Garten dasselbe Telefon aufgebaut, und er versuche nun, durch die Erde hindurch mit ihm zu telefonieren. Er sei jetzt gerade auf Empfang; deshalb die Funken. Danach würde er sagen: «Jetzt wollen wir mal schauen, was Mister Kittamura gesagt hat.» Er würde, vor den Augen des Gesetzes, mit dem Zerlegen der Maschine und dem Prüfen der Glocke beginnen. Mit einer nassen Hand würde er in die Glocke hineingreifen. Wenn negative Materie darin wäre, müsste das Wasser zurückfliessen und die Hand müsste danach trocken sein. Wenn sich viel negative Materie angestaut hätte, würde die Hand als Beweis schneeweiss werden.

Danach würde er die Glocke drehen, die negative Materie ablassen, den Kopf schütteln und sagen, er hätte sich wohl geirrt, es sei kein Gespräch angekommen.

Nein, egal was passieren würde, Nobody würde keine Erklärung schuldig bleiben. Im Gegenteil, er fürchtete sich nicht davor, dass etwas passierte. Er fürchtete sich eher davor, dass wieder nichts geschehen würde. Noch nie hatte er an allem so gezweifelt wie jetzt. Die Frage, ob er einem Hirngespinst erlegen sei, plagte ihn zusehends häufiger.

Die Sonne ging auf und Nobody schaute immer wieder zur Glocke. Nichts. Am Abend untersuchte er sie. Es war für ihn wie ein Hammerschlag – nichts.

Als er am 23. Februar mit dem Experiment begonnen hatte, hatte er sich als Ziel ein Datum gesetzt. Er hatte damals ein Blatt Papier genommen und das Datum 21. April 1996 hinschreiben wollen. Doch, wie von Geisterhand geführt, hatte er geschrieben, dass er bis zum 21. August 1996 negative Materie haben werde. Nobody konnte sich somit vertrösten. Er liess die Glocke Tag und Nacht unberührt stehen und untersuchte sie erst am 21. August erneut.

Wieder nichts. «So etwas kann es einfach nicht geben», rief er verzweifelt. Die negative Materie war da, doch es gelang ihm einfach nicht, sie einzufangen. Gedemütigt wie ein Hund wandelte er durch die Welt. «Wo nur liegt der Fehler?», fragte er sich niedergeschlagen. «Bin ich eigentlich noch normal? Spinne ich?» Die Seifenblase, welche er sich aufgebaut hatte, war geplatzt. «Auf solch ein Hirn muss ich mich verlassen, das mir einen solchen Schmarren suggeriert!», schrie er gepeinigt.

Die Enttäuschung war riesengross. Er war auf sich selbst wütend. Auf wen sollte er sich noch verlassen können, wenn er sich nicht einmal auf sich selbst verlassen konnte? Weitere zehn Tage vergingen, aber nichts geschah.

Es war Wut und Enttäuschung zugleich, die ihn beherrschten, so dass er nichts anderes mehr denken konnte. Er wollte auch nichts anderes mehr denken. Er starrte die Glocke an. Stoisch, störrisch und trotzig stand sie da. «Verflixt nochmals, wohin geht die negative Materie?», fragte er sich zum hundertsten Mal.

Nobody bemerkte, dass er wieder zu denken begonnen hatte. Warum konnte er sie nicht einfangen? Er schaute die Glocke an, schüttelte den Kopf und sagte laut: «Es braucht einen neuen Ansatz!» Es gab eine Zeit, da konnte er die Gedanken nicht schnell genug aufschreiben, und mit den Experimenten hinkte er stets den Ideen hinten nach. Und jetzt. «Schau dir das an! Einfach nichts.» Er war am toten Punkt angelangt. «Nichts, einfach nichts! Wieso nur? Warum nichts?»

Nobody freute sich daran, dass er innerlich zusammengebrochen war, denn nur dies, so wusste er aus früheren Zeiten, gab ihm die Gewissheit, dass er wieder aufstehen würde.

Nobody betrachtete seine Maschine. Das Sägemehl hatte wieder gleichförmig eine Gegenpyramide mit einem Abstand von ca. 1 cm von der Innenseite der Eisenwand aufgebaut. Es war etwas da, aber Nobody konnte es nicht einfangen. Jetzt würde er gerne Mister Pi fragen: «Wo liegt bloss der Fehler?» Und Mister Pi würde antworten: «Nobody, du bist wirklich ein dummer Kerl.»

Mit einfachen Worten würde er trocken alles erklären. Wahrscheinlich würde er sagen: «Mose hatte eine Maschine von ca. 150 m^2 Grundfläche, deine hat nur etwa 7 m^2. Deine Maschine ist somit etwa 21 Mal kleiner. Daher musst du 21 Mal länger warten, bis du negative Materie eingefangen haben wirst. Dann würde er weiter sagen: «Bei dir kommt bald der Winter, und in dieser Zeit kannst du das Einfangen von negativer Materie vergessen. Und ausserdem kommt noch dazu, dass Mose näher am Äquator war als du. Du wohnst auf 47° nördlicher Breite: Also liegst du im Vergleich total daneben. Mit deiner Maschine musst du 2 bis 5 Jahre warten und zudem immer schauen, dass alles richtig eingestellt ist.» Nobody sah ein, dass jetzt ein Warteexperiment begonnen hatte. Er experimentierte bis Mitte Oktober 1996, doch bei seinen Kontrollen fand er jeweils nichts in der Glocke.

Schliesslich begab sich Nobody zur Glockengiesserei. Dort standen viele alte Glocken, alle mehr als 100 Jahre alt, herum. Er betrachtete die Glocken und sinnierte. «Sie stehen genau gleich stoisch, störrisch und trotzig da wie meine Goldglocke. Sie machen einfach nichts und stehen selbstzufrieden da.»

In einer Buchhandlung wollte er sich ein Buch über Glocken und Glokkengiesskunst kaufen. Doch es gab nirgends ein solches schriftliches Dokument.

Offenbar war zu diesem Thema in den letzten 50 Jahren nichts mehr geschrieben worden. «Was ist das nur für eine Welt? Der wichtigste Gegenstand auf dieser Welt ist die Glocke, doch keiner interessiert sich dafür?» Doch, da war ein Buch. «Der Glockengiesser von einem bestimmten Tal» war der Titel. Leider handelte es sich beim Buch um einen Heimatroman – unter dem Motto: «Und was er hat, das will er nicht, und was er will, das hat er nicht.»

Nobody versuchte sein Glück in der Staatsbibliothek. Im einzigen Buch, das er zu diesem Thema fand, stand: «Eine Glocke wird aus Kupfer-Zinn-Bronze gegossen, schon seit Jahrhunderten.» Es hiess einfach dazu, alle anderen Legierungen tönten weniger schön. Offenbar gab es auf der ganzen Welt weder eine Silber- noch eine Goldglocke. Das Studium der Glockengiesskunst brachte ihn auch keinen Schritt weiter.

19 Mister Pi

19 a) Chimärkörper

Nobody sass wieder vor seiner Maschine, die seelenruhig dastand und sich nicht rührte. «Dieses störrische Ungetüm», reklamierte er, und er merkte, dass er keine neuen Ideen mehr hatte.

Doch plötzlich – vermutlich war er wieder auf eine eigene Art eingeschlafen oder in Trance gefallen – traf er wieder auf Mister Pi. «Mister Pi», sagte er unvermittelt, «bitte erkläre mir nochmals, in welchem Zusammenhang die negative Energie der Sonne mit der negativen Materie steht.»

«Also», erwiderte Mister Pi geduldig, «die Sonne strahlt positive und negative Energien auf die Erde. Die positive Energie ist das, was wir sehen und fühlen. Diese Energie ist allseits bekannt. Die negative Energie sehen wir nicht, weil sie mit der positiven Materie nicht interagiert. Die Erde ist wie eine Seifenblase aufgebaut, und der äusserste Mantel, das erste Blatt also, ist aus positiver Materie und ca. 55 bis 60 km dick. Die negative Energie der Sonne würde diese Erdschicht des ersten Blattes durchstrahlen, wenn da nicht in der Mitte die heisse Lavaschicht wäre. Diese heisse Lavaschicht führt dazu, dass aus negativer Energie der Sonne und aus positiver Energie der Lavaschicht negative und positive Materie entsteht. Dadurch wird von der Lavaschicht Energie verbraucht und man würde meinen, sie kühlte sich deswegen ab.

Doch die negative Materie gibt durch Reibung und Impuls wieder Energie an die Lavaschicht ab, so dass die Energiebilanz für die Lavaschicht positiv ausfällt. Dies führt dazu, dass die positive Energie der Sonne die Oberfläche der Erde erwärmt. Die negative Energie der Sonne erwärmt die Lavaschicht des ersten Blattes und somit indirekt die Innenwelt.

Zudem ist die negative Materie, die in der Lavaschicht entsteht, der Motor der Erde. Sie schleppt Wasser in den Himmel, das später als Regen niederfällt, sie schleppt den Pflanzen Wasser an ihre Wurzeln, sie schleppt in den Pflanzen das Wasser bis zu den obersten Blättern, sie ermöglicht somit das Pflanzenwachstum, und sie ist für die Vulkanaktivität und für Erdbeben verantwortlich», erklärte Mister Pi.

Nach tiefem Einatmen fuhr er mit seinen Erklärungen fort. «Der negative Kern der Erde wird ständig etwas grösser. Dadurch nimmt die Gravitationskraft auf der Aussenschicht der Erde dauernd etwas ab. Dadurch wiederum werden die Lebewesen auf der Aussenschicht der Erde allmählich etwas grösser. Von Generation zu Generation werden bei den Menschen und bei den Tieren die Kinder im Durchschnitt grösser als ihre Eltern. Es ist unabhängig von der Nahrung und kommt auf der ganzen Welt vor. Dies ist eine Erklärung dafür, dass in der Leichtathletik immer wieder neue Rekorde gebrochen werden. Es wird eine Zeit kommen – und sie ist nicht mehr fern –, da wird der Mensch beim Weitsprung 10 Meter und beim Hochsprung 3 Meter überspringen.

In der Innenwelt nimmt durch die Zunahme des negativen Kernes die Gravitation zu, da die Innenmenschen einerseits von der positiven Materie des ersten Blattes angezogen und andererseits vom negativen Kern weggedrückt, also ebenfalls auf den Boden gedrückt werden. Dies führt dazu, dass die Innenmenschen wegen der Zunahme der Gravitation immer kleiner werden.»

«Mister Pi», sagte darauf Nobody, «ich habe eine Frage. Du hast mir beim letzten Besuch interessante Dinge von Noach erzählt. Ich habe in der Zwischenzeit selbstverständlich das Buch Noachs in der Bibel nachgelesen. Du sagtest also, dadurch, dass die Erde von einem grossen Meteoriten getroffen wurde, sei der grosse Regen ausgelöst worden, und weil die Erde schlagartig kleiner wurde, hätte es die riesigen Überschwemmungen gegeben!» «Ja», sagte Mister Pi, «wenn die Erde von einem grossen Meteoriten getroffen wird, öffnen sich die Quellen des Landes und zudem gibt es einen Dauerregen.» «In der Bibel steht aber», rechtfertigte sich Nobody, «dass es 40 Tage und Nächte lang geregnet habe und alle Bergspitzen unter Wasser gestanden hätten. Es steht auch geschrieben: ‹Das Wasser aber schwoll hundertfünfzig Tage lang auf der Erde an.› (Gen 7,24). So wie du die Dinge siehst», sagte Nobody, «kann man sich alles gut vorstellen. Dadurch, dass die Erde plötzlich kleiner wurde, überdeckte das Wasser die ganze Erde. Es steht aber in der Bibel auch geschrieben, dass das Wasser irgendwann wieder abfloss und das Land wieder zum Vorschein kam. Wohin nun soll denn deiner Meinung nach das viele Wasser geflossen sein?»

«Also, ich erkläre dir alles noch einmal», sagte Mister Pi etwas ungeduldig: «Die negative Energie der Sonne erwärmt die Lavaschicht der Erde. Diese Erwärmung findet im Zentrum, also in der Mitte der Lavaschicht, statt. Wenn nun die Erde plötzlich kleiner wird, wird diese äussere Schicht der Erde, also das erste Blatt, automatisch dicker. Und weil die Erde plötzlich eine kleinere Oberfläche hat, wird viel weniger von der negativen Energie der Sonne absorbiert, und dies wiederum führt dazu, dass die Erdoberfläche kälter wird. Das bedeutet, dass jeder grosse Meteorit, der die Erde frontal trifft, eine Eiszeit auslöst. Das viele Wasser gefriert nachher an den Polen und auf den Gletschern, und diese Eisbildung führte dazu, dass die Erde bei Noach wieder langsam zum Vorschein kam.» «Dies bedeutet aber», sagte Nobody, «dass die Erde zur Zeit der Dinosaurier nicht nur sehr gross, sondern auch sehr warm war.» «Ja», bestätigte Mister Pi, «damals war es sehr heiss auf der Erde, und die grösste Vegetation und die meisten Tiere lebten auf der Antarktis.» «Aber dies bedeutet auch», fragte Nobody, «dass sich die Erde zurzeit aufwärmt, weil sie grösser wird – und nicht wegen den Treibhausgasen?» «Ja», nickte Mister Pi, «die Erde wärmt sich dauernd auf, was in der Äquatorgegend zu einer Verwüstung der Vegetation führen wird.

Die grösste Leistungsfähigkeit eines Menschen ist dort, wo er nicht zu kalt und nicht zu warm hat. Dies dürfte zurzeit etwa zwischen dem 44. und dem 54. nördlichen Breitengrad liegen. (In der Südhalbkugel wäre dieser Streifen auch ideal zum Leben, aber in diesem südlichen Streifen gibt es beinahe nur Meere.) Die früheren Hochkulturen lebten alle südlicher. Die Römer, die Griechen, die Ägypter, die Inkas usw. lebten südlicher, und es gab dort Hochkulturen, weil damals dort für das Leben ideale Bedingungen herrschten. Es wird aber eine Zeit kommen, in der Grönland und Sibirien die Kornkammern der Welt sein werden.»

«Die Erde und die Sonne sind beim Urknall entstanden», erklärte Mister Pi weiter. «Und dieser Urknall fand in der Mitte der Milchstrasse statt, also im Zentrum der Galaxis. Wahrscheinlich ist in der Sonne schon bei der Entstehung durch die Energien des Urknalls ein negativer Kern entstanden. Durch weitere Energien vom Universum wurde dieser Kern langsam grösser, die Sonne wuchs, und der Abstand vom ersten zum zweiten Blatt nahm zu. Plötzlich war dieser Abstand so gross, dass Wasserstoffatome auf die Fusionsenergie beschleunigt wurden. Dann begann die Sonne zu scheinen, und ab diesem Zeitpunkt wurden die Planeten, die damals noch Kometen waren, mit positiver und negativer Energie angestrahlt. Die beiden Energien der Sonne führten dazu, dass die Kometen einen negativen Kern bekamen, rund und zu Planeten wurden und ihre Bahnen eine kreisförmige Form annahmen. Irgendwann nach diesem Vorfall ist auf der Welt Leben entstanden; zuerst Pflanzen, dann Tiere. Aber damals regnete es noch nicht, weil die negative Materie, die aus dem Boden herauskam, noch sehr gering war. Die negative Materie war jedoch schon so stark vorhanden, dass die Pflanzen von unten, an ihren Wurzeln, benetzt wurden.»

Mister Pis Erklärungen machten Nobody stutzig. «Was hast du?», fragte Mister Pi, der ihn genau beobachtete.

«Genau so steht es doch im Kapitel über Adam und Eva in der Bibel geschrieben», entgegnete Nobody. «Es steht doch, dass es zu dieser Zeit noch nicht regnete.» Nobody holte im Traum die Bibel und suchte den Text, Genesis 2,4: «Zur Zeit, als Gott, der Herr, Erde und Himmel machte, gab es auf der Erde noch keine Feldsträucher und wuchsen noch keine Feldpflanzen; denn Gott, der Herr, hatte es auf der Erde noch nicht regnen lassen, und es gab noch keinen Menschen, der den Ackerboden bestellte; aber Feuchtigkeit stieg aus der Erde auf und tränkte die ganze Fläche des Ackerbodens.»

«Wieso kann jemand, der noch nichts von negativer Materie wusste, annehmen, dass Feuchtigkeit aus der Erde aufsteigt? Dies kann doch nur bedeuten», sagte Nobody, «dass die Geschichte von Adam und Eva echt ist. Sie muss von jemandem erzählt worden sein, der sich an diese Geschichte erinnern konnte.» «Aber», gab Mister Pi zurück, «gibt es denn in der Bibel Geschichten, die nicht echt sind?» «Also haben Adam und Eva vor vielen Millionen Jahren tatsächlich gelebt», sagte Nobody fasziniert. «Wie haben sie wohl ausgesehen?» «Willst du das wirklich wissen?» fragte Mister Pi. Nobody antwortete trocken: «Nein.»

«Ich sage es dir noch einmal», sagte Mister Pi, «die negative Energie der Sonne ist der Motor der Erde. Nähmen extraterrestrische Lebensformen die Erde ein, würden sie zwischen der Erde und der Sonne einen negativen Spiegel oder eine negative, hauchdünne Metallfolie aufspannen. Die Menschen wachten am nächsten Morgen auf, und es fiele ihnen auf, dass die Vögel ununterbrochen sängen. Schon bis am Mittag wäre der Himmel auf der ganzen Erde wolkenfrei, und die Menschen verspürten alle ein ungewöhnliches Wohlgefühl. Der Himmel wäre strahlend blau und jedermann mit sich zufrieden. ‹Einen so schönen Tag haben wir noch nie erlebt›, würden sie zueinander sagen. Einzig ein paar Bauern würden am Abend stutzig werden, weil alles Gras die Kraft verloren hätte und die Blätter der Bäume träge herunterhingen. ‹Zum Glück kommt jetzt die Nacht›, würden sie erleichtert sagen, ‹da können sich die Pflanzen erholen.›

Zudem würden die Messstationen der Meteorologen ergeben, dass der Sauerstoffgehalt der Luft in einem Tag von 21% auf 20% zurückgegangen wäre. Sie glaubten wohl, dass ein Messfehler vorliegen würde. Am Abend ginge niemand zu Bett, weil jeder guter Dinge wäre. Überall würden spontane Parties abgehalten, und durch die ganze Nacht herrschte Feststimmung.

Am nächsten Morgen dann würde das Gras flach liegen, die Baumblätter hätten sich nicht erholt. Trotzdem gäbe es erneut einen wunderschönen, wolkenfreien, blauen Tag. Aber selbst Stadtbewohner würden etwas unruhig, wenn sie die Natur betrachteten. Sämtliche Vulkane der Erde hätten ihre Aktivität eingestellt, und die Erde würde auf eine gespenstische Art ruhig wirken. ‹Stimmt etwas mit der Sonne nicht?› würden die Leute sich fragen.

Die Sonnenexperten würden sich die Sonne anschauen und bestätigen, dass die Sonnenaktivität unverändert sei. Trotzdem verhielte das Gras sich wie abgeschnittenes – es wäre bis zum Abend gelb.

Der Sauerstoffgehalt der Luft würde auf 19% sinken und die Feststimmung ebenfalls langsam weichen. Niemand wüsste Rat. Die Bäche, die immer Wasser führten, auch wenn es drei Wochen lang nicht geregnet hatte, wären versiegt. Wenn man den Pflanzen Wasser gäbe, verschwände das Wasser einfach im Boden.

Fäulnisgeruch überall. Am dritten Tag wäre in der Natur, abgesehen von den Nadelbäumen, keine grüne Farbe mehr vorhanden. Das Gras könnte man mähen und direkt als Heu ernten. Überall entstünden Flächenbrände, so dass der Kohlendioxidgehalt der Luft rasant anstiege. Viele Leute rängen nach Luft. Das Sterben begänne.

Zuerst träfe es die alten Leute und die Asthmatiker. Der vierte Tag wäre der Tag des grossen Sterbens. Vereinzelte würden sich noch mit Sauerstoffflaschen eingedeckt haben. Die Sauerstofffabriken müssten auf Hochtouren arbeiten, sich aber aus Angst vor einem Massenansturm verbarrikadieren. Nach 7 Tagen hätte die Atmosphäre keinen Sauerstoff mehr. Nach drei Wochen wäre alles Leben erloschen, und die extraterrestrischen Lebensformen könnten ihre Metallfolie wieder einrollen. Der Motor der Erde würde wieder langsam anlaufen, und nach 3 bis 4 Monaten wäre wieder genügend Sauerstoff produziert worden, so dass die extraterrestrischen Wesen ihre eigenen Pflanzen und Tiere auf der Erde einsetzen könnten.

Die Aussenmenschen können daher froh sein, dass die Wesen, die mit den Ufos umherfliegen, sich auch auf dem ersten Blatt der Erde befinden.»

«Wenn die heisse Lavaschicht mit der negativen Energie der Sonne reagiert», sinnierte Nobody, «bedeutet dies doch, dass alles, was heiss ist auf der Erde, mit der negativen Energie der Sonne reagiert. Das bedeutet also auch, dass man einen durchgebrannten Atomkernreaktor niemals einbetonieren kann. Einen Sarkophag aus einem heissen Element zu machen, ist somit illusorisch.» «Ja, das stimmt», bestätigte ihm Mister Pi.

«Falls die Aussenmenschen irgendwo auf dieser Erde glauben, man könne einen heissen, durchgebrannten Atomkernreaktor einfach einbetonieren, dann irren sie sich. Ein solches Gebilde würde über kurz oder lang aufbrechen und der Inhalt, so wie bei einem Vulkan, herausquellen.

Es gibt nur zwei Möglichkeiten. Entweder legt man eine Schicht mit negativer Materie über den Reaktor, dadurch kann man die negative Energie der Sonne abhalten. Oder man macht aus dem Reaktor einen negativen Chimärkörper, dadurch verschwände er in der Erde und würde sich zur Mitte der Lavaschicht hin bewegen, oder, noch besser, man schickte den ganzen Reaktor einfach zur Sonne.»

19 b) Die neue Erde

«Mister Pi, du hast gesagt, dass der Mensch, um zu überleben, in ein paar Millionen Jahren die Erde verlassen muss. D.h. wir müssen eine jüngere Erde suchen. Nach deinen Ausführungen wird diese jüngere Erde unwirtlich sein. Vielleicht hat bei dieser neuen Erde die Sonne noch nicht recht gezündet und flackert daher nur ein paar Mal in der Woche auf. Die neue Erde könnte eine elliptische Laufbahn haben. Möglicherweise sänke auf der neuen Erde ihr Sauerstoffgehalt auf Null ab, wenn sie am weitesten von der Sonne entfernt wäre und wenn sie der Sonne sehr nahe ist, stiege er auf 3% an. Die Temperatur würde ebenfalls massiv schwanken.

Ist es nicht so, dass die Innenmenschen genügsamer sind und schon immer vieles selber machen mussten, das Licht, die Proteine und Vitamine, usw.? Daher denke ich, dass sich die Innenmenschen viel eher an eine neue Welt anpassen könnten als die Aussenmenschen. Eine ideale Welt mit Sonne und Platz für die Innen- und Aussenmenschen wird es wohl kaum wieder geben.» «Du hast recht», bestätigte Mister Pi, «die Innenmenschen sind genügsamer.

Vielleicht gibt es eine Erde, auf der die Innen- und Aussenmenschen leben können und vier weitere, auf denen nur die Innenmenschen leben könnten. Was Gott will, weiss ich nicht, und Gottes Wege kenne ich nicht. Ich erinnere mich jedoch an Abraham, den Mann, der immer die Nähe Gottes suchte. Gott sagte zu ihm, er werde seine Nachkommen so zahlreich machen wie die Staubkörner der Erde und wie die Gestirne am Himmel (Gen 13,16 und Gen 15,5). Was das bedeutet, weiss ich nicht.

Und noch etwas, Nobody. Der Umstieg auf eine neue Welt könnte auch aus einem anderen Grund sehr problematisch werden. Das Problem ist das Nobodium.»

19 c) Nobodium

«Stell dir eine würfelförmige Kiste vor, mit einer Kantenlänge von einem Meter. In dieser Kiste hat es sechs Eisenkugeln mit je 10 cm Durchmesser. Der Rest der Kiste ist mit grünen und gelben Plastikchips, Füllmaterial, ausgefüllt. So etwa ist das Verhältnis von Eisenatomen zu Nobodium. Nun halte eine Person an, den Inhalt der Kiste auszupacken und frage sie anschliessend, was in der Kiste drin war – sie wird dir antworten: ‹Sechs Eisenkugeln waren in der Kiste.› Du siehst also, die Person wird dem Füllmaterial keine Beachtung schenken.

Nobodium bildet zwar die inner- und die interatomare Substanz, nimmt Raum ein, hat jedoch ein vernachlässigbares Gewicht. Sowohl in der positiven wie in der negativen Materie kommen beide Nobodia, das positive sowie das negative, zu gleichen Teilen vor. Weil sich die beiden Nobodia in nächster Nähe abstossen, werden die Atome auseinandergedrückt und die Materie nimmt, je nach Nobodiumgehalt, Raum ein.

Lass Dir ein Gleichnis geben», schlug Mister Pi vor: «Gesetzt den Fall, der absolute Nullpunkt läge bei 0° Celsius und wir nehmen wieder den Würfel mit den sechs Eisenkugeln und dem Füllmaterial. Wenn wir nun Wasser oben hinein leeren, tropft es unten wieder heraus. Wasser bekommt in diesem Würfel wegen des Füllmaterials einen Widerstand. Auch wenn wir es mit grossem Druck durch den Würfel pressen, es geht nur eine bestimmt Menge davon hindurch. Nun kühlen wir den Würfel gedanklich ab und nehmen an, dass bei 20° C das Füllmaterial gefriere und auskristallisiere. Dabei entstünden spinnennetzartige, sternförmige Fäden aus dem Füllmaterial. Diese Fäden halten die Eisenkugeln weiterhin an ihrem Ort fest, aber es entstehen viele Hohlräume. Daher kann man jetzt beinahe beliebig viel Wasser durch den Würfel fliessen lassen. Wenn man die Temperatur weiter abkühlte, gefröre das Wasser bei 0° und in diesem Zustand flösse es nicht mehr.

Mit diesem einfachen Modell kann man die Existenz von Nobodium und die Supraleitfähigkeit erklären. Wenn wir einen Metalldraht nehmen und Elektronen, Strom also, durch diesen Draht schicken, haben wir immer einen Widerstand, und wir können nur eine bestimmte Menge Strom durch den Draht weiterleiten. Wenn wir die Strommenge trotzdem erhöhen, beginnt der Draht zu glühen und schmilzt durch. Wenn wir aber diesen Draht abkühlen, fällt der Widerstand für den Stromfluss wenige Grade vor dem absoluten Nullpunkt dahin, und wir können beinahe beliebig viel Strom durch einen Draht leiten. Beim absoluten Nullpunkt, bei –273,15° C, fliesst dann auch kein Strom mehr durch den Draht. Mit keiner Theorie, weder mit der Relativitätstheorie noch mit der Einstein'schen Energieformel noch mit irgendeiner mathematischen Theorie, konnte man bis jetzt die Supraleitfähigkeit erklären. Wenn man aber die Existenz von Nobodium annimmt und davon ausgeht, dass Nobodium leicht grösser als ein Elektron ist, könnte man mit dem Modell vom Würfel mit den sechs Eisenkugeln und dem Füllmaterial die Supraleitfähigkeit erklären.»

«Wenn das, was du gesagt hast, stimmt», begann Nobody, «dann müssten sich Atome bei sehr tiefen Temperaturen so verhalten, wie wenn sie kleiner geworden wären, weil sie nun vom Nobodium nicht mehr in ihrer ursprünglichen Grösse gehalten werden. Sie müssten durch feinste Netze hindurch treten können. Zum Test müsste man ein Metallstück beim absoluten Nullpunkt platt drücken können, und beim Aufwärmen müsste es sich wieder ausweiten.» «Ja», sagte Mister Pi, aber von solchen Phänomenen hatte Nobody bis anhin noch nie gehört.

«Ich kann das alles nicht recht glauben», sagte Nobody, «aber ich werde alles, so wie du es gesagt hast, aufschreiben.» «Wenn man z.B. einem Apfel Nobodium zufügen könnte», erklärte Mister Pi, würde der Apfel seine Form und sein Gewicht behalten, er würde aber grösser werden, und das spezifische Gewicht nähme ab, bis der Apfel wie ein Luftballon aufsteigen würde.»

«Mister Pi, du hast gesagt, Nobodium sei das Problem beim Übertritt in eine andere Welt. Wo liegt denn das Problem?»

«Hör zu, ich werde es dir erklären», sagte Mister Pi.

«Die Grösse eines Gegenstandes ist relativ. Würde sich die Welt mit dem Universum 10 Mal vergrössern oder verkleinern, merkte dies kein Mensch. Könnte man z.B. einem Autofahrer in einem Raum das Nobodium entziehen, würde das Auto mit dem Fahrer kleiner werden bis zur Grösse eines Spielzeugautos, aber das Gewicht des Autos und des Fahrers bliebe konstant. Wenn man wieder Nobodium dazugäbe, würde alles wieder grösser werden.»

«Das ist interessant», murmelte Nobody, «aber wo liegt das Problem?» «Das Problem liegt darin, dass die weiche Substanz schneller Nobodium aufnimmt als die harte», sagte Mister Pi.

«Wenn z.B. ein Raumschiff in ein Nobodium-Vakuum kommt, wird es zusammen mit dem Astronauten rasch kleiner. Wenn es danach in ein nobodiumreiches Gefilde kommt, dehnt es sich wieder aus. Weil die weiche Substanz schneller grösser wird, führt dies dazu, dass der Astronaut sich schneller vergrössert als das Raumschiff und daher im eigenen Flugkörper zerquetscht werden könnte.»

«Also müsste der Astronaut beim Übergang in ein nobodiumreicheres Gefilde den Flugkörper vorher verlassen und warten, bis der Flugkörper wieder genügend gross ist», sagte Nobody.

«Ja, schon, aber auch dies ist nicht das eigentliche Problem», bemerkte Mister Pi. «Die weiche Substanz des Körpers dehnt sich schneller aus als die Knochen. Dies wiederum führt dazu, dass Hirnödeme auftreten. Der Flug zum Mond ist ein Spaziergang, verglichen mit einem Flug zum Mars oder, noch schlimmer, mit einem Flug ausserhalb unseres Sonnensystems.

Würden Astronauten zum Mars fliegen, bekämen sie beim Anflug starke Kopfschmerzen, und in seiner unmittelbaren Nähe würden sie sogar das Bewusstsein verlieren oder am Ende gar an einem Hirnödem sterben.

Der Übertritt von der Erde zum Mars wäre eigentlich problemlos, wenn der Flug dazwischen nicht wäre, denn zwischen diesen beiden Planeten liegt ein nobodiumarmes Feld. Wenn der Mensch auf eine neue Erde treten will, muss er verschiedenste Probleme lösen.

Zum einen wird der Astronaut während des Fluges sehr klein. Dabei verändern sich die physikalischen Gesetze. Danach muss er sich der neuen Welt sehr langsam annähern, so wie ein Tiefseetaucher nur langsam aufsteigen darf. Die Nobodium-Konzentration ist auf der neuen Erde mit Sicherheit anders. Die künftigen Astronauten müssten, bevor sie in den Weltraum starten könnten, ihre Schädelnähte aufschneiden lassen, so wie sie bei einem Baby geöffnet sind. Die einzelnen Schädelfragmente müssten mit Plastikkappen versehen werden, damit sie nicht mehr zusammenwachsen könnten. Durch einen solchen Eingriff könnte der Mensch Grössenschwankungen des Hirnes wesentlich besser überstehen.»

«Also, du sagtest, dass die Materie gefüllt sei mit positivem und negativem Nobodium», vergewisserte sich Nobody.

«Ja, und zwar gibt es in der negativen wie in der positiven Materie beide Nobodium-Atome, weil diese Atome kein oder ein vernachlässigbares Gewicht haben. Die positiven und negativen Nobodium-Atome stossen sich bei geringer Nähe ab und führen so zur Auflockerung der Materie. Wenn viel Nobodium vorhanden ist, sind die Bahnen der Elektronen wesentlich grösser. Das Atom nimmt dadurch mehr Raum ein, und die verschiedenen Atomkerne der Materie liegen weiter auseinander; dadurch wird auch das spezifische Gewicht eines Materials geringer. Wenn es wenig Nobodium gibt, tritt der umgekehrte Fall ein», sagte Pi.

«Beim Flug eines Raumschiffes durchs All müsste man daher stets wissen, wie gross die aktuelle Nobodium-Konzentration wäre», sagte Nobody, «denn ohne es zu bemerken, wird plötzlich alles kleiner oder umgekehrt alles grösser. Der richtige Raumflug ist also nur möglich, wenn man die Nobodium-Konzentration dauernd messen kann. Aber wenn nun ein Raumschiff im All fliegt, wie können die Astronauten dann die Nobodium-Konzentration messen?», fragte Nobody neugierig.

Nobody sinnierte und sagte selber: «Jetzt weiss ich es. Wenn das Nobodium abnimmt, gibt es auch in den Metallen weniger Nobodium, und der elektrische Widerstand sinkt. Man nimmt somit ein einfaches Ohm-Messgerät mit und schon hat man die Nobodium-Konzentration.»

«Nein», sagte Mister Pi kopfschüttelnd, «wenn die Nobodium-Konzentration abnimmt, wird zwar das Metallstück kleiner, aber die relative Dichte vom Nobodium nimmt kaum ab. Dieses Messgerät ist somit ungeeignet».

«Ich habe die Lösung!» rief Nobody. «Wegen des Nobodiums gibt es auf der Erde niemals ein absolutes Vakuum. Man könnte somit die Abbremsung einer korpuskulären Strahlung, z. B. von Alphastrahlen, im Vakuum messen. Man emittiert Heliumkerne aus einer Quelle und misst die Zeit, bis diese Kerne am anderen Ende einer Röhre ankommen.»

«Nein, auch das geht nicht», verneinte Mister Pi., «Die Geschwindigkeit der Heliumkerne bliebe beim Start gleich, weil diese Geschwindigkeit von der eingesetzten Energie abhängig ist. Die Messröhre hingegen wird ihre Grösse verändert haben. Deine Resultate wären somit nicht verwertbar. Verstehst du, dein Massstab verändert sich; du kannst dich nur an die Zeit halten», sagte Mister Pi, «die Zeit ist die einzige Messgrösse, die im Weltall konstant bleibt sowie die Geschwindigkeit der elektromagnetischen Strahlung; d.h. die Geschwindigkeit des Lichtes, der Wärmestrahlung, des Radars, des Rundfunks, usw. Die elektromagnetischen Strahlen bewegen sich immer genau gleich schnell vorwärts, egal welche Nobodium-Konzentration vor-liegt. Anhand dieser Konstanten kannst du die Nobodium-Konzentration genau bestimmen.» Nun sagte Nobody: «Ich hab's! Wenn die Nobodium-Konzentration abnimmt, werde ich und meine Umgebung mitsamt dem Massstab kleiner und dadurch bekomme ich das Gefühl, dass die Lichtgeschwindigkeit schneller geworden ist.»

«Ja, du hast Recht», bestätigte ihm Mister Pi, «aber du denkst kompliziert. Es dauert immer so lange, bis du etwas verstanden hast. Aber, wie soll ich, nein, wie kann ich es dir einfacher erklären?»

Mister Pi begann von neuem: «In einem Teich war einmal ein einsamer, grosser Fisch. Für ihn endete die Welt am Ufer des Teiches, dort, wohin er gerade noch sehen konnte. Der Fisch hatte nur einen Freund, eine kleine Maus, die an der Böschung lebte. Nach Jahren passierte etwas Ungewöhnliches. Der Teich wurde mit einer Chemikalie vergiftet. Der Fisch überlebte jedoch und merkte, dass nach einem Jahr nur noch halb soviel Gift im Teich war. Ein weiteres Jahr später waren dann noch 25% und noch ein weiteres Jahr später 12,5% des Giftes im Teich vorhanden.

Auf Grund dieser Beobachtung erkannte der Fisch das Prinzip der Halbwertszeit, und flugs belehrte er seinen Freund, die Maus. ‹Weisst du, das Gift wird niemals ganz weg sein. Der Teich wird erst in der Unendlichkeit wieder sauber sein. Der Teich hat ein Selbstreinigungsprinzip, aber niemals wird man den Punkt Null erreichen; oder erst in der Unendlichkeit.›

Beeindruckt und belehrt ging die Maus von dannen.

Später wurde die Maus von einer Katze gesehen, die zwar 20 Meter entfernt von ihr stand, aber doppelt so schnell rennen konnte wie die Maus. Nach 5 Sekunden war die Katze bei Meter 20 angelangt, also dort, wo die Maus ursprünglich gestanden hatte, doch die Maus, welche die unangenehme Situation sofort erkannt hatte, war auch weggerannt und daher schon 10 Meter weiter, bei der Marke 30. Als die Katze bei Meter 30 war, war die Maus schon bei Meter 35. Die Katze war bei Meter 35, doch die Maus schon bei Meter 37,5.

Nun konnte die Maus das Prinzip der Halbwertszeit erkennen und sagte sich, die Katze kann mich niemals erwischen, denn egal, wie nahe die Katze mir ist, ich bin ihr immer eine gewisse Strecke voraus. Erst in der Unendlichkeit wird mich die Katze erreichen, frohlockte die Maus. Und als die Katze bei Meter 37,5 anlangte, war die Maus tatsächlich schon bei Meter 38,75.

So ging es noch eine gewisse Zeit lang weiter. Doch genau zehn Sekunden ab Start, bei der Marke 40, wurde die Maus von der Katze trotz der Halbwertszeittheorie gepackt. Ein letzter Pieps, und sie war tot.

Laut Zeugenaussagen sagte die Maus nicht ‹pieps›, sondern ihr letztes Wort hiess, in die Menschensprache übersetzt: ‹Warum?›

Was für einen Fehler hatte die Maus bei ihren Überlegungen nur gemacht?

Nachdem sie das Prinzip der Halbwertszeit begriffen hatte, nahm sie an, dass jeder halbe Wert genau gleich viel Zeit beanspruche.

Dies traf beim Teich zu, aber nicht bei der Katze. Die Maus hätte Recht gehabt, wenn die Zeit dehnbar gewesen wäre und wenn die Renndauer jedes folgenden, halb so langen Streckenabschnittes genau gleich lang gewesen wäre. Am Schluss hätte die Zeit stillgestanden.

Die Maus hatte wenigstens keine Todesangst, weil sie bis zur letzten Tausendstelsekunde von ihrem Überleben überzeugt war. Doch ich sage dir, jeder Mensch, der glaubt, die Zeit sei dehnbar oder könne stillstehen, ist wie die Maus dem Untergang geweiht.»

«Ach, Nobody», sagte Mister Pi, «wie kann ich es dir nur richtig erklären? Weisst du, jede Gleichung hat Variablen und Konstanten. Wenn du nun die falschen Werte als konstant annimmst, ergeht es dir wie der Maus.» Um zu verdeutlichen, was er mit seiner Aussage erklären wollte, begann Mister Pi wieder von neuem: «Es war einmal ein Mann. Dieser lebte auf einer Welt und betrachtete sie. So wie der Fisch seine Welt vom Teich aus betrachtete und nicht fähig war, seine Welt losgelöst vom Teich zu betrachten, so betrachtete der Mann seine Welt. Er war Mathematiker und entwickelte für jeden Bewegungsablauf, für jede Kraft und Energie, für jedes Geschehnis eine mathematische Formel mit Konstanten und Variablen.

Dann kam ein Pirat und stahl ihm Nobodium. Der Mathematiker auf seiner Welt wurde dadurch kleiner, doch dies merkte er nicht, weil seine Messbänder ebenfalls alle proportional kleiner geworden waren.

Doch anhand von etwas anderem bemerkte der Mathematiker, dass in seiner Welt etwas nicht mehr stimmen konnte. Alles war schneller geworden. Sogar der Bach floss schneller, weil die Gravitation leicht zugenommen hatte und die Wegstrecke des Baches effektiv kürzer geworden war. Wenn er einen Stein zu Boden fallen liess, fiel dieser schneller zu Boden als vorher. Er liess den Stein aufgrund der Messung mit seinem Messband aus einer

Höhe von 1 m fallen, doch objektiv gesehen legte er nur eine Strecke von z.B. einem halben Meter zurück, und für diese Strecke benötigte der Stein natürlich wesentlich weniger Zeit.

Subjektiv spürte der Mathematiker, dass die Gravitationskraft seiner Erde zugenommen hatte. Und tatsächlich, wenn er einen Gegenstand auf die Waage stellte, wog er mehr als zuvor. Doch am meisten beunruhigte den Mathematiker der Umstand, dass die Lichtgeschwindigkeit schneller geworden war. Die Lichtgeschwindigkeit von einem Bergkamm zum anderen und zurück wurde kürzer. Seine ganze mathematische Welt fiel auseinander. Woran konnte er sich noch halten?

Schon kam der Pirat wieder und stahl ihm erneut Nobodium. Der Mathematiker wurde mit seiner Welt ebenfalls noch etwas kleiner, merkte es aber wiederum nicht. Doch er bemerkte, dass alles um ihn herum wieder proportional schneller geworden war, auch die Lichtgeschwindigkeit. Und alles war proportional dazu schwerer geworden.

Der Mathematiker wurde fast irrsinnig und versuchte, Ordnung zu schaffen. «Was ist noch konstant und auf was kann ich mich verlassen?!», rief er aus. Dann nahm er sein Massband, hielt es liebevoll vor sich hin und sagte: «Du bist das Einzige, das mir treu geblieben ist. Auf dich kann ich mich verlassen!» Dann mass er sich, mass die Felder neu aus, die Strassen. Alles war noch immer gleich. «Wenigstens das», seufzte er. Am nächsten Morgen machte er sich an die Lichtgeschwindigkeit, die plötzlich schneller geworden war. Wie nur war dies möglich?

Am Abend fand er eine Teillösung: Entweder hatte sich die Lichtgeschwindigkeit verändert, d.h. die Lichtgeschwindigkeit wäre somit variabel, oder aber die Zeit hatte sich gedehnt.

Aber aus Hunderten von Experimenten ging klipp und klar hervor, dass die Lichtgeschwindigkeit konstant blieb. Er konnte somit mathematisch beweisen, dass sich die Zeit gedehnt hatte.

An dieser Stelle kam der Pirat wieder und stahl ihm erneut Nobodium. Nur – diesmal liess sich der Mathematiker nicht mehr überraschen. Alles wurde noch einmal schneller, und die Zeit hatte sich wieder gedehnt.

Dies war der Moment, wo er eine Formel entwickelte, mit der er alle Phänomene berechnen konnte: «Je grösser die Geschwindigkeit, desto mehr dehnt sich die Zeit, und desto schwerer wird alles.»

Und er konnte mathematisch beweisen, dass bei Lichtgeschwindigkeit die Zeit und somit der Alterungsprozess stillstand. Ferner konnte er mathematisch beweisen, dass das Gewicht eines Gegenstandes eine Funktion der Geschwindigkeit war. Bei Lichtgeschwindigkeit ist ein Gegenstand unendlich schwer. Und für den Mathematiker wurde das Gewicht somit auch zu einer Funktion der Zeit», endete Pi.

«Nobody, sag mir, warum sieht das keiner? Der Mathematiker schliesst von der Geschwindigkeit des Baches auf die Zeit. Sieht das denn keiner, dass hier zwei Ereignisse falsch verknüpft werden? Ich kann es nur wiederholen: Die Zeit ist und bleibt konstant! Die Grösse eines Gegenstandes und somit das Messband sind hingegen relativ. Der wahre Forscher misstraut seinem Massstab.

Jetzt siehst du auch, wie man die Konzentration von Nobodium misst: Mit der Lichtgeschwindigkeit. Der zukünftige Astronaut lässt eine Sonde vor sich herfliegen. In dieser Sonde oder um diese Sonde sind Spiegel angebracht, und es wird dauernd die Lichtgeschwindigkeit gemessen. Wird die Geschwindigkeit des Lichtes scheinbar schneller, weiss er, dass die Sonde kleiner geworden ist und umgekehrt. Die scheinbare Veränderung der Lichtgeschwindigkeit erlaubt, Schlüsse auf die Nobodium-Konzentration zu ziehen.»

«Aber wenn es so ist, wie du sagst, stimmen die Energieformel von Einstein und seine Relativitätstheorie nicht!» protestierte Nobody.

«So ist es!» bestätigte Mister Pi, «beide Theorien stimmen nicht. Der Mathematiker, von dem ich dir eben erzählte, und Albert Einstein sind identisch!»

«Du sagtest», entgegnete Nobody, «dass sich für den Mathematiker die Dimensionen der Welt nicht veränderten, mit der Ausnahme, dass alles schneller geworden war. Also ist für ihn ein Liter Wasser immer noch ein Liter Wasser. Wieso sagst du nun aber plötzlich, dass der Liter Wasser schwerer geworden ist?»

«Dies hängt mit der Schwerkraft auf dem Planeten zusammen», erklärte Mister Pi. «Wenn du dir einen unendlich grossen Planeten vorstellst, ist die Oberfläche nicht rund, sondern flach. Bei diesem Planeten ist allein die Masse des äusseren Blattes für die Schwerkraft verantwortlich. Wenn derselbe Planet kleiner wird, beeinflusst plötzlich die Gesamtmasse des Planeten die Schwerkraft des Mathematikers. Ich nenne das Fokussierung der Schwerkraft. Zudem sind die Atome näher zusammengerückt. D.h., der durchschnittliche Abstand – vom Mathematiker zur Erdmasse – ist kleiner geworden, und dies führt laut Newton'schem Gravitationsgesetz zu einem Anstieg der Gravitation. Die Gravitation des Planeten steigt nur schon daher, weil er kleiner geworden ist; auch dann, wenn keine Masse dazugekommen ist. Und dies wiederum führt beim massstabgläubigen Mathematiker dazu, dass das Gewicht zu einer Funktion der Geschwindigkeit und zu einer Funktion der Zeit wird.»

«Wenn aber ein Planet», fuhr Mister Pi fort, «von einem grossen Meteoriten getroffen wird, steigt die Schwerkraft überproportional an. Einerseits ist positive Masse dazugekommen und negative Materie weggegangen. Andererseits wurde der Planet kleiner, und zudem nahm die Dicke des ersten Blattes zu. Alle diese Faktoren führen allein schon zu einem Anstieg der Schwerkraft. Wenn alle Faktoren gleichzeitig eintreffen, gibt es einen überproportionalen Anstieg der Schwerkraft.»

Pi machte eine kurze Pause und sagte dann: «Du siehst, alles ist relativ ausser der Lichtgeschwindigkeit und der Zeit.»

Postwendend stellte darauf Nobody die Frage nach der Einheit der Lichtgeschwindigkeit, die doch in Metern pro Zeiteinheit gemessen würde. Da ja die Lichtgeschwindigkeit konstant sei, müssten doch die Zeit und die Länge auch konstant bleiben, fragte er verwirrt. «In Wirklichkeit sind die Zeit und die Länge tatsächlich konstant, solange die Länge als Einheit der Lichtgeschwindigkeit betrachtet wird. Man wird deshalb die absolute Länge in Zukunft als Einheit der Lichtgeschwindigkeit angeben müssen.

Zum Beispiel ist 1 smm (ein Space-Millimeter) diejenige Länge, die das Licht in 10^{-10} Sekunden zurücklegt. Somit wäre 1 smm ca. 3 irdische cm, oder 1 skm entspräche etwa 30 irdischen km.»

«Es war einmal ein Luftballon mit 20 cm Durchmesser», begann Mister Pi erneut eine seiner Geschichten, «auf diesem Luftballon sind Kontinente aufgemalt, und beim Äquator ist ein Messband aufgezeichnet. Dieses Messband reicht bis 62,8 cm und entspricht genau dem Umfang. Du misst nun den Abstand von zwei Kontinenten von aussen und sagst: Diese zwei Kontinente sind 8 cm auseinander, der Durchmesser der Welt ist 20 cm und der Umfang etwa 62,8 cm. Jetzt lässt du die Luft ab, so dass der Durchmesser des Luftballons nur noch 10 cm beträgt.

Du misst nun die Welt erneut und sagst: Die zwei Kontinente liegen nur noch 4 cm auseinander, der Durchmesser der Welt ist 10 cm und der Umfang 31,4 cm. Also ist die Welt kleiner geworden. Wenn jedoch der Mathematiker selber auf dem Ballon sitzt und mit dem Ballon kleiner geworden ist, sagt er: Zum Glück haben wir ein Messband um den Äquator gelegt. Jetzt können wir genau beweisen, dass die zwei Kontinente immer noch 8 cm auseinander liegen, der Durchmesser der Welt immer noch 20 cm beträgt und der Umfang immer noch 62,8 cm ist.

Könnte der Mathematiker seine Welt distanziert betrachten oder könnte er die Messlatte von aussen hinhalten, würde er also mit einem absoluten Meterband, d.h. in Space-Längen, messen, wäre für ihn die Situation sofort klar.»

«Ich weiss nicht, ob du verstehst, was ich sage. Ich fasse deshalb alles nochmals zusammen», sagte dann Mister Pi, «wenn ein Planet von einem grossen Meteoriten getroffen wird, beginnt es wochenlang zu regnen; alles wird überflutet, und alles wird schwerer. Auf der Hebelwaage, d.h. auf der Waage, die ein Gegengewicht benutzt, ist alles immer noch gleich schwer, weil alle Gewichte proportional zugenommen haben. Die grossen Tiere können kaum mehr atmen, weil ihre Lunge beinahe erdrückt wird. Einzig im Wasser werden sie fast schwerelos, und hier gelingt die Atmung problemlos.

Wenn ein Planet Nobodium verliert, wird die Welt auch kleiner, und das Gewicht nimmt auch leicht zu, doch der Mathematiker sinkt im Boden nicht ein, weil eine Verhärtung und Verdichtung des Bodens stattgefunden hat.

Wenn er einen Stein fallen lässt, fällt dieser scheinbar viel schneller zu Boden. Er lässt den Stein subjektiv ab einer Höhe von einem Meter fallen. Objektiv fällt er jedoch nur einen halben Meter weit, und zudem hat die Schwerkraft leicht zugenommen.

Diese Wegstrecke legt der Stein somit im freien Fall viel schneller zurück. Aus demselben Grund fliessen die Bäche schneller. Wenn der Mathematiker jedoch einen Stein vom Boden aufhebt, kann er ihn scheinbar viel schneller aufheben. Somit kommt er zum Schluss, dass seine Kraft gleichzeitig zugenommen hat. Aber nicht nur scheinbar hat seine Kraft zugenommen – auch objektiv hat sie massiv zugenommen. Alle Muskeln wirken auf Knochen, und somit gilt das Hebelgesetz. Weil die Knochen effektiv kürzer geworden sind, hat der Mathematiker auch objektiv viel mehr Kraft bekommen. Es kann passieren, dass der Mathematiker am Morgen mit seinem Pferd ausreitet und am Abend – weil es lahm wurde – das Pferd nach Hause trägt.

Einen Stein kann er somit viel weiter werfen als zuvor, weil er sich in der Distanz täuscht und er mehr Kraft hat. Weil er mehr Kraft bekommen hat, kann er, obwohl seine Schwerkraft grösser geworden ist, beschwingt durch seine Welt gehen. Im umgekehrten Fall, wenn jemand der Welt Nobodium zugäbe, würde das Gegenteil passieren. Die Ameise, die vorher das 7-fache Körpergewicht trug, könnte jetzt kaum mehr das eigene tragen. So bizarr wirkt sich die Nobodium-Konzentration aus.

Wenn ein Astronaut einen anderen Planeten mit anderer Nobodium-Konzentration betritt, glaubt er, die Physik habe eine Metamorphose durchgemacht. Auch wenn du nur theoretisch oder mathematisch in diese Gefilde einbrichst, beginnt die Physik verrückt zu spielen, und du weisst nicht mehr, wo und woran du dich halten sollst.

Ich kann es nur sagen, und ich sage es nochmals: Wenn diese Menschheit überleben will, braucht sie die Raumfahrt. Und wenn diese Menschheit Raumfahrt betreiben will, muss sie an zwei Konstanten festhalten, an der Lichtgeschwindigkeit und an der Zeit. Und aus diesen beiden konstanten Werten lässt sich ein Space-Längenmass ableiten, das ebenfalls unveränderlich und somit konstant ist.»

«Mister Pi, ich zweifle immer noch an deiner Aussage, aber ich werde, wie versprochen, alles so aufschreiben, wie du es mir gesagt hast», versicherte Nobody. «So wie du es erklärst, gibt es überall Nobodium. Könnte man dann nicht direkt aus Nobodium Energie gewinnen, quasi Energie aus dem Nichts? Oder, anders gefragt, könnte man eine Nobodiumbombe, eine N-Bombe, machen?»

«Ich sage dir, Nobody, wenn du siehst, wie Nobodium knallt, dann bist du am falschen Fest. Dann bist du beim Urknall und kannst für einen kurzen Sekundenbruchteil dem Urknall zuschauen. – Ich sage dir», fuhr Pi fort, «positives und negatives Nobodium kommen in einer idealen Mischung vor. Wenn die Massen aufeinander zu rasen, entsteht plötzlich der kritische Druck, und Nobodium knallt. Wenn Nobodium knallt, dann knallt es gleichzeitig überall und mit unbeschreiblicher Wucht. Verrückt ist nur, dass ich dieser Menschheit alles zutraue. Noch nie, seit es das All gibt, hat ein Wesen eine N-Bombe gezündet. Gleichermassen muss ich aber auch zugeben, dass noch nie ein Planet gesichtet worden ist, der sowohl auf der Aussen- wie auf der Innenseite bewohnt war.»

«Du meinst also», fragte Nobody, «man könnte eventuell mit einer A-Bombe eine H-Bombe zünden und mit der H-Bombe eine N-Bombe?» «Mhm, vielleicht geht das, da ich aber weiss, wie Nobodium tut, rate ich aufs dringendste, ein solches Experiment weit weg vom Sonnensystem durchzuführen!»

19 d) Der Mond

«Mister Pi, wie ist eigentlich der Mond beschaffen?» wollte Nobody plötzlich wissen. «Der Mond», erklärte Mister Pi, «ist eindeutig auch ein Chimärkörper und hat einen Kern aus negativer Materie, sonst wäre er nicht kugelförmig. Weil der Mond ein Chimärkörper ist oder im Verlauf der Zeit zu einem solchen wurde, hat sich mit der Zeit eine kreisförmige Bahn um die Erde entwickelt. Nun ist es aber so, dass jeder Planet, jeder Mond eine Flugbahn um einen zentralen, schwereren Körper hat und gleichzeitig um eine eigene Achse rotiert.

Weil die Sonne von einer einzigen Seite her die Erde beleuchtet und sich die Erde dreht, resultiert für den Erdenbewohner ein Tag/Nacht-Rhythmus. Die Rotation eines Planeten ist individuell und hat mit der Vorgeschichte des Planeten zu tun. Die Rotationsgeschwindigkeit eines Planeten oder eines Mondes ist völlig unabhängig von der Umlaufzeit um den zentralen, grösseren Körper. Die Erde dreht sich z.B. in einem Tag um die eigene Achse und in einem Jahr einmal um die Sonne.

Der irdische Mond weist jedoch gerade bei dieser Rotationsgeschwindigkeit eine Einmaligkeit sondergleichen auf. Seine Umlaufzeit um die Erde und seine Rotationsgeschwindigkeit dauern genau gleich lang, nämlich 27,32 Tage. Das führt dazu, dass der Mond stets seine gleiche Seite der Erde zuwendet. Oder, anders gesagt, noch nie hat ein Mensch die Rückseite des Mondes mit seinen eigenen Augen gesehen – mit Ausnahme von einigen Apolloastronauten.

Dies bedeutet, dass der Mond und die Erde eine viel engere Beziehung als irgend zwei andere Körper in diesem Sonnensystem haben. Dies bedeutet auch, dass der Mond und die Erde einmal zusammen waren.

Man stelle sich eine Kugel vor, auf der man mit einem Gummiband einen zweiten Körper befestigt hat. Jetzt beginnt man die Kugel zu drehen, so dass der zweite Körper durch die Zentrifugalkraft von der Kugel abhebt. Weil der zweite Körper einmal mit der Kugel verbunden war, beginnt er nie mit einer Eigenrotation, sondern schaut immer mit derselben Seite die Mutterkugel an. Es gibt keinen Zweifel, der Mond stammt von der Erde ab», schloss Pi seine Erläuterungen.

«Das tönt einigermassen glaubhaft», bestätigte Nobody kopfnickend, «aber wie nur hat sich der Mond plötzlich von der Erde gelöst?»

«Wir müssen uns nochmals in die Zeit von Noach versetzen, als der grosse Meteorit kam», schlug Pi vor. «Dieser war mit Sicherheit kein Chimärkörper, sonst wäre die Erde in kleinste Trümmer zerplatzt. Der Meteorit war also ein riesengrosses, unförmiges Gestirn, das sich um eine Achse drehte und gleichzeitig auf die Erde zu raste. Bis jetzt haben wir den idealisierten Fall angenommen, nämlich, dass der Meteorit die Erde genau in der Mitte traf. Bei dieser Annahme würde der Meteorit tatsächlich einen Teil des negativen Kernes herausgeschlagen haben, und er selbst würde dann im ersten Blatt der Erde liegen bleiben. Aber vergleichen wir doch den Ablauf mit Billardkugeln», schlug Mister Pi vor. «Der weisse Schlagball sei der Meteorit, und die stehende, farbige Kugel sei der negative Kern der Erde. Trifft die weisse Kugel die farbige genau ins Zentrum, bleibt die weisse Kugel stehen und die farbige Kugel nimmt alle Energie mit. Trifft die weisse Kugel die farbige Kugel nicht ganz im Zentrum, wird die Impulsenergie aufgeteilt. Die farbige Kugel nimmt am meisten Energie mit, und die weisse Kugel entfernt sich seitlich weg mit sehr viel weniger Impulsenergie. Trifft die weisse Kugel die stehende Kugel nur am Rande, behält die weisse Kugel die meiste Impulsenergie und wird nur leicht abgelenkt, usw.

Bedenken muss man noch, dass beim Einschlag des Meteoriten die beiden Billardkugeln nicht gleich schwer und nicht kompakt waren. Es ist sehr gut vorstellbar, dass ein Teil des Meteoriten auf der Erde zurückblieb und ein Teil weggeschleudert wurde. Es ist ebenfalls vorstellbar, dass auch vom negativen Kern nur ein Teil weggeschleudert wurde. Es ist weiter vorstellbar, dass durch den Meteoriten im Erdinneren wahnsinnige Mengen von Energien freigesetzt wurden. Daher ist anzunehmen, dass diese Energien alles Leben in der Innenwelt zerstörten – falls es damals in der Innenwelt schon Leben gab.

Weiter besteht die Möglichkeit, dass diese Energien den negativen Restkern dermassen erhitzten, dass noch wochenlang grosse Mengen von negativer Materie die Erde verliessen und so zum Dauerregen führten. Weil der grösste Teil der Erdoberfläche nicht etwa von Land, sondern von Meeren bedeckt ist, kann angenommen werden, dass der Meteorit auf Meeresoberfläche aufschlug. Wasser hemmt, wie keine andere Masse, jegliche Eigenrotation eines Körpers. Weil der Meteorit auf der Aussenwelt auf Meeresoberfläche fiel, traf er in der Innenwelt wieder auf Meer und wurde so manipuliert, dass er jegliche Eigenrotation verlor und mit der Erde zu drehen begann. Danach schlug er auf dem negativen Kern der Erde auf, und es wurde ein Teil von ihm – oder auch der ganze Meteorit – wieder weggeschleudert.

Dieser Teil durchschlug zuerst ein Innenmeer, danach ein Aussenmeer und verliess dann die Erde wie ein Teilstück dieses Planeten. Weil er die Rotationsenergie der Erde mitnahm, schwenkte er in eine elliptische Bahn um die Erde ein. Da er jetzt sonnenexponiert war, wurde der Mond langsam zu einem Chimärkörper und schwenkte immer mehr in eine kreisförmige Umlaufbahn ein.

Nach dem Einschlag des grossen Meteoriten kamen die Abertausenden von kleinen Meteoriten, weil im All mehrere Himmelskörper explodiert waren. Möglicherweise hatte unsere Sonne vorher wesentlich mehr Planeten, von denen einige explodierten.

Dieses Szenario könnte erklären, weshalb uns der Mond immer mit dem gleichen Gesicht anschaut, und es würde auch die unzähligen Krater auf dem Mond begründen.

Letztlich bedeutete dies, dass unser Mond sowie der Meteorit bei Noach identisch wären und der liebe Mond – wer könnte ihm das zutrauen – für das Sterben der Dinosaurier verantwortlich gemacht werden müsste», schloss Mister Pi seine Ausführung.

«Seither schaut sich der Mond dauernd die Bescherung an, die er angerichtet hat», sagte Nobody unvermittelt. «Beim Austritt des Mondes aus der Erde hat er vermutlich etwas irdische Materie mitgenommen», sagte Pi. «Man müsste deshalb versuchen, diese irdische Materie auf dem Mond zu finden. Man darf jedoch sicher nicht erwarten, ein ganzes Dinosaurierskelett auf dem Mond zu finden, doch eventuell könnte man Versteinerungen von Meerestieren finden. Die anderen Planeten haben möglicherweise ihre

Monde auf die gleiche Weise eingefangen. Weil aber die anderen Planeten kein Wasser haben, konnten sie die Eigenrotation der Meteoriten nicht vollständig stoppen», sagte Mister Pi.

19 e) Das Weltall

«Mich interessiert noch etwas», sagte Nobody. «Wenn man das Weltall anschaut, hat man das Gefühl, dass es irgendwann endet. Du aber sagtest, dass es nicht endet. Wie kommt das?»

«Weil es meine Lieblingsaussage ist, sage ich es nochmals: Alles ist Kreis, und alles ist Kugel.

Wenn im Zentrum einer Galaxie ein Urknall geschieht, ist der Urknall gerichtet, d.h. die Materie wird nach rechts und nach links weggeschleudert. Dasselbe gilt für das Licht. Das Licht macht einen grossen Bogen und kommt danach, zur richtigen Zeit, zusammen mit der Materie wieder zurück. Eine Ausnahme stellen hier die Sonnen in einer Galaxie dar, sie strahlen ihr Licht in alle Richtungen aus. Aber auch dieses Licht findet am Schluss den Weg zur Mitte der Galaxie zurück.

Weil das Licht einen Bogen macht, können wir Galaxien, die sehr weit entfernt sind, gar nicht sehen, da das Licht einer Galaxie nie bis zu uns gelangt, also quasi vorher umkehrt. Zudem ist es wahrscheinlich, dass eine Galaxie nicht dort ist, wo wir glauben, sie zu sehen. Ausserdem könnte es möglich sein, dass wir ein und dieselbe Galaxie an unserem Himmel doppelt sehen, an zwei verschiedenen Stellen und in zwei verschiedenen Entwicklungsstadien.»

Weil all diese Erklärungen nicht dazu beitrugen, Nobodys Wissensdurst zu stillen, begann er erneut. «Du sagst also, in der Mitte jeder Galaxie finden immer wieder Urknalle statt, aus denen Materie entsteht, die auf die Reise geschickt wird, die nach einer gewissen Zeitspanne wieder in die Mitte der Galaxie zurückkehrt, um dort aufgelöst und dann in Energie umgewandelt zu werden. Der Prozess wiederholt sich, d.h., es bildet sich wieder neue Materie, die erneut auf die grosse Reise geschickt wird.»

«Ja», nickte Mister Pi bestätigend, «so etwa habe ich mich ausgedrückt.»

«Wann hat dann dieses Pulsieren der Galaxien begonnen?» fragte Nobody weiter.

«Ein grosser Körper, der sich im All befindet, wird deshalb immer grösser, weil er immer mehr Materie anzieht», erklärte Mister Pi. «Dies führt dazu, dass in der Materie ein enormer Druck entsteht. Plötzlich kann Nobodium knallen, meistens ausgelöst durch den Einschlag eines Meteoriten oder eines Planeten. Aus der Energie entsteht Materie, diese wird dann erstmals auf die Reise geschickt, und eine Galaxie ist geboren.»

«Aber», erwiderte Nobody, «dann gibt es also doch eine Art Schwarze Löcher im Weltall, die wie Gravitationsfallen wirken.» «Sicher», antwortete Mister Pi, «aber diese Gravitationsfallen sind nicht so, wie sich die Astrophysiker die Schwarzen Löcher vorstellen.»

19 f) Die Pyramide

«Mister Pi, ich habe noch ein Anliegen. Es ist die wichtigste Frage, die ich an dich zu stellen habe. Bitte komm! Schau dir meine Maschine an, erkläre mir bitte, wo der Fehler liegt. Schau, da ist sie.»

Die Pyramide stand so, wie sie Nobody gebaut hatte, vor ihnen. Ein Stahlgebilde, gefüllt mit feuchtem Sägemehl, welches zuoberst eine Öffnung aufwies. Auf der Öffnung ein Gefäss mit einer Mehl-in-Öl-Mischung, gefolgt von einem Gefäss mit zentrifugiertem Schafsblut. Gekrönt wurde die Anhäufung der Gegenstände noch mit einem kiloschweren, goldenen Ei, über welches Nobody die extra gefertigte goldene Glocke gestülpt hatte.

«Wie naiv du bist, Nobody», schalt ihn Mister Pi. «Wie kannst du nur annehmen, dass es dir gegönnt sei, nach Mose, also als zweitem Aussenmenschen, eine funktionierende Maschine zu bauen, mit der man negative Materie einfangen kann! Dir fehlen die finanziellen Mittel. Und ich sage dir, du wirst niemanden finden, der dich finanziell unterstützt. Du solltest dein Wissen besser veröffentlichen, denn dann könnten die Physiker der Aussenwelt innert Kürze dein Wissen umsetzen und negative Materie einfangen. Oder du suchst krampfhaft nach einem Geldgeber. Als Partner müsstest du ihn aber genau über dein Wissen informieren, was die Gefahr birgt, dass er dir dein Wissen wegnimmt und es dann in falsche Hände kommt. Nein, du musst jetzt dein Wissen publizieren.»

«Aber wo liegt denn der Fehler?» «Schon als du begonnen hast, hast du einen Fehler gemacht», klärte ihn Mister Pi auf.

«Du hast am 23. Februar 1996 auf ein Papier geschrieben: Ich habe am 21. August 1996 negative Materie.

An diesem Datum hattest du tatsächlich negative Materie in deiner Glocke, und du hast jetzt immer noch negative Materie darin.

Es sind jedoch negative Wasserstoffatome, und diese sind in so geringer Menge da, dass du sie nicht nachweisen kannst.»

«Aber die Frage ist doch, ob die Maschine einen Fehler aufweist. Wenn ja, wo liegt er?»

«Deine Überlegungen sind gut», fuhr Mister Pi fort, «und es ist so, wie du vermutet hast. Deine Pyramide ist tatsächlich zu klein, und auch die

Tatsache, dass du zu nördlich bist, wirkt sich negativ auf deinen Versuch aus.

Was deine Glocke betrifft: Sie ist zu archaisch, etwa so wie die erste Glocke von Mose, die er bei der Höhle hatte.»

«Du sagtest, die Glocke sei nicht ganz so gut, aber eigentlich würde sie funktionieren. Wenn ich jetzt einfach warte, zwei oder zehn Jahre – dann müsste ich doch irgendwann negative Materie einfangen können?»

«Dem ist nicht so», verneinte Mister Pi. «Warum nicht?» «Weil du mit deiner Maschine noch etwas Wichtiges machen musst. Du müsstest mit ihr noch umherwandern.»

«Was erzählst du da!», rief Nobody verwundert, «Wie kann ich mit einer tonnenschweren Maschine umherwandern?»

«Das ist sicher nicht einfach», gab Mister Pi zu, «aber erinnere dich doch daran, dass Mose mit seiner Maschine stets umhergewandert ist. Oder Josua, der direkte Nachfolger von Mose, als er die Mauern von Jericho sprengte: Hat er die Maschine vor dem Eingangstor aufgestellt, oder ist er mit der Maschine um die Stadtmauern gewandert? Glaubst du etwa, Mose oder Josua hätten jemals etwas Sinnloses gemacht? Ich sage dir nochmals, du musst mit deiner Maschine umherwandern – oder gibt es bei dir eine Höhle, über der ständig eine mysteriöse Wolke steht? Oder hast du Zugang zu einem Vulkankrater?» wollte Mister Pi wissen.

«Nein, Mister Pi, bei mir gibt es weit und breit keine Vulkane.» «Aber vielleicht hast du in deiner Nähe ein Erdloch, über dem seltsame Flugunfälle passieren?» «Nein, Mister Pi, das habe ich auch nicht.» «So bleibt dir nichts anderes übrig, als mit deiner Maschine umherzuwandern», schloss Mister Pi sein Gespräch.

«Wenn ich also die Maschine auf einem Lastwagenanhänger mit Holzboden aufbauen würde, und ein Lastwagenfahrer nähme die Maschine ständig mit, würde sie dann funktionieren?»

«Ja, schon, aber du wirst keinen Lastwagenfahrer finden, der den ganzen Sommer lang einen plombierten, tonnenschweren Anhänger mitnimmt, ohne zu wissen, was darin ist. Und wie willst du wissen, dass er die abgemachten Touren wirklich fährt und den Anhänger nicht einfach irgendwo hinstellt? Du müsstest den Fahrer kontrollieren, beim Anhänger einen Kilometerzähler einbauen. Dies wiederum wäre für den Fahrer der sichere Beweis, dass mit dir und deiner Ladung etwas nicht stimmen kann. Glaube mir, du findest niemals einen Lastwagenfahrer, der deine Maschine spazieren fährt.«

«Wenn ich die Maschine auf einem Schiff aus Holz neu aufbaue und mit der Maschine in Äquatornähe ständig herumfahre, würde das helfen?»

«Ja», antwortete Mister Pi, «das wäre die absolut beste Idee. Dort funktionierte sie am besten. Aber bedenke: Wie transportierst du die Maschine bis zum Meer? Wie deklarierst du sie am Zoll? Was erklärst du dem Kapitän? Woher nimmst du die Zeit und das Geld für das Unterfangen? Was machst du mit der Elektrizität, die entstehen wird? Woher nimmst du das Schafblut auf dem Meer, und was machst du mit der negativen Materie?

Gib keine Antwort, Nobody! Ich weiss, was du mit der negativen Materie machen würdest», fuhr Mister Pi fort, «du würdest direkt mit dem Bau eines Ufos beginnen. Ich kenne dich, du stoppst nie, du gehst immer weiter. In diesem Punkt bist du wie Mose. Nicht du musst die negative Materie stoppen, sondern man muss dich stoppen.»

«Ich sehe ein», sagte Nobody leise, «es ist mir vergönnt, als zweiter Aussenmensch eine funktionierende Maschine zu bauen, und es ist mir auch vergönnt, als erster Aussenmensch nach Mose die negative Materie in den eigenen Händen zu halten. Aber bitte erkläre mir den Sinn des Umherwanderns», bat Nobody.

«Also», sagte Mister Pi, «in der Lavaschicht entsteht die negative Materie. Es entsteht aber nur positiver und negativer Wasserstoff; es entstehen keine anderen Atome. Der negative Wasserstoff ist ein Gas. Die schwersten, positiven Metalle liegen im Zentrum der positiven Lavaschicht. Dort gibt es riesige, schwere Platten, und die negative Materie kann nicht überall austreten, sondern nur auf bestimmten Flucht- und Schleichwegen. Danach kommt die negative Materie in die Steinschicht. Weil der negative Wasserstoff ein Gas ist, verteilt er sich homogen über die ganze Fläche. Wenn du ein Feld anschaust, siehst du in der Regel ein gleichmässiges Wachsen der Gräser – ausser wenn oberflächennah Metalle liegen. Den negativen Wasserstoff kannst du selbstverständlich in einer Glocke abfangen, aber, ich sag's nochmals, er ist ein Gas.

Das negative Gas wird durch die negative Energie der Sonne erwärmt. Es gibt ein Gasgesetz, das beachtet werden will, und es gibt einen Gasdruck. Du hast in deiner Glocke negativen Wasserstoff, eine verschwindend kleine Masse, die niemals nachgewiesen werden kann. Die Pflanzen wachsen wegen des negativen Wasserstoffes. Dies ist der Motor für die Pflanzen. Du kannst so viele Knospen sammeln und dörren, wie du willst, du wirst nur negativen Wasserstoff erhalten, und der entweicht dir. Denn negativen Wasserstoff kannst du nicht einfangen. Was du brauchst, sind höhere Atome; du brauchst negative Metalle», erklärte Mister Pi.

Nach einer kurzen Pause fuhr er fort: «Im Erdinneren gibt es in den positiven Metallplatten Höhlen und Nischen, in denen sich negative Materie über Jahrtausende hinweg angesammelt hat. Dort sind durch Kernfusionen höhere Atome entstanden, negative Metalle, negatives Eisen oder sogar negatives Gold. Diese Atome musst du haben, und diese Atome musst du einfangen.

Ist eine solche Höhle, gefüllt mit dieser höheren Materie, fliessen immer wieder negative Atome oder Moleküle ab. Hat nun ein negatives Metall auf Schleichwegen die innere Lavaschicht verlassen, verteilt es sich nicht wie ein Gas über die ganze Fläche, sondern wählt den senkrechten Weg nach oben. Dies bedeutet, dass du nicht überall negative Metalle abfangen kannst.

Es kann sein, dass du im Umkreis von 300 Metern um deine Maschine herum nirgends negative Metalle abfangen kannst. Nur strichförmig verlassen negative Metalle die Erde, und dies sieht man nicht. Wenn deine Maschine zufällig auf einer solchen Ader wäre, könnte sie negative Materie abfangen.

Dann kommt noch hinzu, dass sich diese Austrittsstellen der negativen Metalle langsam verschieben, wie Wanderdünen. Nur wenn du mit deiner Maschine nicht Station machst, hast du stationäre Verhältnisse.

Und noch etwas», ergänzte Mister Pi, «du glaubst doch, dass Mose die Erde durchdrungen hat. Du hast selber gesagt, dass du dies glaubst; und du hast selber gesagt, dass es im Erdinneren eine zweite Menschheit gibt. Du glaubst auch, dass die Ufos von diesen Menschen gesteuert werden und die Ufos aus Vulkanen, aus alten Vulkankratern oder aus dem Meer austreten.

Aber glaubst du allen Ernstes, dass man mit negativem Wasserstoff die Erde durchdringen kann? Du hast selber gesagt, der enorme Erddruck in der Lavaschicht hat sich nicht auf Mose übertragen. Dies war nur möglich, wenn Mose eine Hülle von negativen Metallen um sich hatte, und negative Gase hätten ihm nichts genützt.»

«Bedeutet dies», vergewisserte sich Nobody, «dass die Innenmenschen noch heute mit ihrer Maschine umherwandern?»

«Nein», sagte Mister Pi und lachte, «die Innenmenschen beziehen ihre negative Materie aus alten, ruhenden Vulkanen, aus Erdlöchern, die eine stationäre, mysteriöse Wolke haben, und mit grossen Schiffen, welche im Zentrum eine nach unten offene Pyramide mit einer Grundfläche von mehr als 1000 Quadratmetern aufweisen. Mit diesen Schiffen fahren sie in der Äquatorgegend, jeweils vis-à-vis der Sonne, umher und fangen so die negative Materie ein. Über dem Meer ist das Einfangen der negativen Materie besonders leicht, da sie dort relativ langsam austritt. Im Meerwasser sind viele Metalle gelöst. Dies führt dazu, dass die negative Materie stark abgebremst wird.»

«Wenn du eine Pyramide machst», sagte Mister Pi, «musst du zuerst ein Holzgestell wie bei einem Dachstuhl bauen. Auf diesen Dachstuhl musst du mehrere Lagen von Tüchern und Teppichen legen. Du weisst ja, wie es Mose machte.

Er sagte an mehreren Stellen, dass man verschiedene Zelttücher nehmen und jeweils fünf aneinander fügen solle, und man müsse 50 Schleifen an den zusammengefügten Bahnen anbringen (Ex 26,5). Ob er damit meinte, dass man die Zelttücher so falten oder verbinden solle, dass verschiedene Lagen entstehen?

So oder so, die Schicht der Stoffe sollte etwa 20 bis 50 cm dick sein. Über diese Stoffschicht kommen dann Metallplatten, die wie Ziegel das ganze Dach abdecken müssen. Für die Ziegel musst du ein Metall mit einer grossen Ordnungszahl nehmen. Ideal wäre Gold, aber Bleiplatten sollten auch genügen. Die Tücher müssen befeuchtet werden. Wenn du die Pyramide auf einem Schiff baust, kannst du sie so bauen, dass sie zuunterst ins Wasser kommt. Dadurch werden die Stofftücher selber nass. Und zuoberst, bei der Öffnung, kommt die Einfangvorrichtung hin.»

«Ja, die Glocke», sagte Nobody. «Warum hat die Glocke von Mose Funken geschlagen, und wie hat sie ausgesehen?» «Du musst wissen, Nobody, eine Glocke ist ein nichtlineares System. Dies sieht man schon, wenn der Glöckner am Seil zieht, um sie zum Schlagen zu bringen.

Es ist eben so, dass die Glocke nur am Anfang um so lauter tönt, je stärker er zieht. Denn es gibt eine maximale Lautstärke. Wenn man danach stärker zieht, schwingt der Klöppel der Glocke auch mit, und die Glocke wird umso leiser, je mehr man zieht.

So ist auch die Einfangglocke ein nichtlineares System. Am Anfang kannst du nur wenige negative Atome einfangen. Aber mit der Zeit werden es immer mehr bis zur Initiation der Glocke; d.h., bis in der Glocke die negative Materie selber weitere negative Materie abfängt. Dann hast du eine richtige Glocke, mit der du negative Materie einfangen kannst.»

«Wie sieht denn eine richtige Glocke aus?», wollte Nobody wissen. «Eine richtige Glocke ist aus einem Stück Gold gemacht. Der Klöppel in der Mitte ist spitzig, wie bei einem Überschallflugzeug, und überragt die Glocke. Die Spitze geht dann langsam, kegelförmig auseinander und in einen Bogen über, so wie der Auffanghang einer Sprungschanze. Du musst die negative Materie nicht mit einem Klöppel stoppen, du musst sie sachte und liebevoll auffangen. Wenn du die Glocke von der Seite her betrachtest, überragt der Klöppel in der Mitte die Glocke deutlich. Insgesamt sieht sie aus wie ein Leuchter, wie ein Ölgefäss mit einem zentralen Docht. Damit du Gold sparen kannst, machst du den Auffanghang nicht kreisförmig, sondern baue sechs Bahnen! Dadurch sieht dein Leuchter aus wie eine Mandelblüte. Die Mandelblüte hat fünf Blütenblätter. Dir jedoch rate ich, eine sechsblättrige Mandelblüte zu bauen. Ein Hexagon ist geometrisch einfacher zu bauen als ein Pentagon. Die negative Materie lenkst du mit der Pyramide auf die Spitze dieser Glocke.

Danach wird sie langsam abgebremst, und weil deine Blütenblätter seitlich lippenförmig angehoben sind, wird die negative Materie kanalisiert.»

«Und mit dieser Glocke kann man die negative Materie abfangen?» fragte Nobody. «Nein», erwiderte Mister Pi. «Noch immer nicht. Jetzt braucht es die Sekundärglocken!»

«Es ist schwierig, dies rein theoretisch zu erklären», sagte Mister Pi, «aber ich versuche es. Stell dir einen Wasserstrahl vor, und du willst aus diesem Wasserstrahl ein Glas voll Wasser schöpfen. Wenn Du nun den Becher hinein hältst, spritzt es in alle Richtungen, und wenn du den Becher herausnimmst, ist nichts drin. Der Wasserstrahl sei gegeben und du kannst ihn nicht verlangsamen. Was machst du? Jetzt stellst Du eine nadelfeine Spitze in den Wasserstrahl und die Nadel wird kegelförmig immer dicker. Das Wasser wird so geteilt und läuft in allen Richtungen über diesen Kegel ab. Doch die Nadel wird nicht nur dicker, sie geht schwungvoll in einen Bogen über. So betrachtet sieht dieses Gebilde wie ein Mexikanerhut aus mit einer spitzen Nadel im Zentrum und einem nach oben gewölbten Hutrand. Der Hutrand ist jedoch bei der richtigen Glocke nicht kreisförmig, sondern erinnert an eine Mandelblüte und weist sechs Blütenblätter auf. Wenn man nun dieses Gebilde mit der spitzen Nadel voran in den Wasserstrahl hielte, würde das Wasser wie in einem Brunnen in sechs Richtungen austreten, aber jetzt viel langsamer, und das Wasser würde nach oben austreten. Wenn man sich diesen Brunnen betrachtete, sähe man den Wasserstrahl, der von oben kommt, danach wie in einer Achterbahn nach oben umgelenkt wird, und weil der Wasserstrahl gleichzeitig in sechs Bahnen gelenkt wurde, sähe man das Wasser in sechs Richtungen austreten. Das Wasser würde dann um diesen Brunnen herum in sechs Richtungen eine Wurfparabel beschreiben und an sechs Stellen auf den Boden plätschern. Wenn man nun an diesen sechs Stellen je einen Eimer hinstellte, könnte man das Wasser so abfangen. Da nun das Wasser gemächlich daherkommt, könntest Du auch deinen Becher hinhalten und so füllen.

Willst du nun negative Metalle auffangen, musst du eine genau gleiche Abfangvorrichtung aus Gold erstellen. Aber da die negative Materie von unten kommt, musst Du die Spitze und die Abfangeimer nach unten richten. Zu oberst an deiner Pyramide musste du sie mit der Spitze nach unten hinstellen. Die Primärglocke sieht also aus wie eine sechsblättrige Mandelblüte mit einer nadeldünnen Spitze im Zentrum, und diese Spitze schaut im Zentrum der Pyramidenöffnung nach unten. Die negativen Metalle, die auf diese Glocke zu rasen, überspringen diese Primärglocke und verlassen sie in sechs Richtungen. Die negativen Atome beschreiben danach eine Wurfparabel und landen dann in den sechs Sekundärglocken, die ebenfalls nach unten gerichtet sind. Ich hoffe, du weisst jetzt, wie die Glocke auszusehen hat?»

«Ja», sagte Nobody, «aber fangen die Innenmenschen immer noch mit solchen Glocken die negative Materie ein?» «Nein», sagte Mister Pi, «sie haben modernere Abfangmechanismen entwickelt. Sie kennen z.B. das Einfangen mit dem Lasso. Hier wird ein wassergekühltes, goldenes Rohr genommen. Die Öffnung ist trichterartig und wird auf die Einfangpyramide gestülpt. Danach beginnt sich das Rohr langsam zu neigen und zudem eine Spiralform anzunehmen. Die Spirale weist zuerst einen grossen Radius auf, jedoch mit abnehmender Steigung wird auch der Radius der Spiralen immer kleiner, und dadurch wird die negative Materie so langsam, dass goldene Segel im Rohr eingebaut werden können. Am Ende des Goldrohres muss man nur noch eine Räucherpfanne anbringen, und dann kann man tropfenweise negative Materie gewinnen.

Die meisten Abfangmaschinen der Innenwelt arbeiten jedoch mit Quecksilber. Die Entdeckung von Quecksilber war für die Innenmenschen die grösste Errungenschaft, denn von diesem Moment an war die Energie in grossen Mengen vorhanden, und die Ausbreitung des technischen Fortschrittes war über die ganze Innenwelt innert kurzer Zeit möglich.

Die Aussenmenschen haben beim Einfangen von negativer Materie zwei Punkte nie erfüllt. Aus diesem Grunde konnten sie nie negative Materie einfangen und stiessen auch nie spontan auf negative Materie», erklärte Mister Pi weiter. «Alle physikalischen, chemischen oder elektrischen Erkenntnisse, welche die Wissenschaftler auf dieser Welt bis jetzt machten, konnten sie zuerst im Kleinen, quasi auf dem Küchentisch, experimentell erarbeiten. Selbst der Erfinder des Rades konnte auf einem Stein hockend zuerst mit einem kleinen Rad üben.

Es gibt nur eine Ausnahme, wo man keine Experimente im Kleinformat durchführen kann, und zwar beim Einfangen der negativen Materie. Hier muss man quasi zuerst eine Fabrik bauen, und erst wenn sie fertig ist, sieht man, ob sie funktioniert; wenn nicht, muss man eine neue Fabrik erbauen. Weiter erschwerend ist, dass man gleichzeitig mit der Fabrik umherwandern muss, damit sie funktioniert.

Der einzige Mensch, der dies erfolgreich machte, also beide Kriterien erfüllte, war Mose. Er benötigte für den Bau seiner Anlage 29 Talente und 730 Schekel Gold (Ex 38,24). Dies sind 1'197 kg Gold. Ferner verarbeitete er 100 Talente und 1'775 Schekel Silber (4'120 kg) und 70 Talente sowie 2'400 Schekel Kupfer (2'897 kg).»

19 g) Der Urknall

«Mister Pi, was passiert genau beim Urknall?» «Das ist relativ einfach», sagte Mister Pi. «Die Materie rast auf einen Punkt zu, nicht weil im Zentrum so viel Gravitation ist – im Zentrum ist nämlich nichts –, sondern wegen der kinetischen Energie der Masse und wegen der kinetischen Energie der elektromagnetischen Strahlung. Wenn du über längere Zeit die Schwarzen Löcher betrachtest, wirst du sehen, wie sich die Materie vollkommen in Energie umwandelt, um danach wieder als Materie weggeschleudert zu werden. Ähnlich der Blume, die sich im Herbst zersetzt und zu Kompost wird, um im Frühling wieder aus dem Kompost heraus zur Blume zu wachsen.

Genau so erwacht am Ende eines Urknalls neue Materie zu neuem Leben. Ich betone es nochmals, es gibt im All keine schwarzen Löcher und keine Gravitationsfallen, die wie Materien-Staubsauger wirken. Die Gefahren für den Menschen im Weltraum sind der Urknall, Noach Time und die Schwankungen der Nobodiumkonzentration.

Dem Urknall muss der Mensch ausweichen, so wie einer, der immer wieder von einer sinkenden Eisscholle auf eine stabilere springt. Bei Noach Time muss der Mensch darauf achten, dass sein Planet nicht von einem Chimärkörper getroffen wird; d.h. die Erde darf auf keinen Fall von einem entgegenkommenden Planeten getroffen werden. Eventuell könnte der Mensch bewusst aus seinem Planeten negative Materie herausschiessen lassen. Dies gelänge jedoch nur mit einem entgegenkommenden Meteoriten. Aber am meisten Schwierigkeiten werden die Schwankungen der Nobodiumkonzentration machen.

Wenn sich ein Raumschiff in einem nobodiumarmen Feld befindet, ist es sehr klein, und die Astronauten verfügen über enorme Kräfte. Es besteht die Gefahr, dass sie wegen einer Unvorsichtigkeit das Raumschiff beschädigen. In diesem Stadium könnten die Astronauten Flügel über die Arme stülpen und wie Heuschrecken durch die Luft springen – ähnlich wie Superman. Die Gefahr besteht jedoch, dass beim Absprung der Boden vom Raumschiff einbricht oder dass ein Astronaut versehentlich eine Tür zuschlägt, diese aus den Angeln springt und wie ein Geschoss die Raumschiffwand durchschlägt. Im umgekehrten Fall, in einem nobodiumreichen Feld, werden die Astronauten träge und kraftlos, und alles fällt ihnen schwer. Ich kann dir jedoch auch nicht genau erklären, was exakt passiert beim Übergang von einem nobodiumarmen in ein nobodiumreiches Feld und umgekehrt, da dies noch nie eine Kreatur gemacht hat. Und ob die Nobodiumfelder abrupt ändern oder gemächlich ineinander übergehen, ist mir auch nicht bekannt.»

Nun begann Nobody wieder: «Wenn bei einem Planeten die positive Materie überwiegt, ist seine äusserste Hülle, das erste Blatt, immer aus positiver Materie. Somit ist ein solcher Planet ein positiver Chimärkörper. In einem Sonnensystem müsste bei allen Planeten, auch bei der Sonne, die gleiche Materie überwiegen; d.h., entweder wären alles positive oder alles negative Chimärkörper. Da im Universum definitionsgemäss der Anteil der positiven Materie genau demjenigen der negativen Materie entspricht, müsste es im Universum also folglich gleich viele negative wie positive Sonnensysteme geben. Bei einem negativen Sonnensystem würden alle Planeten, auch die Sonne, selber wie grosse Augen aussehen, mit einem festen, runden, zentralen Kern und einer leuchtenden, zirkulären Wolke als Aussenhülle.

Die negativen Sonnensysteme wären für den Menschen matter und würden weniger leuchten.»

«Ja», bestätigte ihm Mister Pi, «so ist es.» «Aber», entgegnete Nobody, «von einem solchen Sonnensystemen habe ich noch gar nie gehört.» «Dann müssen halt eure Astrophysiker nochmals genauer schauen. Es gibt gleich viele negative Sonnensysteme wie positive!»

«Mister Pi, als ich dich nach der Herkunft des Mondes fragte, sagtest du: Weil der Meteorit auf der Aussenwelt auf Meeresoberfläche fiel, traf er in der Innenwelt wieder auf Meer. Weshalb machtest du hier diese Weil-Verknüpfung oder anders gefragt: Wie weiss man, wie die Innenwelt aussieht? Gibt es in der Innenwelt viel Land, oder ist auch grösstenteils alles mit Meer überdeckt?»

«Die Innenwelt sieht immer so aus wie die Aussenwelt», sagte Mister Pi, «dort, wo aussen Kontinente sind, sind auch innen Kontinente und dort, wo aussen ein grosses Gebirge ist, findet man auch innen ein grosses Gebirge – aus Symmetriegründen. Überlege doch! Wenn ein Kontinent keinen Gegenkontinent hätte, würde er durch sein Gewicht einfach in der Erde versinken. Es gibt somit in der Innenwelt ein Innenafrika, ein Inneneuropa, ein Innenasien, ein Innenamerika, ein Innenaustralien und einen Innen-Mount-Everest, usw.»

Nobody hätte noch viele Fragen gehabt, doch plötzlich war Mister Pi verschwunden, und er sass wieder allein in seinem Garten vor seiner Maschine…

20 Das Experiment, 4. Teil

Es war nun schon April 1997, und Nobody hatte noch immer keine negative Materie einfangen können. Einerseits versuchte er finanzielle Unterstützung zu bekommen, das Problem jedoch war, dass ihn niemand ernst nahm, denn wenn er erwähnte, dass er ein Ufo bauen wollte und dazu eine Unterstützung benötigte, lachte man ihm breit ins Gesicht. Andererseits war da die Tatsache, dass von all den Politikern und Wirtschaftsführern, die er angeschrieben hatte, sich keiner die Mühe nahm, ihn auch nur anzuhören. Die meisten antworteten nicht einmal. Oder noch besser: Sie erwähnten sein Schreiben gar nicht und sandten ihm ihrerseits eine vorgedruckte Werbeschrift.

Nobody gelangte erneut zur Überzeugung, dass er, bevor er Gehör finden würde, zuerst negative Materie haben müsste.

Mose hatte bewiesen, dass ein Volk in der Wüste es schaffte, ohne elektrische Isolatoren, ja, ohne das Wissen von der Existenz der Elektrizität und ohne grossen technischen Aufwand, negative Materie abfangen zu können. Mister Pi sagte, dass das Abfangen von negativer Materie auf dem Meer besonders leicht sei, weil im Wasser Salze gelöst würden. Was sind Salze? Es sind Metalle in Flüssigkeit, d.h., es sind bewegliche Metalle und somit funktionelle Chimärkörper. Es handelt sich dabei um gelöstes Natrium, Kalium, Eisen und Gold.

Nobody würde gerne eine Pyramide auf einem Schiff im Meer bauen, denn wenn er alles neu aufbauen könnte, bräuchte er das Sägemehl nicht mehr, und er könnte mit Tüchern arbeiten. Doch für den Umbau eines Schiffes in ein Schiff mit einer grossen Pyramide und für deren Unterhalt würde er einen Sponsor benötigen. Auch in diesem Punkt hatte Mister Pi wohl eindeutig Recht. Einen Geldgeber würde er nicht finden, solange er keine Beweise liefern konnte.

Einen Lastwagenchauffeur, der mit seiner Maschine umhergefahren wäre, hatte er ja auch nicht gefunden. Also musste er wohl oder übel mit seiner bestehenden Pyramide weiter experimentieren.

Nobody hatte eine Idee. Er würde das Sägemehl in Zukunft mit Salzwasser befeuchten. Dafür hatte er Salz vom toten Meer gekauft. Dieses Salz enthält viel Magnesium. Nobody hatte das Gefühl, dass diese Metallatome für sein Experiment besser geeignet wären als alles, was er bisher verwendete. Zudem bindet Salz Feuchtigkeit. Dadurch müsste er weniger häufig Wasser nachgiessen. Er wollte auch vom Schafblut wegkommen, denn dieses beginnt nach einer gewissen Zeit zu stinken, und ab und zu musste er mit blutverschmierten Kleidern wie ein Dieb nach Hause schleichen.

«Man müsste das Blut ersetzen können», dachte sich Nobody. Spontan kam ihm irgendeine Mischung aus Salzwasser und Öl in den Sinn; ein Öl, das mittels Detergenzien in Salzwasser gelöst werden könnte. Oder würde es auch mit einer Mischung aus Salzwasser in Glycerin funktionieren?

Er plante ein neues Experiment. Zuoberst auf der Pyramide wollte er seine Gefässe aufstellen. In das erste Gefäss gäbe er die Mehl-in-Öl-Mischung. Im zweiten Gefäss würde er nicht mehr wie bis anhin Schafblut, sondern konzentriertes Salzwasser mit Glycerin einfüllen. Die Spitze würde ein neues Abfanggefäss bilden. Dieses Abfanggefäss hatte er bereits hergestellt. Es bestand aus purem Gold und hatte eine 6 cm lange Spitze.

Die Form der Spitze war konisch und ging in einen Bogen über, so dass das Abfanggefäss aussah wie ein Mexikanerhut mit einer übertriebenen Spitze im Zentrum und einem stark hochgekrempelten Rand. Der Rand dieses Hutes hatte einen Durchmesser von 8 cm. Das Abfanggefäss würde Nobody zuoberst platzieren, nach den Gefässen mit Salzwasser und Glycerin, jedoch mit der Spitze voran nach unten schauend. Über dieses Gefäss würde er dann noch seine goldene Glocke stülpen, die einen Innendurchmesser von 10 cm aufwies. So stellte er sich seine neue Pyramide vor.

Nobody war sich bewusst, dass die Kosten für sein neues Projekt seine finanziellen Möglichkeiten erschöpfen würden, auch wenn natürlich der Goldwert am Schluss noch immer vorhanden wäre. Nun würde er Erfolg haben oder seine Forschung einstellen müssen.

Etwa Mitte Mai 1997 hatte Nobody seine Pyramide wieder aufgebaut. Das Sägemehl befeuchtete er, wie geplant, mit Salzwasser vom toten Meer, und das Schafblut ersetzte er durch eine Mischung von hochkonzentriertem Salzwasser und Glycerin. Ganz oben montierte er die neue Abfangvorrichtung. Die also neu konzipierte Pyramide stand nun monatelang, bis ins Jahr 1998 herum, ohne dass er negative Materie hätte nachweisen können.

Während kurzer Zeit beschäftigten ihn Gedanken an frühere Zeiten, wo es noch Königskronen und grosse Seefahrernationen gab.

«Die Schiffe waren aus Holz, also müsste bei gewissen Kronen, die zufällig richtig geformt waren, negative Materie abgefangen worden sein. Diese Kronen müssten daher doch plötzlich elektrische Blitze ausgesandt haben», murmelte er vor sich hin. «Ob das wohl auch auf die mit den Holzschiffen transportierten Goldbarren zutraf?» Er fragte sich laut: «Müssten da nicht gelegentlich Blitze aus den Goldbarren herausgeschossen sein?»

Um Gewissheit zu erlangen, telefonierte Nobody mit der Nationalbank. Doch bei der Bank konnte sich niemand daran erinnern, dass je einmal ein Blitz aus einem Goldbarren herausgetreten wäre.

Auch beim «Tower of London», wo alle Englischen Kronen aufbewahrt werden, erkundigte er sich. Er wollte wissen, ob die Sage stimme, dass aus Englischen Kronen während Schiffsreisen über das Meer plötzlich Blitze ausgetreten seien. Im Antwortschreiben wurde er darüber aufgeklärt, dass die Englischen Kronen aufgrund Königlicher Erlasse das Festland von England gar nicht hätten verlassen dürfen und sie somit auch noch nie auf dem Meer gewesen waren. Einzig «The Imperial Crown of India» begleitete König George V nach Indien. Aber auf dieser Fahrt sei sie in einer Kiste verpackt gewesen und somit habe wohl gar niemand Gelegenheit gehabt, zu sehen, ob nun Funken aus der Krone ausgetreten seien oder nicht.

In lockeren Abständen kontrollierte Nobody seine Maschine. Nein, er hatte noch immer keine negative Materie. Es wurde ihm immer bewusster, dass er die negative Materie auf einem Schiff abfangen müsste und er fremde Hilfe dringend benötigte. Er brauchte Leute mit Zeit und Geld. Wieder einmal bekam er ein Antwortschreiben: «Aus grundsätzlichen Überlegungen setze ich die mir nicht unbeschränkt zur Verfügung stehenden finanziellen Mittel ausschliesslich in meinem Unternehmen ein. Ich bedaure, Ihnen keinen positiven Bescheid geben zu können, danke Ihnen für Ihr Verständnis und hoffe, dass Sie eine Lösung finden werden.»

Wenigstens war dieser Brief freundlich, nicht belehrend und nicht verletzend geschrieben. In der Zwischenzeit konnte sich Nobody schon ob solchen Kleinigkeiten freuen.

Er sass wieder vor seiner Pyramide. Er wünschte sich, dass er noch einmal Mister Pi treffen könnte, weil er noch viele offene Fragen hatte und jetzt einen dringenden Rat bräuchte. Er versuchte sich zu entspannen und in einen tranceähnlichen Zustand zu versetzen, aber der Versuch, Mister Pi noch einmal zu finden, misslang tagelang.

Doch da, plötzlich, es war eher ein Sekundenschlaf, sah er ihn für einen kurzen Moment.

Mister Pi liess ihm keine Zeit, Fragen zu stellen. Er begann sofort damit, selber zu sprechen:

«Es war einmal ein Fisch in einem Teich. Dessen Freund war bei einem tragischen Unfall ums Leben gekommen, weil er glaubte, die Zeit wäre dehnbar. Der Fisch konnte sich nur noch mit einem Frosch unterhalten. Eines Tages schwamm der Fisch zum Frosch und sagte: ‹Lieber Frosch! Du kennst die Welt wie kaum ein anderes Wesen, weil Du die Welt im Teich und diejenige auf dem Lande kennst. Bitte erkläre mir, was ist das Wichtigste auf dieser Welt?› Der Frosch erbat sich einen Tag Bedenkzeit. Am nächsten Tag, zur abgemachten Zeit, sagte er: ‹Lieber Fisch, ich habe mir alles überlegt, und ich kann dir jetzt erklären, was das Wichtigste auf dieser Erde ist: Das

Wasser ist das Wichtigste.› Der Fisch wurde stutzig und fragte: ‹Was ist das, Wasser?›» In dem Moment erwachte Nobody wieder und überlegte sich, was ihm wohl Mister Pi damit hatte sagen wollen und weshalb der Fisch, der sich ja immer in Wasser aufhielt, nicht wusste, was Wasser sei.

Nobody ging der Frage nach, weshalb der Fisch das Wasser nicht kannte. Bald wurde ihm die Antwort darauf bewusst. Da ja der Fisch im Wasser geboren war, ihn das Element Wasser also ständig umgab, konnte der Fisch das Wasser gar nicht als solches wahrnehmen.

Durch diese Einsicht wurde Nobody nun auch klar, weshalb der Mensch die negative Materie, die ebenfalls ständig um ihn herum ist, nicht erkennen kann. Ebenso wie der Bauer, der nicht erkennt, weshalb seine Pflanzen wachsen, weil sie eben immer wachsen. Wenn man ihn fragen würde: «Weshalb wächst dein Korn?» wäre seine Antwort klar: «Weil ich angesät habe, wächst es.»

Fragt man den Bauer: «Weshalb blitzt es?», sagt er: «Weil es Wolken gibt, die aneinander prallen.»

Weil der Mensch für alle Ereignisse eine einleuchtende Antwort zu kennen glaubt, sieht er das Nahe nicht. Er erkennt nicht, weshalb es blitzt, die Pflanzen wachsen, es Erdbeben und Vulkane gibt. Die Scheinantworten genügen dem Menschen und sind so tief in ihm verwurzelt, dass er nicht fähig ist, sie zu hinterfragen und etwas zu erkennen.

Die Natur hat nur zwei Möglichkeiten, eine Kugel zu bilden.

Entweder bildet eine Flüssigkeit im freien Fall, also in der Schwerelosigkeit, eine Kugel. Oder eine Kugel entsteht als Blase, z.B. eine Seifenblase. Dies trifft auch auf die Erde zu, doch niemand will es glauben.

Die Erde lebt! Sieht denn niemand die Erdbeben, die Vulkane, die Blitze, den Regen, die wachsenden Pflanzen, die Bäche, die Stürme und das Ziehen der Wolken?

Oder wie kann man einem Fisch die Existenz von Wasser beweisen?

21 Barbara

Nobody hatte in seiner Kindheit eine Erscheinung gehabt, die ihm sonderbare Dinge erzählt hatte, und dieses Ereignis ist auch der Anlass, dieses Buch zu schreiben. Einen Beweis dafür, dass es wirklich eine Erscheinung war, gibt es nicht. Es könnte gerade so gut ein Durchbrennen seiner kindlichen Phantasie gewesen sein. Nobody interessierte sich schon als Kind für Physik, Mathematik und die Bibel. Da seine Erscheinung genau über solche Themen mit ihm sprach, könnte dies unter Umständen ein Hinweis dafür sein, dass die ganze Erscheinung, dass also Barbara nur ein Produkt seiner eigenen Phantasie sei.

Es gab ja schon viele Erscheinungen auf dieser Erde. Aber neu war, dass quasi eine Ausserirdische, die mit dem Ufo gekommen war, erschien.

Barbara, seine Erscheinung, hatte ihm ja erklärt, dass nur erscheinen könne, wer unmittelbar vorher in der Region gestorben sei.

Dies könnte erklären, weshalb die angeblichen Marien-Erscheinungen in Europa weisshäutig, in Afrika oder in Südamerika jedoch meistens dunkelhäutig waren.

Die Erscheinung, die Joseph Smith in Amerika hatte, war offenbar eine indianische Gestalt. Diese erschien ihm 1823 und hiess Moroni; Joseph Smith gründete daraufhin die Religionsgemeinschaft der Mormonen.

Wenn also in einem Land, wo es Indianer gibt, auch eine indianische Gestalt erscheinen kann, in einem Land mit dunkelhäutigen Menschen eine Dunkelhäutige und in Europa eine weisse Frau, dann ist es wohl auch möglich, dass eine mit einem Ufo kommende Frau erscheinen kann. Nach den Worten Barbaras war bei den erwähnten Erscheinungen nicht die Heilige Maria erschienen, sondern jemand, der in der näheren Umgebung gestorben war.

Was ferner mit Nobodys und anderen Erscheinungen übereinstimmt, ist die Tatsache, dass er mit seiner Erscheinung jeweils einen neuen Treffpunkt abmachen konnte. Dies war auch der Fall bei den Erscheinungen von der «Heiligen Maria» in Fatima oder Lourdes; auch diese hatten jeweils vorausgesagt, wann und wo sie wieder erscheinen würden.

Des weiteren stimmt mit anderen Erscheinungen überein, dass sie nur während einer begrenzten Zeitspanne erschienen und danach nie wieder.

Einmalig ist hingegen, dass die Erscheinung von Nobody die Glaubensrichtung der Wiedergeburt und der Reinkarnation vertrat und prophezeite, dass sie mit grosser Wahrscheinlichkeit in den Jahren 1966 bis 1968 wieder zur Welt kommen werde. Nobody nimmt deshalb an, dass er die Erscheinung im Jahr 1965 hatte, als er etwa 11 Jahre alt war.

Seine Erscheinung hatte ihm Dinge erzählt, die er vorher nicht hatte wissen können.

So wusste er zum Beispiel nicht, dass Mose und nicht Jesus als erster gesagt hatte: «Du sollst deinen Nächsten lieben wie dich selbst.» Dass kein Mensch das Grab von Mose kennt, wusste er damals ebenfalls noch nicht.

Es ist aber zu erwähnen, dass Nobody schon damals die Bibel las. Es wäre somit durchaus möglich, dass er diese Aussagen aus der Bibel unbewusst aufgenommen hatte und wie bei einem Traum neu verknüpfte. Die ganze Erscheinung wäre somit einem Wunschtraum gleichzusetzen, denn er wünschte sich damals, dass ihm die Mutter Gottes erscheinen möge.

Andererseits sagte ihm Barbara, dass es beim Mondflug Probleme geben werde, weil die Astronauten – vor allem bei der Rückkehr vom Mond zur Erde – ein leichtes Hirnödem bekämen, was sich als vorübergehende Kopfschmerzen manifestieren werde.

Falls hingegen die Menschheit einmal den Marsflug versuchte, würden die Hirnödeme so stark auftreten, dass die Astronauten vermutlich in der Nähe des Marses sterben würden, und falls sie das Hirnödem beim Mars überleben sollten, würden sie mit grosser Sicherheit sterben, wenn sie zur Erde zurückkehrten.

Damals hatte die Menschheit den Mondflug noch nicht versucht, und kein Mensch konnte sich ein solches Phänomen ausdenken. Die Mondlandung erfolgte erst vier Jahre später, und Nobody verfolgte vor allem die Landung auf der Erde am Fernseher mit viel Interesse. Das Einzige, was auffiel, war, dass man die Astronauten ungewöhnlich lange nicht zu sehen bekam. Und dann, als man sie durch eine Scheibe hindurch winken sah, lachten sie, waren guter Dinge, und nichts deutete auf etwas Ungewöhnliches hin. Und erst nach mehr als 20 Jahren gab die NASA bekannt, dass beim Mondflug ungewöhnliche Dinge aufgetreten waren. Vor allem die jüngeren Astronauten klagten darüber, dass sie in der Nähe des Mondes kurzzeitig, ca. 15 bis 20 Minuten lang, Kopfschmerzen bekommen hatten. Diese Schmerzen traten dann erneut und viel heftiger beim Rückflug zur Erde auf. Kein Wissenschaftler der NASA hat bis heute eine Erklärung für diese Kopfschmerzen gefunden.

Nobody kann somit darauf hinweisen, dass ihm seine Erscheinung etwas voraussagte, das er auch unbewusst nirgends aufgeschnappt haben konnte.

Sie machte ihm auch eine aussergewöhnliche Prophezeiung bezüglich des Fluges zum Mars, eine Voraussage zu etwas also, das bis heute noch gar nicht stattgefunden hat.

Die Tatsache, dass vor allem die jüngeren Astronauten über Kopfschmerzen im Anflug auf den Mond, aber vor allem beim Rückflug zur Erde klagten, ist ebenfalls ein Hinweis dafür, dass tatsächlich ein beginnendes Hirnödem auftrat, denn das Hirn nimmt im Laufe des Lebens an Gewicht ab. Die Gewichtsabnahme macht in den ersten 40 Lebensjahren um die 20 bis 30 Gramm aus. Dadurch, dass das Hirn kleiner wird bei gleich bleibender Schädelhöhle, wirkt sich ein Anstieg des Hirndruckes bei jungen Leuten stärker aus als bei älteren.

Eigentlich ist Nobody ein Zweifler. Im tiefsten Herzen kann er gar nicht recht an Erscheinungen und an die Wiedergeburt glauben, aber es gibt schon Dinge, die ihn stutzig machen. Damals, als er die Erscheinung hatte, machte er mit Barbara ab, dass sie sich gegenseitig suchen würden. «Es muss doch einfach sein für dich«, sagte damals Nobody. «Du kennst meinen Namen, kennst den Ort, wo ich wohne, und schau dir doch diese Obstanlage an, die musst du doch erkennen können! Und das Kreuz dort am Strassenrand, das musst du dir doch merken können!»

«Nein», sagte sie damals, «das ist beinahe unmöglich; und zudem ist die Rückführung in ein vorangegangenes Leben mit Schmerzen verbunden. Du musst mich finden», sagte sie damals zu Nobody, «und selbst wenn du mich gefunden hast, ist es fraglich, ob ich dir glauben oder dass ich mich an mein früheres Leben zurückerinnern kann.»

Das alles war für Nobody so fremd, so neu, so unglaublich und unwirklich. «Also gut», sagte er damals, «ich werde also eine Frau suchen, die entweder gross oder klein oder mittelgross ist, die schwarzhaarig oder blond oder braun ist und die entweder dick oder dünn oder mittelschwer ist.»

«Wenn man auf die Welt kommt», antwortete sie, «kann man vorher einige Dinge wählen. Man kann die Familie weitgehend aussuchen, in die man geboren werden will; ich kann dir somit einige Zeichen geben und auch voraussagen, welches Musikinstrument ich spielen werde. Mein Jahrgang wird zwischen 1966 und 1968 sein, oder mein Geburtsdatum wird nahe bei diesen Jahren liegen. Zudem wird mein Geburtsort hier in der Nähe sein», damit engte sie die Region ihrer Geburt auf etwa 100 Quadratkilometer ein. «Du wirst mich finden müssen», hatte sie gesagt, «nicht ich dich. Du wirst mich im Herzen erkennen», sagte sie mehrmals, «du musst mich mit dem Herzen suchen.»

Etwa drei Jahre nach Barbaras Erscheinung verlor der Vater von Nobody den Hof, und Nobody zog mit seiner Familie weg. Da man in jener Zeit den Eindruck hatte, dass es in der Schweiz zu viele HochstammObstbäume gäbe, wurde das Fällen dieser Obstbäume subventioniert.

Der neue Besitzer fällte damals alle Bäume der Obstanlage. Das Schicksal wollte es, dass eine Autofahrerin genau in das Kreuz hinein fuhr, welches sich in einer Strassenkurve befand und als Merkmal für Barbara hätte dienen sollen. Aus Gründen der Verkehrssicherheit wurde es einige Meter von der alten Stelle entfernt neu aufgebaut.

Da durch äussere Einwirkungen alle Zeichen und Merkmale, an denen ihn Barbara hätte erkennen sollen, innert weniger Jahre verschwunden waren, wusste und glaubte er nun, dass es definitiv an ihm liegen würde, sie zu finden.

Aber der enorme Zweifel, den ihm Barbara vorausgesagt hatte, blieb, und er fragte sich häufig: «Gab es sie überhaupt?»

Es sollte mehr als drei Jahrzehnte dauern, bis er sie fand, aber er erkannte sie anfangs nicht. Es fiel ihm einzig auf, dass eine Seelenverwandtschaft vorhanden war und sie sich gegenseitig auf Anhieb mochten und prächtig verstanden. Vieles an ihr erschien ihm altbekannt: das schnelle Denkvermögen, die blitzgescheiten Antworten und eine eigentümliche, sympathisch zickig Art. An irgend jemanden erinnerte sie ihn, aber er wusste damals nicht sofort, an wen. Erst als sie Satzstrukturen brauchte, die typisch für Barbara waren, erkannte er sie plötzlich.

«Es ist», dachte er, «wie wenn man eine Schwester oder gar die Mutter, Personen mit denen man einen innigen Kontakt pflegte, aus den Augen verloren hat und erst nach Jahrzehnten wieder sieht, aber nicht sofort erkennt, weil sie zwar das Aussehen verändert, aber viele Redegewohnheiten, die Gestik und vor allem die Stimme beibehalten haben».

Aber noch wichtiger ist es, dass man eher als über das Aussehen im Herzen erkennt, ob es seine Mutter oder seine Schwester ist. Es ist nicht nur das Aussehen, die Sprache oder das Getue, das einem bekannt vorkommt; es ist vor allem die Seele, die man wieder erkennt.

Zuerst glaubte er, dass sie ihn von Anfang an auch erkannt hatte, aber dem war nicht so. Ihre Seele vielleicht hatte ihn als erstes wieder erkannt, aber sie selber, ihr Verstand oder ihr Intellekt, erkannte ihn nicht.

Die ganze Situation, dass er, Nobody, plötzlich eine Frau als seine ehemalige Erscheinung wieder zu erkennen glaubte, brachte ihn völlig aus dem Gleichgewicht; mehr als er sich dies je vorher hätte vorstellen können. Eigentlich hatte er unbewusst diese Frau immer gesucht, aber dass er sie je finden sollte, dass sie existierte oder dass es so etwas gebe, daran hatte er in den Tiefen seiner Seele nie geglaubt.

Er merkte nur langsam, wie unglaublich die Situation und wie sehr er selber über deren Verlauf überrascht war. Im Innersten glaubte er noch immer, dass alles nicht wahr sei. Niemals hatte er je mit jemandem über seine Erscheinung gesprochen, also konnten nur er selber und sein Unterbewusstsein davon wissen. Das verflixte Unterbewusstsein, welches einem ebensogut suggerieren kann, dass ein guter Mensch vor einem stehe, obwohl dieser einen im nächsten Augenblick ausrauben wird: Das Unterbewusstsein kann sich irren und einem ein falsches Bild von einem anderen Menschen vermitteln.

«Was ist Wahrheit?» Dies rief Pilatus aus, als er Jesus beurteilen musste (Joh 18,38). Was ist Wahrheit? Nobody wusste es einfach nicht mehr. Irgendwie drehte sich alles, und nichts gab mehr Halt oder liess auf Wahrheit schliessen. Denn wenn nur ein Bruchteil davon stimmte, was ihm Barbara damals anvertraute, stimmten in dieser Welt die Physik mitsamt Einstein, die gängige Weltanschauung, das Verständnis des Alls und die Auslegung des Alten Testaments nicht mehr.

Er hatte keinen Beweis, dass dies oder das andere stimmte. Irgendwie befand er sich im freien Fall, weil er sich nirgends halten konnte und nur noch fragte: «Was ist Wahrheit?»

Nobody war bis dahin der Ansicht, dass seine Erscheinung und all das Gesagte einem Kollaps seiner Seele entsprächen, so wie ein Traum verschiedene Wahrheiten verknüpft und eine Scheingeschichte daraus macht.

Wahr ist, dass sich Nobody seit frühester Jugend nur für Physik, Mathematik und Religion interessierte. Seine Eltern mussten ihm schon im Vorschulalter aus der Bibel erzählen. Als er mit sieben Jahren zum ersten Mal Religionsunterricht hatte, kannte er die Geschichten aus der Bibel. Sobald er lesen konnte, begann er mit der Genesis. Doch hier zeigte sich schon, dass Nobody anders dachte. Die meisten Leute interpretieren die Geschichte so, dass es Eva war, die den Adam mit einem Apfel verführte, und geben intuitiv ihr die Schuld am Sündenfall. Nobody hingegen fragte sich, weshalb denn die Eva den Apfel überhaupt genommen hatte. Er identifizierte sich zuerst mit Adam und danach mit Eva, bis er jeden Schritt selber verstand, bis er jeden Schritt selber nachvollziehen konnte, bis er sich selber von der Schlange verführen liess und bis er den Apfel selber ass. Erst jetzt hatte er jede Gefühlsregung, die Handlung und somit die Bibel verstanden. Einzig mit Gott oder mit dem Teufel in Form der Schlange identifizierte er sich nicht, die nahm er als gegeben an.

Doch so, wie Nobody die Bibel las, kam er schon bei Adam und Eva nicht weit: Wenn doch die Eva von Gott das Gebot bekam von dem einen Baum nicht zu essen, weshalb nur machte sie es trotzdem? Und was wäre geschehen, wenn Eva den Apfel nicht gegessen hätte?

Er suchte die Antworten in der Bibel, aber er kam nicht über die erste Geschichte der Genesis hinweg. Eva wurde von der Schlange verführt. Die Schlange versprach ihr Klugheit. Aber Eva hatte doch schon alles, sie war ja im Paradies!

«Wonach gelüstet es einen, wenn man schon alles hat?» fragte sich Nobody. Weshalb ass sie einen Apfel, wenn ihr doch Gott dies verboten hatte? Warum riskierte sie es, aus dem Paradies verbannt zu werden?

«Gibt es etwas, das mehr ist als das Paradies?», fragte sich Nobody und merkte, dass mit dieser Geschichte etwas nicht stimmte – nur was?

So blieb Nobody allein mit der Geschichte der Genesis. Er las sie immer wieder, und die Erde entstand nochmals und nochmals. Zuerst machte Gott die Erde, mit Tag und Nacht, mit Berg und Tal, mit Gewässern und Land.

Dann schuf Gott die Tiere, und dann machte er Adam. Er sagte zu ihm: «Von allen Bäumen des Gartens darfst du essen, doch vom Baum der Erkenntnis von Gut und Böse darfst du nicht essen.» (Gen 2,16).

Dann sah Gott, dass Adam eine Hilfe brauchte, und er machte aus ihm die Eva. Mit Eva spricht Gott aber nie. Er verbietet ihr auch nichts. Man könnte also deuten, dass Eva vom Baum essen durfte. Oder sie durfte nicht essen, aber dies müsste ihr Adam gesagt haben. So ist es verständlicher. Adam wird ihr gesagt haben, dass sie von jenem Baum nicht essen dürfe.

Sie zweifelt nicht an Gott, sondern an Adam. Sie isst. Es geschieht nichts. Darauf gibt sie auch Adam zu essen. Nun ist es aber Adam, der an Gott zweifelt, indem auch er vom verbotenen Baum isst.

Wer hat denn nun die grössere Sünde begangen, derjenige, der an einem Menschen zweifelte oder derjenige, der Gott in Frage stellte?

Nobody hörte zufällig, wie ein Mann von seiner früheren Freundin erzählte. Die Erzählung erinnerte ihn in merkwürdiger Weise an die Geschichte von Adam und Eva. Die Geschichte begann ebenfalls erst im Erwachsenenalter und ebenfalls mit einem Mann. Er lernte eine Frau kennen, sie verliebten sich, und alles war wunderschön, das Leben leicht und unbeschwert. Sie befanden sich im paradiesischen Zustand. Nach einer gewissen Zeit veränderte sich die Frau plötzlich völlig und machte Dinge, die sie vorher nicht getan hatte. Dadurch fiel das Paradies zusammen. Diese Geschichte öffnete Nobody die Augen. Ihm ging ein Licht auf: «Die Geschichte von Adam und Eva muss entweder so geschehen sein, wie sie geschrieben steht», sagte er zu sich, «oder wenn sie etwas symbolisiert, dann die Beziehung zwischen Mann und Frau aus der Sicht eines Mannes.»

Erst in diesem Augenblick, als Nobody glaubte, die Geschichte von Adam und Eva zu verstehen, begann er in der Bibel weiter zu lesen. Doch auch die nächste Stelle war nicht weniger problematisch: Kain und Abel.

Kain hatte seinen Bruder Abel umgebracht. Erneut war für Nobody klar, dass er erst weiter lesen würde, wenn er Kain bis ins Detail, seine letzten Gedanken, verstehen würde. Erst als Nobody sagen konnte: «Jetzt begreife ich, jetzt bin ich Kain», konnte er weiter lesen. Daher verwundert es nicht, dass Nobody am ersten Abschnitt der Bibel länger als ein Jahr zu lesen hatte.

Abel war Schafzüchter und fühlte sich im Umgang mit Schafen wohl. Er war ein guter Mensch.

Nobody fragte sich, ob es möglich wäre, dass der Umgang mit Schafen zu einer inneren Zufriedenheit führte. Beide, Abel und Mose waren Schafhirten gewesen. Auch Jesus machte so viele Gleichnisse mit Schafen, dass man davon ausgehen kann, dass er selber über eine gewisse Zeit hinweg Schafe gehütet hatte oder sie jedenfalls aus der näheren Umgebung kannte.

Auch Jeanne d'Arc hütete Schafe, bevor sie zu ihren Erkenntnissen gelangte; und trifft man auf einer Wiese einen Schafhirten, geht man immer davon aus, dass es sich bei ihm um einen guten Menschen handelt. Auch bei der Geburt Jesus spielten Hirten die guten Menschen.

«Ist es möglich, dass Schafe eine positive Aura ausstrahlen, dass von ihnen etwas ausgeht, das den Menschen zu einem guten Menschen macht?» fragte sich Nobody unwissend, denn er hatte noch nie mit Schafen zu tun gehabt. «Abel opferte Gott auf dem Altar Schafe», murmelte Nobody vor sich hin.

Kain hingegen war Ackerbauer. Man darf wohl davon ausgehen, dass das Bebauen des Ackers weit mühsamer war als Schafe frei über die Felder zu führen. Kain opferte auf seinem Altar die Früchte des Ackers. Aber was sollte er denn anderes opfern?

Ein Schuhmacher hat Schuhe, ein Hutmacher Hüte und ein Schirmmacher Schirme. Es kann doch jeder nur opfern, was er selber herstellt oder besitzt. Nobody beschäftigte die Tatsache, dass das Opfer von Abel wohlgefälliger aufgenommen wurde als dasjenige von Kain.

Nobody las den Text aus der Bibel wiederholt, bis er jede Gefühlsregung der beiden verstehen konnte und bis er den Neid von Kain selber fühlte.

Er identifizierte sich mit Abraham, der seinen Sohn erstechen wollte, und er fühlte sich identisch mit Isaak, der auf dem Opfertisch hilflos gefesselt lag und erstochen werden sollte.

Nach zwei Jahren gelangte Nobody an die Bibelstelle vom goldenen Kalb, wo Mose 3'000 Männer wegen eines goldenen Kalbes umbringen liess (Ex 32,28).

Bei Nobody trat die Totalblockade ein. Er kam nicht mehr weiter. Er stellte Berechnungen an: Wenn man pro Minute einen Mann erstach, ergab dies in der Stunde 60 Männer, die erstochen werden konnten. Hielt man die Töterei während 10 Stunden am Tag durch, konnten immerhin 600 Männer an einem Tag erstochen werden. Also musste man fünf Tage lang Männer erstechen, damit man auf die horrende Zahl von 3'000 kam!

Oder anders ausgedrückt, wenn man pro Stunde einen Mann beerdigen konnte, konnte man 10 pro Tag beerdigen. Wenn man also einen Tag ruhte, konnte man 60 Männer pro Woche beerdigen. In 10 Wochen 600 und in einem Jahr konnte man die 3'000 Männer beerdigen. Nie vorher und nie nachher gelang es einem Religionsführer, so viele Männer erstechen zu lassen, ohne dass er selber dabei gefallen wäre.

Nobody war völlig blockiert. Er konnte es drehen und wenden, wie er wollte, er konnte sich keinen Reim darauf machen. Nichts half ihm über die haarsträubende Bibelstelle hinweg.

Es war bei ihm wie immer, wenn er etwas nicht verstand, dann konnte er einfach nicht mehr weiter lesen. Monatelang brütete er über dieser Bibelstelle. «Da kann etwas nicht stimmen, aber was?», fragte er sich. Jeden Ansatz, jede Idee musste er schon im Anfangsstadium verwerfen, da er merkte, dass er sich auf dem Holzweg befand. Nobody fühlte sich wie in einem Loch. Jeder Versuch, aus dem Loch zu kommen, misslang ihm kläglich. Stets beschäftigte ihn die Frage aufs Neue, wieso Mose bloss so wütend gewesen war, dass so viele Menschen sterben mussten. Doch all seine Theorien ergaben keinen Sinn.

Nobody war der Verzweiflung nahe. Anhand seiner Experimente mit den Eiern kam er zur Erkenntnis, dass die Erde einen beweglichen Kern haben müsste!

Im religiösen Bereich stiess er an Grenzen, ja stand er vor einem unüberwindbaren Abgrund. Dann schaltete sich wohl sein Unterbewusstsein ein und lieferte ihm einen Traum mit fremden Texten, mit einer neuen Bibel, mit einer neuen Menschheit und obendrein noch mit einer Erscheinung.

All diese Gegebenheiten und Ereignisse warfen so viele Fragen auf, dass sein Hirn zu platzen drohte, ja beinahe kollabierte. Praktisch für ihn war jedoch, dass durch die Erscheinung Barbaras und der zweiten Menschheit ein Weg gefunden wurde, der alle angestauten Fragen besser erklärbar machte.

Es ist gar nicht ungewöhnlich, dass jemand von etwas träumt, mit dem er sich stark auseinandersetzt. Zudem kann ein Traum so ablaufen, dass die Realitätsgrenze verwischt wird, so dass der Träumer nachher nicht mehr unterscheiden kann zwischen Geträumtem und Erlebtem.

Dies war die Erklärung, die Nobody bis dahin für sich parat hatte, um die Erlebnisse seiner Jugend, die nur in seinem Gedächtnis existierten, zu verstehen. In seiner Kindheit brachen so viele Fragen auf ihn herein, und keiner konnte sie ihm beantworten. Somit machte es Sinn, dass er sich selber unbewusst eine Scheinantwort konstruierte.

Nobody war nur davon wirklich überzeugt, dass er objektiv beweisen könne, dass die Erde einen beweglichen Kern aufweist.

Seit er glaubte, seine Erscheinung als reale Reinkarnation wieder gesehen und erkannt zu haben, war er in einen inneren Schwebezustand übergegangen. Wie jemand, der den Kopf furchtbar angeschlagen hat und in diesem Moment an nichts anderes mehr als an den Schmerz denken kann. Oder wie eine Glocke, die vom Klöppel angeschlagen worden ist und lange nachhallt.

Bis jetzt war alles ein geistiges Konstrukt und irreal gewesen, doch nun schien alles zumindest möglich zu sein und bekam einen Hauch von Realität.

Das weitere Vorgehen wurde für ihn nun plötzlich klar. Er würde seine Erscheinung nur noch zurückführen müssen in die Erinnerung ihres Vorlebens, in eine Zeit, in der sie noch nicht existierte und nur Erscheinung war. Danach müsste er sie informieren über alles, was sie ihm gesagt hatte, und sie würde, wie abgemacht, das weitere Vorgehen bestimmen und ihm endlich die Last abnehmen, die ihn zeitweise fast zu erdrücken schien.

«Doch eine Rückführung ist schwer und mit Schmerzen verbunden», hatte sie damals prophezeit. Nobody jedoch war sicher, dass ihm dies spielend gelingen würde. «Das wird noch das Geringste sein», dachte er beinahe euphorisch, jetzt, wo er sie endlich gefunden hatte.

Man muss hier noch anfügen, dass er sich noch nie zuvor mit diesem Thema beschäftigt hatte. Wieso sollte er auch, er glaubte ja nicht an die Wiedergeburt. Auch kannte er niemanden, der sich an ein früheres, vorangegangenes Leben erinnern konnte.

Und auch er selber konnte sich an kein Vorleben erinnern. Doch in diesem Fall erschien es ihm trotzdem leicht, sie zurückführen, da ihm ihre ganze Vorgeschichte klar war – und: Sie wollte ja zurückgeführt werden, sie hatte ihm doch den Auftrag dazu gegeben!

Als erstes versuchte er die vorhandene, gegenseitige Sympathie durch Aufmerksamkeiten aufrecht zu erhalten, ja sogar noch auszubauen. Dann zeigte er ihr den Ort seiner Jugend. «Schau, ich zeige dir, wo ich aufgewachsen bin. Siehst du diese grosse Wiese? Hier musst du dir eine Obstbaumanlage vorstellen. Hier standen mehr als 300 Obstbäume. Und das Kreuz, das jetzt dort steht, stand früher da. Nur das Schützenhaus steht noch am selben Ort, aber auch das wurde komplett neu aufgebaut,» erklärte er aufgeregt, auf eine Reaktion wartend.

Doch sie reagierte nicht. Eigentlich hätte bei ihr der Gedanke eines «Déjà-vu» aufkeimen sollen; aber nichts dergleichen geschah.

Nobody versuchte ihr Sätze, welche sie ihm damals als Erscheinung gesagt hatte, im gleichen Tonfall vorzusprechen. Doch half dies abermals nichts. Ab und zu wurde sie stutzig, aber wahrscheinlich eher ob seinem merkwürdigen Verhalten. In der nachfolgenden Zeit versuchte er, Andeutungen zu machen zu dem, was sie gesagt hatte, doch dies führte zu einer Abwehrhaltung ihrerseits und dem Kommentar: «Du bist mir plötzlich so fremd geworden!»

Früher, nach der Erscheinung von Barbara, war ihm das Märchen vom Dornröschen sehr wichtig geworden. Er las es gerne, denn er identifizierte sich stets mit dem Prinzen, der sich durch all das Dornengestrüpp durchkämpfte und am Schluss die Prinzessin durch einen Kuss wach küsste, um hernach das grosse Glück zu finden. Dieses Märchen gefiel ihm, weil er wusste, dass er genau diese Aufgabe hatte, er musste sich durch das Gestrüpp hindurch kämpfen, und wenn er bei der Prinzessin angelangt wäre, hätte er das Ziel erreicht. Er liess es sich auch gerne von anderen erzählen, denn jeder Erzähler hatte ein paar andere Nuancen, manchmal wurde der Prinz von Dornen gestochen, manchmal verliess ihn beinahe die Kraft, aber immer erreichte er die Prinzessin, und dadurch war seine Aufgabe erfüllt.

Nobody wusste vom Märchen von Dornröschen her, dass es schwierig sein würde; er wusste, dass ihm Hindernisse den Weg verstellen würden, und er war auf Niederlagen und Tiefschläge gefasst, aber mit der Tatsache, dass sie sich von ihm abwenden würde und ihn nicht mehr sehen wollte, hatte er mit keiner einzigen Hirnzelle gerechnet.

Er hatte sich vorher vorgestellt, dass sie möglicherweise familiär oder in einer Beziehung gebunden wäre und sich keine nähere Beziehung wünschte. Auch hatte er sich vorstellen können, dass die Rückführung in die Zeit vor ihrer Geburt nicht gelänge. Kurz, er hatte sich auf alle möglichen Schwierigkeiten eingestellt, aber damit, dass er auf pure Ablehnung stossen würde, war er nicht vorbereitet, er hatte es sich vorher einfach nicht vorstellen können und war entsprechend masslos enttäuscht.

Für den Bruchteil einer Sekunde keimte in ihm der Gedanke auf, sie zu entführen, sie anzuschreien: «Wach auf! Hallo, ich kenne dich, du bist es, wach endlich auf!» Doch er verwarf diesen Gedanken augenblicklich wieder. Denn es widersprach seinem Gefühl für Anstand. Zudem fürchtete er sich vor einer möglichen Anzeige gegen ihn, wo er dann hätte aussagen müssen, er habe von ihr über einen mentalen Kontakt den Auftrag erhalten, sie zu entführen! Die Diagnose einer Schizophrenie wäre ihm sicher gewesen.

Ausserdem bestand immer noch die Möglichkeit, dass er sich getäuscht hatte. Ist es nicht so, dass man jemanden verwechseln kann? Obwohl Nobody nicht an eine Verwechslung glaubte, musste er zugeben, dass sich der Mensch irren kann. Und alles, was er sagte, alles, was er wahrgenommen hatte und in seiner Erinnerung gespeichert war, könnte einer Fiktion entsprungen sein. War es ein böses Spiel, das sich sein Hirn zur Unterhaltung ausgedacht hatte?

Oder war es ganz einfach ein Wunschtraum? Nobody wollte den Satz: «Was ist Wahrheit?» laut in die Welt hinaus schreien, aber er schrie ihn nur schluchzend in sich hinein.

Jahrelang hatte er nach Barbara gesucht, und jetzt, wo er sie gefunden hatte, erlitt er eine Identitätskrise. Er wusste nicht mehr, was falsch oder richtig, real oder irreal war, und erst jetzt merkte er, dass er in Wirklichkeit gar nicht mehr an die Existenz von Barbara geglaubt hatte.

Er erkannte nun auch den Unterschied von Dornröschens Geschichte zu seiner Situation. Beim Dornröschen lag die Schwierigkeit des Prinzen darin, bis zur Prinzessin vorzudringen. Als er dies jedoch geschafft hatte, konnte er die Prinzessin wach küssen, und die heile Welt begann.

Bei ihm war zwar das erste Problem gelöst, er war bis zu Barbara «vorgedrungen». Das Hauptproblem jedoch bestand darin, dass sie nicht aufwachen wollte.

Zudem hatte er sich vorgenommen, sie zurückzuführen, ohne dass sie davon etwas wusste. Gerade hier aber hatte er wohl einen entscheidenden Fehler gemacht, gestand er sich ein, denn er musste sie soweit bringen, dass sie selber die Rückführung wollte, und das ging nur, indem er sie ehrlich informierte. Also nahm er erneut einen Anlauf und bat um eine Aussprache. Zum ersten Mal in seinem Leben erzählte er nun jemandem von seiner Erscheinung Barbara. Sie realisierte sofort, dass er sie als Reinkarnation von Barbara sah – aufgrund des Vorgefallenen.

«Nun weiss ich, weshalb du mich gefragt hast, ob ich mich als Kleinkind vor der Sonne fürchtete», sagte sie. Aber nach längerem Nachdenken erklärte sie: «Wenn ich deine Erscheinung wäre, müsste mir doch irgend etwas von dem, was du mir erzählt hast, bekannt vorgekommen sein. Aber mir kommt einfach nichts bekannt vor, und ich bin es auch nicht.»

Nobody wollte sie dazu bringen, selber an der Rückführung zu arbeiten. «Du musst es versuchen», schlug er ihr vor, «es ist doch wichtig!» Sie jedoch erwiderte ihm: «Wenn du mich wirklich so achtest und schätzt, wie du sagst, dann lass mich jetzt bitte in Ruhe!»

Die ganze Situation drohte ihm zusehends zu entgleiten. Er war kurz davor, einen handfesten Beweis für seine Erscheinung zu finden, doch noch bevor der Beweis vorzeigbar war, löste er sich wieder in Luft auf.

Irgendwie konnte er mit ihr fühlen, denn eine Rückführung schien offensichtlich schmerzhaft und daher auch schwierig.

Nobodys Ziel war es, sie zurückzuführen, und dabei keimte bei ihr wohl ein seltsamer, unbekannter Schmerz auf. Ganz allgemein gilt doch, dass man dort gerne verweilt, wo man sich wohl fühlt, und dass man diejenigen Kontakte schätzt, bei denen sich das Herz ruhig und glücklich fühlt. Beim Kontakt mit Nobody wurde ihr Herz jedoch schwer und an unangenehme Gefühle erinnert, die da auf sie zuzukommen drohten. Also war es zumindest nachvollziehbar, dass sie den Kontakt zu ihm abbrechen wollte. Es war für ihn klar, dass alles mit Schmerzen verbunden war, doch die ganze Situation schmerzte ihn selber ja auch.

Wieso nur nahm alles einen so schlechten Verlauf? Weshalb nur wollte ihm sein Vorhaben nicht gelingen?

Unweigerlich musste Nobody an das Verhältnis zwischen Johannes dem Täufer und Jesus denken. Denn das Verhältnis dieser beiden Personen aus der Bibel weist Ähnlichkeiten zwischen ihm und Barbara auf: Jesus erkannte Johannes den Täufer sofort als ehemaligen Propheten Elija (Mt

11,14) – aber Johannes der Täufer sagte: «Ich bin es nicht» (Joh 1,21). Jahrelang versuchte Nobody das Verhalten von Johannes dem Täufer zu verstehen; aber erst jetzt wurde ihm sein Verhalten verständlich. Von Johannes dem Täufer heisst es, er sei ein Rufer in der Wüste, und er selbst sagte, nach ihm komme einer, der stärker sei als er: «Der aber, der nach mir kommt, ist stärker als ich, und ich bin es nicht wert, ihm die Schuhe auszuziehen.» (Mt 3,11).

Jahrelang predigte Johannes der Täufer vom künftigen Messias, und dann kam Jesus und liess sich von ihm taufen. Dabei erfuhr er ein himmlisches Zeichen, und er bezeugte: «Er ist es, von dem ich gesagt habe: Nach mir kommt ein Mann, der mir voraus ist, weil er vor mir war.» (Joh 1,30) Und später: «... und ich bezeuge: er ist der Sohn Gottes.» (Joh 1,34). «Warum nur,» fragte sich Nobody, «hatte Johannes der Täufer in diesem Moment, als er den Messias erkannte, nicht alles fallen lassen und ist ihm, Jesus, gefolgt? Warum nur wurde er nicht auch ein Jünger von Jesus?»

Aufgrund der Bibel hatten sich Jesus und Johannes der Täufer nur einmal persönlich getroffen, nämlich als Jesus sich taufen liess. Aber wenn Johannes der Täufer doch nur der Vorgänger von Jesus war, wenn er doch auserlesen war, ihn anzukündigen, und wenn er ihn schon als Messias erkannt hatte, warum nur wurde er nicht sein Begleiter oder sein Apostel? Als Johannes der Täufer Jesus antraf, war er von ihm hingerissen: «Ich müsste von dir getauft werden...» (Mt 3,14). Aber trotz dieser Begeisterung fragten seine Jünger Jesus: «Warum fasten deine Jünger nicht, während wir und die Pharisäer fasten?» (Mt 9,14)

Wenn man die christliche Lehre liest, unvoreingenommen, ohne den Dogmen verpflichtet zu sein und ohne den Beistand eines Klerikers, so also wie Nobody die Bibel gelesen hatte, könnte man zur Auffassung kommen, Jesus lehre eine Religion der Wiedergeburt und der Reinkarnation. An verschiedenen Textstellen sagte Jesus, dass der Mensch wiedergeboren wird. Doch zu diesen Stellen sagen die Kleriker und Bibelinterpreten sofort, dass es sich hier nur um eine symbolische Wiedergeburt handle. Aber Jesus sagte ganz klar von Johannes dem Täufer: «Ja, er ist Elija, der wiederkommen soll.» (Mt 11,14).

Man müsste halt einmal einen Kleriker oder Bibelkundigen fragen, wie man das Phänomen nennen soll, wenn ein Mensch schon einmal auf der Welt war als Prophet Elija und dann wieder kommt als Johannes der Täufer.

Vom Propheten Elija wissen wir, dass er eine auffällige Kleidung trug, nämlich einen Mantel aus Ziegenhaaren und einen ledernen Gurt um die Hüften (2 Kön 1,8). Aber auch Johannes der Täufer trug eine auffällige und sehr ähnliche Kleidung wie der Prophet Elija, nämlich ein Gewand aus Kamelhaaren und einen ledernen Gurt um die Hüften (Mt 3,4). Aber trotzdem sagte Johannes der Täufer, als er gefragt wurde, ob er Elija sei: «Ich bin es nicht» (Joh 1,21). Aber als Christ wird man wohl das glauben müssen, was Jesus sagte: «Ja, er ist Elija, der wiederkommen soll.» (Mt 11,14).

An einer anderen Stelle wird Jesus darauf aufmerksam gemacht, dass vor dem Messias zuerst der Prophet Elija wieder kommen muss. Darauf gibt Jesus zur Antwort: «Ich sage euch, Elija ist schon gekommen, doch sie haben mit ihm gemacht, was sie wollten, wie es in der Schrift steht.» (Mk 9,13). Für einen Christen ist das Evangelium und somit das Wort Jesu das Wichtigste. Doch diese Bibelstelle weist darauf hin, dass ein Mensch – in diesem Falle der Prophet Elija – zu einem späteren Zeitpunkt wieder als anderer Mensch mit ganz anderem Aussehen zur Welt gekommen ist. Zumindest ist jeder Christ verpflichtet zu glauben, dass dies beim Propheten Elija so geschehen ist. An einer anderen Bibelstelle erwähnte Jesus, dass Elija schon gekommen sei und er auch leiden müsse. «Da verstanden die Jünger, dass er von Johannes dem Täufer sprach.» (Mt 17,13). Auch hier lässt Jesus keinen Zweifel offen: Johannes der Täufer ist die Wiedergeburt des Propheten Elija.

Es sei nochmals erwähnt, dass Johannes der Täufer – der sich als Vorgänger von Jesus fühlte und ihn, den Messias, ankündigte, ja sogar bezeugte, dass er der Sohn Gottes wäre, als er ihn sah – ihm, als er ihn als Sohn Gottes erkannt hatte, nicht folgte und auch nicht einer seiner Jünger wurde.

Die beiden vertraten dieselbe Lehre, dieselbe Religion und waren vom selben Gott beauftragt, und dennoch waren sie sich nicht einig in einem Punkt. Denn Jesus sagte von ihm: «Ja, er ist Elija, der wiederkommen soll» (Mt 11,14), und Johannes der Täufer sagte: «Ich bin es nicht.» (Joh 1,21). Ob dies der Grund war, weshalb Johannes der Täufer nicht Jünger von Jesus wurde?

Die christliche Religion geht davon aus, dass die Menschen nach dem Tod irgendwie verharren, um dann, beim Jüngsten Gericht, auferweckt und beurteilt zu werden. Dieser Vorstellung steht aber der Verlauf, den der Prophet Elija durchmachte, diametral entgegen. Auch der Tod von Jesus selber entspricht nicht diesem Bild, denn er ist nach seinem Tode seinen Anhängern erschienen. Dies liesse sich damit erklären, dass Jesus Gottessohn ist und nicht mit einem normalen Menschen verglichen werden darf. Jesus sagte von sich selber, dass er am Jüngsten Gericht als Richter auftreten werde, dass er am Ende der Welt mit seinen Engeln kommen und jedem Menschen seine Taten vergelten werde, wie er es verdiene. Dann sagte er: «Amen, ich sage euch, von denen, die hier stehen, werden einige den Tod nicht erleiden, bis sie den Menschensohn in seiner königlichen Macht kommen sehen.» (Mt 16,28).

Er sagte den Leuten also im Klartext, dass er beim Jüngsten Gericht, wenn es dereinst komme, noch einige der Anwesenden lebend antreffen werde. Wir wissen aber, dass Jesus und das Jüngste Gericht noch nicht gekommen sind und alle Leute, die damals anwesend waren, in der Zwischenzeit gestorben sind. Also hatte sich Jesus geirrt? Falls man der Theorie der Wiedergeburt Glauben schenkte, wäre klar, dass man von den damals Anwesenden beim Jüngsten Gericht einige als Lebende wieder sehen würde.

Jesus sagte eigentlich ziemlich wenig über das Sein nach dem Tod. Mit Sicherheit sind viele Leute während der Zeit Jesu gestorben, jedoch nicht in seiner Anwesenheit. Denn wenn er einen Todkranken sah, heilte er ihn, und wenn er einen Toten sah, erweckte er ihn wieder zum Leben.

Es gibt nur eine Bibelstelle, bei der Jesus zwei Todgeweihte nicht vor dem Tode bewahrte. Dies geschah, als er selber gekreuzigt wurde. Zur gleichen Zeit wurden zwei Verbrecher mit ihm gekreuzigt. Dies ist die einzige Bibelstelle, bei der Jesus jemanden nicht vor dem Tode rettete.

Die Frage drängt sich auf, ob er zum einen der Verbrecher sagte: «Sei ohne Sorge, ich werde dich am Jüngsten Tag auferwecken!» oder: «Deine Reue wird dir beim Jüngsten Gericht als positiver Punkt angerechnet!» oder sagte er: «Amen, ich sage dir: Heute noch wirst du mit mir im Paradies sein!»?

Dies ist im Evangelium bei Lukas 23,43 nachzulesen, und wenn Jesus sagte: «Amen, ich sage dir: Heute noch wirst du mit mir im Paradies sein», wäre dies ein Mensch mehr, der nicht in der «Totenstarre» verharren müsste, bis das Jüngste Gericht und somit die Auferstehung der Toten käme.

An einer anderen Bibelstelle trat der Pharisäer Nikodemus an Jesus heran und fragte: «Wie kann ein Mensch, der schon alt ist, geboren werden? Er kann doch nicht in den Schoss seiner Mutter zurückkehren und ein zweites Mal geboren werden.» (Joh 3,4).

Dies ist eine interessante Frage, denn es geht daraus hervor, dass Nikodemus aufgrund der Worte Jesu annehmen musste, dass der Mensch wieder in diese Welt geboren werden wird.

Nikodemus stellte eigentlich eine klare Frage, doch Jesus wich der Frage aus und erklärte sich in Gleichnissen. Er antwortete: «Wundere dich nicht, dass ich dir sagte: Ihr müsst von neuem geboren werden. Der Wind weht, wo er will; du hörst sein Brausen, weisst aber nicht, woher er kommt und wohin er geht. So ist es mit jedem, der aus dem Geist geboren ist.» (Joh 3,7). Jesus verglich den Menschen mit dem Wind, der schon vor seiner Anwesenheit existierte, dann plötzlich existierend da ist und dann verschwindet, aber weiterhin existiert.

Man könnte diese Bibelstelle so interpretieren: Der Mensch existiert, bevor er da ist, und er existiert, wenn er da ist, und er existiert auch noch, wenn er nicht mehr da ist.

Doch Nikodemus ist nicht zufrieden und bohrt weiter. Da antwortet Jesus: «Wenn ich zu euch über irdische Dinge gesprochen habe und ihr nicht glaubt, wie werdet ihr glauben, wenn ich zu euch über himmlische Dinge spreche?» (Joh 3,12).

Aus dieser Textstelle geht hervor, dass sich Jesus ausser Stande sah, einem Unwissenden etwas Aussergewöhnliches erklären zu können oder dass er zu diesem Punkt aus irgendeinem Grunde nicht Stellung nehmen wollte. Es ist auch gut möglich, dass Jesus, der mit seiner Lehre ohnehin schon aneckte, nicht noch mehr Öl ins Feuer giessen wollte und aus diesem Grunde der Frage auswich.

Nobody suchte noch einmal den Kontakt mit jener Frau, die er als Barbara glaubte erkannt zu haben. Er machte einen dritten Versuch: «Ich möchte noch einmal reden und möchte Klartext sprechen», sagte er. Dann fuhr er fort: «Ich hatte eine Erscheinung in meiner Jugend und bin überzeugt, dass du vor deiner Geburt diese Erscheinung warst. Jetzt ist es so, dass du dich nicht mehr daran erinnern kannst oder willst.» «Du musst wissen», sagte sie, «dass alles, was du mir erzählst, so fremd ist, dass ich mir nicht vorstellen kann, dass ich irgendwie dazu gehöre.» Leise fuhr sie fort: «Aber es gibt doch einen zweiten Plan, für den Fall, dass du deine Barbara nicht findest; das hast du zumindest so gesagt.»

«Ja», erwiderte Nobody, «wenn wir dieses Gespräch beendet haben und du weiterhin bei deinem Standpunkt bleibst, nicht Barbara zu sein, beginnt Plan zwei: Dann werde ich allein weiter gehen und die Last tragen. Gerne möchte ich dir aber noch sagen, dass ich das ganze Leben, also seit der Erscheinung, die Person Barbara gesucht habe; es sind bald 40 Jahre her, und ich war während der ganzen Zeit innerlich bereit, jede Beziehung, jeden Beruf, Geld oder Ansehen fallen zu lassen, wenn es der Sache dienen würde. Ich sah mich als Briefträger, der die Information weiter reichen sollte, und ich sah mich als Go-between zwischen zwei verschiedenen Leben einer Person. Ich versuchte schon physikalische Abhandlungen über die Chimärkörperphysik zu publizieren, doch alle meine Artikel wurden abgelehnt. Aber die eigentliche Information habe ich bis heute nie verraten. Ich wollte sie dir, und nur dir, übergeben. Mir scheint jedoch, dass jetzt der kleine Briefträger das Steuer selber in die Hand nehmen muss.»

«Vermutlich ist es so», sagte sie, «denn ich kann dir nicht helfen, da ich nicht glaube, dass ich deine Barbara bin. Du musst wohl das Steuer tatsächlich selber in die Hand nehmen, so wie es der Plan zwei vorsieht.»

«Ich habe noch eine Frage an dich», sagte Nobody, «gesetzt den Fall, du wärest Barbara, wünschtest du dann in einem solchen Falle, dass ich nur ein Volk oder mehrere Völker dieser Erde informiere?» «Du musst alle Völker gleichzeitig informieren», sagte sie, «denn falls stimmen sollte, was du mir gesagt hast – sei es auch nur ein kleiner Teil – und du nicht alle Völker informierst, haben wir Orwell», sagte sie und fragte: «Warum denkst du, ist es nicht möglich, dass du dich in mir irrst?» «Errare humanum est», antwortete Nobody und sagte, «man kann sich irren und man kann Leute verwechseln. Falls ich mich in dir geirrt habe, würde es mir Leid tun, und ich hätte mich für die Belästigung zu entschuldigen.

Aber mein Unterbewusstes sucht nicht mehr. Früher, bevor ich dich traf, wollte ich von allen Leuten das Geburtsjahr wissen. Es gibt heute noch Leute, deren Namen ich zwar vergessen habe, ja nicht einmal mehr weiss, woher ich sie kenne, aber ihr Geburtsjahr ist mir sofort präsent. Seit ich jedoch dir begegnet bin, interessieren mich die Geburtsjahre der Menschen nicht mehr.

Es ist, als ob eine innere Stimme sagte: ‹Du hast gesucht, und du hast gefunden.›» «Wenn ich die Barbara wäre», meinte sie, «dann wäre die rote Kuh geboren, und man würde jetzt mit dem Bau des dritten Tempels beginnen. Dann wünschte ich mir, dass man den dritten Tempel genau gegenüber dem Grab von Mose baute und man die Klagemauer in diesen dritten Tempel integrierte. Dadurch wäre der Gordische Knoten dieser Welt, dessen eine Schnur 'Al Aksa' und die andere 'Tempelberg' heisst, gelöst. In diesem Tempel würden Menschen aller Religionen, die Moslems, die Christen, die Juden, die Buddhisten und Hindus, alle würden sie hier beten. Alle Völker, ja selbst die Ungläubigen, denen Gott die Gnade des Glaubens nicht gegeben hat, würden hier in Anbetracht des Geschehenen niederknien, und sie alle spürten die Nähe Gottes.»

Wenn Nobody die Texte von Mister Pi las, die er sich selber aufgeschrieben hatte, hörte er wieder die Stimme Barbaras, wie sie sprach. Er hatte keinen Zweifel mehr, es waren die Texte, die er im latenten Gedächtnis hatte und die wieder zum Vorschein kamen. Er erinnerte sich an den Baum, neben dem er stand, als er zu Barbara sagte: «Ich weiss nun, wie alles funktioniert, man baut eine Pyramide und macht dies und das, und schon hat man die unsichtbare Materie», und Barbara antwortete ihm: «... und wenn du alles richtig gemacht hast, musst du noch mit deiner Pyramide umherwandern.» Und er erinnerte sich wieder an Barbara, wie er vor ihr stand und sagte: «Ich bin Nobody der Physiker, ich habe jetzt alles begriffen und werde es so und so machen.» Aber Barbara sagte nur kopfschüttelnd: "Nobody, dir muss man alles erklären wie einem kleinen Kind", und dabei lächelte sie wie eine liebe Mutter – wussten sie doch beide, dass er tatsächlich noch ein Kind war. Und er erinnerte sich auch an ihre Stimme, wie sie sagte: «Nicht die Zeit, die Grösse ist relativ!»

Nobody verstand als 11jähriger Bub mehr von der Chimärkörperphysik als irgendein Physikprofessor auf dieser Erde. Von Barbara wusste er, dass diese Physik enorm wichtig war. So ging er oftmals im Regen ins Freie und fing den Regen mit den Händen, die er zu einem Schiffchen geformt hatte, ab. Dann warf er das Wasser in den Regen hinein und sah, dass man den Flug der Wassertropfen viel besser verfolgen konnte als den Weg der Regentropfen. Die Wassertropfen lagen als klar erkennbare Kugeln in der Luft, während die Regentropfen im Vergleich dazu weniger klar zu sehen waren. Vielleicht lag es daran, dachte er sich, dass ich beim Werfen den Flug des Wassers im voraus weiss und mich darauf konzentrieren kann.

So ging er bei Regen zu einem Fotografen und bat ihn, genau dann abzudrücken, wenn sich die Wassertropfen in der Luft befänden. Als er die Fotos abholte, sah er auch auf dem Bild die klar erkennbaren Wassertropfen, während hingegen die Regentropfen nur eine unscharfe Kontur aufwiesen. Da die Fotos in einer 60-stel Sekunde gemacht wurden, wusste Nobody somit, dass die Regentropfen in einer sehr hohen Frequenz pulsieren.

Nobody hatte die Chimärkörperphysik, er hatte die Informationen von Barbara, und er wusste, dass all dies Wissen von Mose stammte. Er wusste, dass Mose kein Fernrohr hatte und die Planeten nicht hatte studieren können. Mose hatte auch keinen Computer, keine Erkenntnisse über den Nord- und Südpol, er kannte wahrscheinlich auch keine komplizierten Mathematik-Formeln.

Also sagte Nobody zu sich: «Ich brauche kein Fernrohr, keinen Computer und keine Mathematik, denn was war es, das Mose sah? Nur die Erde, das Feuer und das Wasser, er sah, wie das Gras und die Bäume wuchsen, er war Gewittern ausgesetzt, und er war ein einfacher Schafhirte.»

Unter diesen simplen Bedingungen hatte er das grösste physikalische Geheimnis gelöst. So schritt Nobody über Wiesen und durch die Wälder und versuchte, mit den Augen von Mose zu sehen. Dies tat er so intensiv, bis völlige Empathie eintrat. Nobody erwachte also und wusste: «Ich bin Mose. Probleme? Keine! Heutige Aufgabe? Kontrolle der Schafherden! Tagesablauf? Schauen, schauen und schauen!»

Schauen, wie die Gräser wachsen, schauen, wie die Bäume wachsen und schauen, wie es regnet – und schauen, wie geschaut wird, um zu sehen. Es waren nur diese drei Elemente, die Nobody zugänglich waren – die Chimärkörperphysik, das Wissen von Barbara, das letztlich von Mose stammte und seine Bibeltexte –, die ihm zum Durchbruch verhalfen.

Er erkannte, dass die negative Materie aus der Erde austritt, dass die negative Materie wegen der Sonne in der Lavaschicht entsteht und dass die Vulkane entstehen, weil die negative Materie hinaus will. Und somit erkannte er, dass Vulkane einen Tag/Nacht-Rhythmus haben müssen.

Als er dann viel später einen Vulkanforscher fragte, bestätigte dieser ihm alles: «Ja, in der Nacht werden die Vulkane ruhiger, und etwa zwei Stunden nach Sonnenaufgang beginnen sie viel intensiver ihre Lava auszuspeien. Ja», sagte er, «und wenn es bewölkt ist, bleibt der Vulkan auch ruhiger. Es ist, als ob der Vulkan der Sonne entgegenspucken möchte. Und kein Mensch auf der Erde kann erklären, weshalb das so ist.» Der Vulkanforscher wunderte sich also darüber, dass sich die Vulkane immer der Sonne entgegen besonders aktiv verhalten, und Nobody hätte sich gewundert, wenn es nicht so gewesen wäre.

Aber Nobody hatte sein Wissen nicht, weil er die Aktivitäten der Vulkane studiert hatte, sondern weil er, wie Mose, über Wiesen und durch die Wälder gestreift war. Und bis heute hat er noch nie einen Vulkan mit eigenen Augen gesehen. Aber wozu sollte er auch, denn ihn könnte nichts an einem Vulkan überraschen. Er war – wie so häufig – in eine Phase getreten, in der er Dinge voraussagen konnte, ob deren Existenz sich Fachleute wundern. Nobody hatte noch eine Frage an den Vulkanforscher: «Wurde irgendwo auf dieser Erde schon einmal beobachtet, dass ein lebendiger Fisch aus einem Vulkankrater oder einem Vulkan ausgetreten ist?» Der Forscher wurde ob dieser Frage etwas bedächtig und sagte dann: «Nein, von so einem Phänomen habe ich noch nie etwas gehört; aber es wurden schon Fischskelette in Vulkankratern gefunden.» «Aha», sagt Nobody, «und diese waren jeweils von Tiefseefischen!» «Ja», sagt der Vulkanforscher, «das ist das Eigenartige. Wenn jemand aus einem religiösen Ritus diese Fische oder Fischskelette in einen Vulkankrater werfen würde, wären es Fische, die man fangen oder kaufen kann. Aber es sind Skelette von Tiefseefischen, die man nicht fangen und nicht kaufen kann. Aber», sagt er dann zu Nobody, «du hast dich auch schon intensiv mit Vulkanen befasst, dass du diese Dinge alle weisst!» «Ja», sagt Nobody, «das stimmt!» Aber nicht so, wie es der Forscher vermutete, dachte sich Nobody, denn er hat noch nie ein Buch über Vulkane gelesen. Und Nobody hat eine weitere Frage: «Ist es gefährlich, mit einem Flugzeug oder irgendeinem Flugobjekt über Vulkane zu fliegen und wenn ja, wieso?» «Ja, es ist sehr gefährlich», sagt der Vulkanforscher, «es entstehen über Vulkanen die eigenartigsten Unfälle. Auch über einen inaktiven Vulkan darf man nicht fliegen. Und selbst alle Linienflugzeuge der Erde umfliegen jeweils die Vulkane. Genau weiss man nicht, wieso das so ist, aber man vermutet, dass Gaswolken unvermittelt austreten können und der Pilot deswegen bewusstlos wird. Auch ist es gefährlich, tagsüber in einen inaktiven Vulkankrater zu steigen. Dies darf man nur nachts tun. Ich habe schon einen Freund verloren, der in einem Vulkankrater gestorben ist. Sie waren am Morgen, als die Sonne aufging, immer noch im Krater. Aber bei ihm war es nicht eine Gaswolke, er starb eines natürlichen Todes, er hatte einen akuten Herzinfarkt und verstarb noch im Vulkankrater.» «Aha», denkt sich Nobody, «ein natürlicher Herzinfarkt im Vulkankrater!»

Für Nobody war klar, dass sich bei einem aktiven Vulkan im Vulkankrater die negative Materie von der positiven Materie trennt. Er hatte dies vorher schon durchgedacht. Dabei müssten ab und zu, rein zufällig, positive und negative Chimärkörper entstehen. Wenn nun ein positiver Chimärkörper, der mehr positive Materie als negative enthält, entstanden wäre, würde dieser hochgeschleudert, aber er fiele wegen der Erdanziehungskraft wieder zurück. Ein positiver Chimärkörper mit Überwiegen der negativen Materie wäre ein instabiler Chimärkörper, weil ein Chimärkörper nur dann stabil ist, wenn die Menge der Materie des äusseren Mantels in der Überzahl ist. Dieser Körper würde zwar als runde Kugel aufsteigen, aber alsbald platzen, und die positive Materie fiele zur Erde zurück. Auch ein negativer Chimärkörper mit Überwiegen der positiven Materie verschwände wieder im Vulkan. Falls jedoch ein negativer Chimärkörper mit überwiegend negativer Materie entstünde, wäre dies ein stabiler Chimärkörper, der aufsteigen und im Weltall verschwinden würde. Nun hatte Nobody die Gelegenheit und fragte also den Vulkanforscher: «Hat man auch schon gesehen, dass ein Gesteins- oder Lavabrocken aus einem Vulkan ununterbrochen aufstieg, um dann im Weltall zu verschwinden?» «Ja», sagte nun der Vulkanforscher, «es ist zwar selten, aber das wurde schon gesehen, und von Satelliten wurden solche Auswürfe, die im Weltall verschwanden, schon gefilmt und verfolgt.» Nobody fragte nun: «Aber wieso beschleunigen sie sich dann, wenn sie von der Erde wegfliegen?» «Ja», sagte der Vulkanforscher, «das stimmt! Diese Körper kommen nicht schneller heraus als die übrige Lavamasse, doch beschleunigen sie sich nach oben, werden immer schneller und verschwinden dann im Weltall. Man vermutet, dass es sich dabei um entzündbare Materie handelt, die beim Sauerstoffkontakt abbrennt und dann wie eine Rakete angetrieben wird und im Weltall verschwindet.» Aha, denkt sich Nobody, eine Rakete muss man stromlinienförmig bauen und dann mit komplizierten Computerprogrammen steuern, damit sie senkrecht nach oben fliegt – und aus einem Vulkan kann ein Körper, der zufällig entstanden ist und der keinen eingebauten Computer hat, senkrecht nach oben fliegen. Dabei macht er keine korkenzieherartigen Windungen, bekommt nie eine Schräglage, beschreibt nie einen Bogen, sondern fliegt linienförmig nach oben, und gleichzeitig wird er dauernd beschleunigt. Also genau so wie ein Stein, den man von hoher Höhe fallen lässt, immer schneller wird und senkrecht nach unten fällt, so gibt es Materie, die aus einem Vulkan austritt und senkrecht nach oben immer schneller wird, und zudem gibt es Leute, die glauben, dies sei durch einen Naturraketenantrieb möglich.

Nobody hatte noch eine letzte Frage: «Wurde schon einmal beobachtet, dass ein Ufo in einem Vulkankrater oder in einem aktiven Vulkan auftauchte oder verschwunden ist?» «Ah, du meinst die Aetna-Geschichte», sagte nun der Vulkanforscher, «beim Aetna haben sich lange solche Geschichten gehalten. Es gibt ernst zu nehmende Zeugen, die behaupten, dass sie Ufos gesehen hätten, die im Krater vom Aetna verschwunden seien. Die NASA hat diese Aussagen aufgenommen und eine Zeitlang ein Forschungsteam zum

Aetna geschickt. Aber ich habe danach nie mehr etwas davon gehört. Für mich zumindest sind diese Aussagen unglaubhaft.»

Auch suchte Nobody den Kontakt zu einem Lehrbeauftragten für Astronomie und sagte: «Es soll Sonnensysteme geben, bei denen die Sonne und alle Planeten eine leuchtende Wolke als Hülle haben?» «Ja», bestätigte der Astronom, «die gibt es!», und er konnte auch gleich einen Namen für diese Sonnensysteme angeben. «Bis jetzt weiss man», erklärte er, «dass sich alle Himmelskörper eines Sonnensystems gleich verhalten; d.h. entweder haben alle Planeten inklusive ihrer Sonne einen solchen leuchtenden Saum oder alle haben es nicht. Typisch ist auch, dass die Sonnensysteme mit einer solchen leuchtenden Corona weniger intensiv leuchten als die übrigen Sonnensysteme.»

Der Astronom erklärte und erklärte, doch Nobody war gedanklich weggetreten, er wusste, ein solcher Planet oder eine solche Sonne sieht aus wie ein grosses Auge, was wollte man ihm erklären, er hatte es ja selber gesehen. Er konnte solche Sonnensysteme voraussagen, ohne dass er je zuvor etwas darüber gehört hatte. Doch die geistige Leistung, die er vollbracht hatte, erschien ihm gemessen daran, was Mose erreicht hatte, winzig klein.

Und jede Mannschaft, die sich dereinst mittels negativer Materie durch den Weltraum bewegen wird, soll zur Erinnerung an Mose einen siebenarmigen Leuchter, abgebildet auf ihren Kleidern oder auf ihrem Schmuck, tragen. Und wenn sich dereinst Menschen treffen werden, die Milliarden von Jahren getrennt auf verschiedenen Welten gelebt haben und wenn sie sich gegenseitig nicht mehr als Menschen erkennen, wird der siebenarmige Leuchter Zeichen dafür sein, dass sie beide ursprünglich von der Erde stammten, und sie werden dann wissen, dass sie beide nur wegen Mose den kommenden Urknall überlebt haben. Und dadurch wird der siebenarmige Leuchter zu einem Friedenszeichen, welches ausdrückt: «Lasst uns in Frieden nebeneinander leben, denn wir stammen beide von der Erde.»

Die Erscheinung Barbara hatte ihm prophezeit, dass er in Zukunft mit einem riesengrossen Zweifel leben müsse, und nichts hatte sich so bewahrheitet wie diese Prophezeiung. Der innere Zweifel war gelegentlich so gross, dass er befürchtete, regelrecht auseinandergerissen zu werden. Ja, er dominierte ihn zuweilen so heftig, dass sämtliche Gedanken und Gefühle davon erfasst wurden, dass er dabei jeglichen Halt und Glauben verlor und sich fragte, ob er überhaupt existiere.

In diesen Phasen stellte er sich regelmässig vor einen Baum und sagte: «Der Baum existiert, weil ich ihn sehen und fühlen kann.» Dann schloss er die Augen und versuchte, vorwärts zu gehen, doch der Baum hielt ihn zurück. In diesen Augenblicken sagte er zu sich selber: «Nobody muss auch existieren, denn dort, wo der Baum ist, kann Nobody nicht gleichzeitig sein, und dort, wo Nobody ist, kann kein Baum sein. Denn alles, was materiell existiert, nimmt Raum ein.»

So konnte er – zumindest für sich – beweisen, dass sowohl der Baum als auch er existierten. Er gehörte zu den «seienden» Dingen und kam zur Konklusion: «Ich bin.» Nach dieser Selbstbestätigung war er sich sicher, dass der grosse Zweifel ihn anfangs nur deshalb so zermürben konnte, weil er hin und her gerissen war oder weil er sich eben hin und her reissen liess. Daher kam es, dass er einmal felsenfest überzeugt war von seinen Theorien, sie aber wenige Stunden später verurteilte als Hirngespinste, einer Fata Morgana gleich.

Mit jemandem darüber zu sprechen hätte ihm nichts gebracht, denn was andere sagten oder gar darüber dachten, interessierte ihn nicht. Die Meinung seiner Umgebung berührte ihn in keiner Weise. Was andere dachten, konnte sein Tun nicht beeinflussen. Doch der Zweifel an sich, der grosse Zweifel, der an ihm nagte, war seine tägliche Pein und sein immer währender Schmerz. Woran nur könnte er sich halten? «Was ist, was existiert, was ist Wahrheit?», schrie er einmal mehr in die Welt hinaus.

Sein jahrelanges «Leiden» konnte er erst beenden, als er für sich einen Weg in der Mitte fand. Er empfand sich nicht mehr als jemanden, der zerrissen wurde von seinen Theorien, der einmal das und dann wieder etwas anderes glaubte, sondern als jemanden, der in sich beide Thesen gleichzeitig zuliess und sie stillschweigend akzeptierte.

Er fühlte sich nach diesem Schritt nicht mehr als Partei, sondern wie ein Richter, der sich den Staatsanwalt und den Verteidiger geduldig anhört, beide in ihrer Meinung achtet und akzeptiert und dennoch versucht, neutral zu bleiben.

Oder er fühlte sich wie ein Schiedsrichter einer Sportart: Während sich die beiden Mannschaften hartnäckig bekämpfen, steht er ziemlich unbeteiligt da, schaut zwar interessiert zu, ist jedoch emotional weder mit der einen noch mit der anderen Mannschaft verbunden.

Er hatte gemerkt, dass der Zweifel nur daher rührte, dass zwei Meinungen in ihm selber mit Vehemenz aufeinanderprallten. Dank dem, dass er gelernt hatte, beide Meinungen zu akzeptieren – es handelte sich dabei um eine Art Toleranz sich selber gegenüber –, konnte er nun in Ruhe und mit Zufriedenheit in der Mitte verharren.

Er konnte seine beiden Meinungen entkoppelt voneinander betrachten, ohne hin und her gerissen zu werden. Es gelang ihm sogar, beide Meinungen aufmerksam zu betrachten und beiden Hochachtung zu zollen.

Früher hatte er in sich eine Überzeugung, welche er wenige Stunden später wieder in den Boden getreten hatte. Diese nervenaufreibende, zerfressende, innere Zerstrittenheit war nun verschwunden.

So verstand er einerseits, dass die christliche Religion die Wiedergeburt mit Vehemenz ablehnt, andererseits sah er gleichzeitig, dass es Zeichen gab – auch im Neuen Testament –, die für die Reinkarnation sprechen.

Da er nun beide Wahrheiten akzeptierte, verstrickte er sich nicht mehr in einen inneren Hader, und zudem – gerade weil er beide Wahrheiten akzeptierte – war er fern davon, jemanden von einer Religionswahrheit überzeugen zu wollen.

Die Frage «Was ist Wahrheit?» stellt sich ihm gar nicht mehr, denn beides ist wahr.

Er selber bleibt in der Mitte und toleriert beide Meinungen als Wahrheit. Früher hatte er sich immer mit einer der beiden Wahrheiten identifiziert und wurde deswegen hin und her gerissen. Jetzt aber hat er gelernt, mit beiden Standpunkten Frieden zu schliessen, die Mitte einzunehmen und die Argumentation beider Haltungen zu respektieren, ohne dabei selber Partei zu ergreifen.

«Denken», so sagte er zu sich, «ist wie die Diskussion unter zwei Partnern. Beide bringen ihre Argumente zu einem Thema vor, und einer gewinnt schliesslich die Diskussion. Der denkende Mensch neigt dazu, Partei zu ergreifen, sich einer Meinung oder Argumentation anzuschliessen, um diese dann zu einem späteren Zeitpunkt als seine Meinung zu vertreten.»

Wenn man einmal gelernt hat, gleichzeitig beide Meinungen in sich als Wahrheit anzuerkennen, entsteht ein neues, ganz anderes Lebensgefühl, und die Welt wird vielseitiger, weiter und voller.

Man anerkennt etwa, dass man einen Bettler unterstützen muss, denn nur schon die Tatsache, dass er bettelt, beweist, dass er im Leben nicht zu den privilegierten Menschen gehört und Pech und Unglück hinter sich hat. Und gleichzeitig erkennt man, dass man einen Bettler nicht unterstützen sollte, da man dadurch seine momentane Haltung, ein Bettler zu sein, unterstützt und zementiert und die Chance, sein Leben wieder selbständig in die Hand zu nehmen, zunichte macht.

Obwohl sich beide Meinungen diametral widersprechen, sind beide Meinungen und Haltungen richtig.

Nobody hat Dutzende von Beispielen, anhand derer ihm andere Menschen bestätigten, dass sein Erinnerungsvermögen bezüglich Ereignissen in seiner Jugend intakt sei. Also könnte er davon ausgehen, dass er sich auf sein Gedächtnis verlassen kann und er in seiner Jugend tatsächlich die Erscheinung von Barbara hatte, ohne jedoch wirklich an Erscheinungen zu glauben. Es liegt ihm nun nichts mehr daran, weder eine der beiden Aussagen zu verteidigen noch zu widerlegen, denn er hat – vielleicht gezwungenermassen – gelernt, beide Aussagen als Wahrheit anzuerkennen.

Er hat Beweise für die Chimärkörperphysik und für die überall verbreitete Existenz der negativen Materie, aber gleichzeitig hat er keine Beweise. Er glaubt den Worten Barbaras, und doch stellt er sie in Frage. Er glaubt an die Existenz der Innenmenschen, und gleichzeitig weiss er, dass dies gar nicht sein kann.

Sein Schreiben ist hochwertige Neuigkeit und gleichzeitig banales Nichts.

Es ist erwiesen, dass seine Erscheinung einem Wunschtraum entspricht, weil er sich schon vorher eine Erscheinung gewünscht hatte und weil Barbara mit ihm nur über Religion und Physik sprach, über Themen also, mit denen er sich schon vorher beschäftigt hatte. Gleichzeitig ist erwiesen, dass seine Erscheinung wahr ist, denn Barbara prophezeite ihm Dinge, die er damals noch nicht wissen konnte, und sie erzählte ihm von der Relativitätstheorie, die er damals noch nicht kannte. Woher sonst, wenn nicht von ihren Erzählungen her, könnte ein 11jähriger Junge eine solch komplexe Gedankenwelt entwickeln? Kann das alles nur Irrtum und Dunst gewesen sein?